CMP BOOKS

机工IT

PROGRAMMER INTERVIEW AND
WRITTEN EXAMINATION

Java程序员

面试笔试宝典

/ 第2版 /

何昊 郭晶晶 薛鹏 等 编著

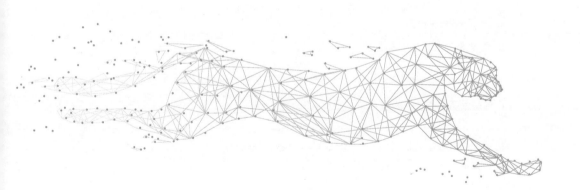

机械工业出版社
CHINA MACHINE PRESS

本书是一本讲解 Java 程序员面试笔试的实用工具书。在写法上，除了讲解如何解答 Java 程序员面试笔试问题以外，还引入了相关知识点辅以说明，让读者能够更加容易理解和掌握。

本书囊括 Java 程序员面试笔试过程中的各类知识点。在内容广度上，搜集了近 3 年来几乎所有 IT 企业针对 Java 岗位的笔试面试涉及的知识点，包括但不限于 Java 核心知识点（容器、多线程和 IO 等）、Java Web（Struts、MyBatis、Kafka、Spring 等）、数据库，所选择知识点均为企业招聘所考查的知识点。在讲解的深度上，本书由浅入深，详细分析每一个知识点，并提炼归纳，同时，引入相关知识点，并对其进行深度剖析，让读者不仅能够理解每个知识点，在遇到相似问题的时候，也能游刃有余地解决。书中根据知识点进行分门别类，结构合理，条理清晰，便于读者进行学习与检索。

本书是一本计算机相关专业毕业生面试、笔试的求职用书，同时也适合期望在计算机软、硬件行业大显身手的计算机爱好者阅读。

图书在版编目（CIP）数据

Java 程序员面试笔试宝典 / 何昊等编著. —2 版. —北京：机械工业出版社，2021.9（2023.3 重印）

ISBN 978-7-111-69038-2

Ⅰ. ①J… Ⅱ. ①何… Ⅲ. ①JAVA 语言—程序设计 Ⅳ. ①TP312.8

中国版本图书馆 CIP 数据核字（2021）第 175992 号

机械工业出版社（北京市百万庄大街 22 号　邮政编码　100037）
策划编辑：尚　晨　　责任编辑：尚　晨
责任校对：张艳霞　　责任印制：常天培
固安县铭成印刷有限公司印刷

2023 年 3 月第 2 版·第 4 次印刷
184mm×260mm·19.5 印张·479 千字
标准书号：ISBN 978-7-111-69038-2
定价：99.00 元

电话服务　　　　　　　　　　　网络服务
客服电话：010-88361066　　　机 工 官 网：www.cmpbook.com
　　　　　010-88379833　　　机 工 官 博：weibo.com/cmp1952
　　　　　010-68326294　　　金 书 网：www.golden-book.com
封底无防伪标均为盗版　　　机工教育服务网：www.cmpedu.com

- 前言 -
PREFACE

　　《Java 程序员面试笔试宝典》已经出版了多年，在读者中产生了强烈反响，很多读者反映该书不错，对他们求职就业起到了非常积极的作用。近期有热心的读者反馈书中的部分知识点比较陈旧，而且 Java Web 相关的知识点太少。为了更好地满足读者的需求，我萌发了对其进行修订的想法，在我看来，只有不断与读者进行交流并得知他们真实的想法与需求，并把这些需求都放在书中体现出来才能帮助到更多的读者。

　　我虽然不是计算机方面的权威，也非 Java 语言方面的专家，但愿意将自己的所学、所知与所想无私地与众多学弟学妹们分享，让他们在求职的道路上能够越来越顺，少走我们曾经走过的弯路。

　　其实，近些年来，无论是传统的互联网应用，还是当前发展迅猛的云计算、海量数据处理以及移动互联网，都离不开 Java 语言，Java 语言始终在信息技术浪潮中扮演着极其重要的角色，从历次编程语言排行榜的榜单不难看出，Java 语言与 C 语言的应用地位和规模不分伯仲，它们无愧于计算机历史上最重要的编程语言。鉴于此，很多主流 IT 企业，例如大型互联网企业（门户网站、即时通信、电子商务、搜索引擎等）、手机应用开发企业等都会使用 Java 语言作为开发语言，当他们招贤纳士时，自然而然地希望求职者能够熟悉 Java 语言的基本原理，并能够熟练使用 Java 语言从事实际的项目研发。

　　本书延续并继承了第一版的很多经典内容：Java 基础知识、Java Web 基础知识等，另一方面，结合当前的实际情况与读者的反馈从以下几个方面做了改动：

　　1）删除了部分陈旧的知识点（jsp 与 EJB 等），增加了部分知识点（Spring、Redis 等）的新特性；

　　2）针对部分热点问题如 MyBatis、Kafka，增加了对其内部实现原理的解析；

　　3）增加了大量 Java Web 相关的知识点。

　　本书在编写过程中，得到了机械工业出版社时静与尚晨两位编辑的大力支持与通力配合。创作的过程是一个自我斗争、自我救赎的过程，充满了孤独，无数个节假日，无数个深夜，当其他人沉浸在幸福美满的快乐生活中的时候，我们需要安静地坐在计算机前，将文字内容反复提炼，力求简单明了，并将实例代码一一验证，力求准确无误。尽管孤独，但我们不寂寞，我们觉得自己所做的事情非常有意义，只要付出的辛苦能换来求职者们满意的工作，我们就心满意足了。

　　由于编者水平有限，书中不足之处在所难免，还望读者见谅。读者如果发现问题或有困惑，都可以通过邮箱 xdhehao@foxmail.com 或者 xdxuepeng@foxmail.com 联系编者。

编　者

CONTENTS

- 目 录 -

第 2 部分

Java Web 核心知识

第 3 部分

其他知识点

第 1 部分
Java 核心知识

这一部分重点介绍 Java 面试笔试的过程中常见的一些核心知识点。这部分不仅会简要介绍面试笔试过程中碰到的高频知识点的使用方式，而且针对部分核心知识，还会简要介绍其内部的实现原理，从而让求职者在应对面试的时候做到游刃有余。

第1章　Java 基础知识

本章重点介绍 Java 的一些基础知识，包括 Java 语言的基本特性、面向对象的特性、Java 中常用的关键字、基本类型、字符串、数组以及异常处理等。

1.1 Java 程序初始化的顺序

在 Java 语言中，当实例化对象时，对象所在类的所有成员变量首先要进行初始化，只有当所有类成员完成初始化后，才会调用对象所在类的构造函数创建对象。

Java 程序的初始化一般遵循以下三个原则（以下三个原则优先级依次递减）：1）静态对象（变量）优先于非静态对象初始化，其中，静态对象（变量）只初始化一次，而非静态对象（变量）可能会初始化多次。2）父类优先于子类进行初始化。3）按照成员变量定义顺序进行初始化。即使变量定义散布于方法定义之中，它们依然在任意方法（包括构造方法）被调用之前先进行初始化。

Java 程序的初始化工作可以在许多不同的代码块中来完成（例如：静态代码块、构造函数等），它们执行的顺序为：父类静态变量→父类静态代码块→子类静态变量→子类静态代码→父类非静态变量→父类非静态代码块→父类构造方法→子类非静态变量→子类非静态代码块→子类构造方法。下面给出一个不同模块初始化时执行顺序的例子。

```java
class Base{
    static
    {
        System.out.println("Base static block");
    }
    {
        System.out.println("Base    block");
    }

    public Base()
    {
        System.out.println("Base    constructor");
    }
}

public class Derived extends Base
{
    static
    {
        System.out.println("Derived static block");
    }
    {
        System.out.println("Derived    block");
    }

    public Derived()
    {
        System.out.println("Derived    constructor");
    }
```

```
        public static void main(String args[])
        {
                new Derived();
        }
}
```

程序运行结果为：

```
Base static block
Derived static block
Base    block
Base    constructor
Derived    block
Derived    constructor
```

这里需要注意的是，（静态）非静态成员域在定义时初始化和（静态）非静态块中初始化的优先级是平级的，也就是说按照从上到下初始化，最后一次初始化为最终的值（不包括非静态的成员域在构造器中初始化）。所以在（静态）非静态块中初始化的域甚至能在该域声明的上方，因为分配存储空间在初始化之前就完成了。如下例所示：

```
public class testStatic
{
    static {a=2;}
    static int a =1;
    static int b = 3;
    static{ b=4;}
    public static void main(String[] args)
    {
      System.out.println(a);
      System.out.println(b);
    }
}
```

程序运行结果为：

```
1
4
```

1.2 构造方法

构造方法是一种特殊的方法，用来在对象实例化时初始化对象的成员变量。在 Java 语言中，构造方法具有以下特点：

1）构造方法必须与类的名字相同，并且不能有返回值（返回值也不能为 void）。

2）每个类可以有多个构造方法。当开发人员没有提供构造方法的时候，编译器在把源代码编译成字节码的过程中会提供一个默认的没有参数的构造方法，但该构造方法不会执行任何代码。如果开发人员提供了构造方法，那么编译器就不会再创建默认的构造方法了。

3）构造方法可以有 0 个、1 个或 1 个以上的参数。

4）构造方法总是伴随着 new 操作一起调用，不能由程序的编写者直接调用，必须要由系统调用。构造方法在对象实例化的时候会被自动调用，对于一个对象而言，只会被调用一次，而普通的方法是在程序执行到它的时候被调用的，可以被该对象调用多次。

5）构造方法的主要作用是完成对象的初始化工作。

6）构造方法不能被继承，因此就不能被重写（Override），但是构造方法能够被重载（Overload），可以使用不同的参数个数或参数类型来定义多个构造方法。

7）子类可以通过 super 关键字来显式地调用父类的构造方法，当父类没有提供无参数的构造方法时，子类的构造方法中必须显示地调用父类的构造方法，如果父类中提供了无参数的构造方法，此时子类的构造方法就可以不显式地调用父类的构造方法，在这种情况下编译器会默认调用父类的无参数的构造方法。当有父类时，在实例化对象时会首先执行父类的构造方法，然后才执行子类的构造方法。

8）当父类和子类都没有定义构造方法的时候，编译器会为父类生成一个默认的无参数的构造方法，给子类也生成一个默认的无参数的构造方法。此外，默认构造器的修饰符只跟当前类的修饰符有关（例如：如果一个类被定义为 public，那么它的构造方法也是 public）。

引申：普通方法是否可以与构造方法有相同的方法名？

答案：可以。如下例所示：

```java
public class Test
{
    public Test()
    {
        System.out.println("construct");
    }
    public void Test()
    {
        System.out.println("call Test");
    }
    public static void main(String[] args)
    {
        Test a = new Test(); //调用构造函数
        a.Test();   //调用 Test 方法
    }
}
```

程序运行结果为：

```
construct
call Test
```

 ## 1.3 Java 中 clone 方法的作用

由于指针的存在不仅会给开发人员带来不便，同时也是造成程序不稳定的根源之一，为了消除 C/C++语言的这些缺点，Java 语言取消了指针的概念，但这只是在 Java 语言中没有明确提供指针的概念与用法，而实质上每个 new 语句返回的都是一个指针的引用，只不过在大部分情况下开发人员不需要关心如何去操作这个指针而已。

由于 Java 取消了指针的概念，所以开发人员在编程中往往忽略了对象和引用的区别。如下例所示：

```java
class Obj
{
    public void setStr(String str) {
        this.str = str;
    }
    private String str = "default value";
    public String toString(){
        return str;
    }
}
public class TestRef
{
    private Obj aObj = new Obj();
    private int aInt = 0;
    public Obj getAObj()
    {
        return aObj;
    }
    public int getAInt()
    {
        return aInt;
```

```
        }
        public void changeObj(Obj inObj)
        {
                inObj.setStr( "changed value");
        }
        public void changeInt(int inInt)
        {
                inInt = 1;
        }
        public static void main(String[] args)
        {
                TestRef oRef = new TestRef();

                System.out.println("******************引用类型******************");
                System.out.println("调用 changeObj()前: " + oRef.getAObj());
                oRef.changeObj(oRef.getAObj());
                System.out.println("调用  changeObj()后: " + oRef.getAObj());

                System.out.println("******************基本数据类型******************");
                System.out.println("调用  changeInt()前: " + oRef.getAInt());
                oRef.changeInt(oRef.getAInt());
                System.out.println("调用 changeInt()后: " + oRef.getAInt());
        }
    }
```

上述代码的输出结果为：

```
******************引用类型******************
调用 changeObj()前: default value
调用  changeObj()后: changed value
******************基本数据类型******************
调用  changeInt()前: 0
调用 changeInt()后: 0
```

上面两个看似类似的方法却有着不同的运行结果，主要原因是 Java 在处理基本数据类型（例如 int、char、double 等）的时候，都是采用按值传递（传递的是输入参数的拷贝）的方式，除此之外的其他类型都是按引用传递（传递的是对象的一个引用）的方式执行。对象除了在函数调用的时候是引用传递，在使用 "=" 赋值的时候也采用引用传递，示例代码如下：

```
    class Obj
    {
        private int aInt=0;

        public int getAInt()
        {
                return aInt;
        }
        public void setAInt(int int1)
        {
                aInt = int1;
        }
        public void changeInt()
        {
                this.aInt=1;
        }
    }
    public class TestRef
    {
        public static void main(String[] args)
        {
                Obj a=new Obj();
                Obj b=a;
                b.changeInt();
                System.out.println("a:"+a.getAInt());
                System.out.println("b:"+b.getAInt());
        }
    }
```

上述代码的运行结果为：

```
a:1
b:1
```

在实际的编程中，经常会遇到从某个已有的对象 A 创建出另外一个与 A 具有相同状态的对象 B，并且对 B 的修改不会影响到 A 的状态，例如 Prototype（原型）模式中，就需要复制（clone）一个对象实例。在 Java 语言中，仅通过简单的赋值操作显然无法达到这个目的，而 Java 提供了一个简单且有效的 clone 方法来满足这个需求。

Java 中所有的类默认都继承自 Object 类，而 Object 类中提供了一个 clone 方法。这个方法的作用是返回一个 Object 对象的拷贝，这个拷贝函数返回的是一个新的对象而不是一个引用。那么怎样使用这个方法呢？以下是使用 clone 方法的步骤：

1）实现 clone 的类首先需要继承 Cloneable 接口。Cloneable 接口实质上是一个标识接口，没有任何接口方法。

2）在类中重写 Object 类中的 clone 方法。

3）在 clone 方法中调用 super.clone()。无论 clone 类的继承结构是什么，super.clone() 都会直接或间接调用 java.lang.Object 类的 clone() 方法。

4）把浅拷贝的引用指向原型对象新的克隆体。

对上面的例子引入 clone 方法如下：

```java
class Obj implements Cloneable
{
    private int aInt=0;
    public int getAInt()
    {
        return aInt;
    }
    public void setAInt(int int1)
    {
        aInt = int1;
    }
    public void changeInt()
    {
        this.aInt=1;
    }
    public Object clone()
    {
        Object o=null;
        try
        {
            o = (Obj)super.clone();
        } catch (CloneNotSupportedException e) {
            e.printStackTrace();
        }
        return o;
    }
}
public class TestRef
{
    public static void main(String[] args)
    {
        Obj a=new Obj();
        Obj b=(Obj)a.clone();
        b.changeInt();
        System.out.println("a:"+a.getAInt());
        System.out.println("b:"+b.getAInt());
    }
}
```

程序运行结果为：

```
a:0
b:1
```

在 C++语言中，当开发人员自定义拷贝构造函数的时候，会存在浅拷贝与深拷贝之分。Java 在重载 clone 方法的时候也存在同样的问题，当类中只有一些基本的数据类型的时候，采用上述方法就可以了，但是当类中包含了一些对象的时候，就需要用到深拷贝了，实现方法是对对象调用 clone 方法完成深拷贝后，接着对对象中的非基本类型的属性也调用 clone 方法完成深拷贝。如下例所示：

```java
import java.util.Date;

class Obj implements Cloneable
{
    private Date birth=new Date() ;

    public Date getBirth()
    {
        return birth;
    }
    public void setBirth(Date birth)
    {
        this.birth = birth;
    }
    public void changeDate()
    {
        this.birth.setMonth(4);
    }
    public Object clone()
    {
        Obj o=null;
        try
        {
            o = (Obj)super.clone();
        } catch (CloneNotSupportedException e)
        {
            e.printStackTrace();
        }
        //实现深拷贝
        o.birth=(Date)this.getBirth().clone();
        return o;
    }
}
public class TestRef
{
    public static void main(String[] args)
    {
        Obj a=new Obj();
        Obj b=(Obj)a.clone();
        b.changeDate();
        System.out.println("a="+a.getBirth());
        System.out.println("b="+b.getBirth());
    }
}
```

运行结果为：

```
a=Sat Jul 13 23:58:56 CST 2013
b=Mon May 13 23:58:56 CST 2013
```

那么在编程的时候如何选择使用哪种拷贝方式呢？首先，检查类有无非基本类型（即对象）的数据成员。如果没有，则返回 super.clone() 即可，如果有，则要确保类中包含的所有非基本类型的成员变量都实现了深拷贝。

```
Object o = super.clone(); // 先执行浅拷贝
对于每一个对象 attr：
o. attr = this.getAttr().clone();
最后返回 o 。
```

引申：

（1）浅拷贝和深拷贝的区别

浅拷贝（Shallow Clone）：被复制对象的所有变量都含有与原来对象相同的值，而所有的对其他对象的引用仍然指向原来的对象。换言之，浅拷贝仅仅复制所考虑的对象，而不复制它所引用的对象。

深拷贝（Deep Clone）：被复制对象的所有变量都含有与原来对象相同的值，除去那些引用其他对象的变量。那些引用其他对象的变量将指向被复制的新对象，而不再是原有的那些被引用的对象。换言之，深拷贝把复制的对象所引用的对象都复制了一遍。

假如定义如下一个类：

```
class Test
{
    public int i;
    public StringBuffer s;
}
```

图 1-1 给出了对这个类的对象进行拷贝时，浅拷贝与深拷贝的区别。

从图 1-1 可以看出，对于浅拷贝而言，新的对象中的变量 i 有单独的存储空间，但是对于 s 而言，只拷贝了它的引用，从而导致新对象与原来的对象中的 s 指向相同的字符串。而深拷贝则为 s 指向的字符串单独分配了一块存储空间。

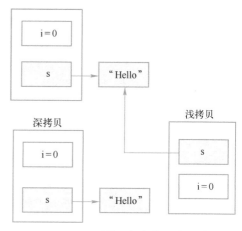

● 图 1-1　深拷贝与浅拷贝的区别

（2）clone()方法的保护机制

clone()方法的保护机制在 Object 中是被声明为 protected 的。以 User 类为例，通过声明为 protected，就可以保证只有 User 类里面才能"克隆"User 对象，原理可以参考前面关于 public、protected、private 的讲解。

 反射

在 Java 语言中，反射机制是指对于处在运行状态中的类，都能够获取到这个类的所有属性和方法。对于任意一个对象，都能够调用它的任意一个方法以及访问它的属性；这种通过动态获取类或对象的属性以及方法从而完成调用功能被称为 Java 语言的反射机制。它主要实现了以下功能：

● 获取类的访问修饰符、方法、属性以及父类信息。
● 在运行时根据类的名字创建对象。可以在运行时调用任意一个对象的方法。
● 在运行时判断一个对象属于哪个类。
● 生成动态代理。

在反射机制中 Class 是一个非常重要的类，在 Java 语言中获取 Class 对象主要有如下几种方法。

1）通过 className.class 来获取：

```
class A
{
    static  { System.out.println("static block"); }
    { System.out.println("dynamic block"); }
}

class Test
{
    public static void main(String[] args)
```

```
    {
        Class<?> c=A.class;
        System.out.println("className:"+c.getName());
    }
}
```

程序的运行结果为：

```
className:A
```

2）通过 Class.forName()来获取：

```
public static void main(String[] args)
{
    Class<?> c=null;
    try
    {
        c=Class.forName("A");
    }
    catch(Exception e)
    {
        e.printStackTrace();
    }
    System.out.println("className:"+c.getName());
}
```

程序的运行结果为：

```
static block
className:A
```

3）通过 Object.getClass()来获取：

```
public static void main(String[] args)
{
    Class<?> c=new A().getClass();;
    System.out.println("className:"+c.getName());
}
```

程序的运行结果为：

```
static block
dynamic block
className:A
```

从上面的例子可知，虽然这三种方式都可以获得类的 Class 对象，但是它们还是有区别的，主要区别如下所示：

● 方法 1）不执行静态块和动态构造块；

● 方法 2）只执行静态块，而不执行动态构造块；

● 方法 3）因为需要创建对象，所以会执行静态块和动态构造块。

Class 类提供了非常多的方法，下面给出三类常用的方法。

（1）获取类的构造方法

构造方法的封装类为 Constructor，Class 类中有如下四个方法来获得 Constructor 对象：

1）public Constructor<?>[] getConstructors()：返回类的所有的 public 构造方法；

2）public Constructor<T> getConstructor(Class<?>... parameterTypes)：返回指定的 public 构造方法；

3）public Constructor<?>[] getDeclaredConstructors()：返回类的所有的构造方法；

4）public Constructor<T> getDeclaredConstructor(Class<?>... parameterTypes)：返回指定的构造方法。

（2）获取类的成员变量的方法

成员变量的封装类为 Field 类，Class 类提供了以下四个方法来获取 Field 对象：

1）public Field[] getFields()：获取类的所有 public 成员变量；

2）public Field getField(String name)：获取指定的 public 成员变量；

3）public Field[] getDeclaredFields()：获取类的所有成员变量；

4）public Field getDeclaredField(String name)：获取任意访问权限的指定名字的成员变量。

（3）获取类的方法

1）public Method[] getMethods()；

2）public Method getMethod(String name,Class<?>... parameterTypes) public Method[]；

3）getDeclaredMethods()：获取所有的方法；

4）public Method getDeclaredMethod(String name,Class<?>... parameterTypes)。

使用示例如下所示：

```
import java.lang.reflect.*;

public class Test
{
        protected Test()     { System.out.println("Protected constructor"); }
    public Test(String name) { System.out.println("Public constructor"); }

    public void f() { System.out.println("f()");        }

    public void g(int i){ System.out.println("g(): " + i);    }

    /* 内部类 */
    class Inner { }

    public static void main(String[] args) throws Exception
    {
        Class<?> clazz = Class.forName("Test");

        Constructor<?>[] constructors = clazz.getDeclaredConstructors();
        System.out.println("Test 类的构造方法: ");
        for (Constructor<?> c : constructors)
        {
            System.out.println(c);
        }

        Method[] methods = clazz.getMethods();
        System.out.println("Test 的全部 public 方法: ");
        for (Method md : methods)
        {
            System.out.println(md);
        }

        Class<?>[] inners = clazz.getDeclaredClasses();
        System.out.println("Test 类的内部类为: ");
        for (Class<?> c : inners)
        {
            System.out.println(c);
        }
    }
}
```

程序的运行结果为：

```
Test 类的构造方法:
protected Test()
public Test(java.lang.String)
Test 的全部 public 方法:
public static void Test.main(java.lang.String[]) throws java.lang.Exception
public void Test.f()
public void Test.g(int)
public final void java.lang.Object.wait() throws java.lang.InterruptedException
public final void java.lang.Object.wait(long,int) throws java.lang.InterruptedException
public final native void java.lang.Object.wait(long) throws java.lang.InterruptedException
public boolean java.lang.Object.equals(java.lang.Object)
public java.lang.String java.lang.Object.toString()
```

```
public native int java.lang.Object.hashCode()
public final native java.lang.Class java.lang.Object.getClass()
public final native void java.lang.Object.notify()
public final native void java.lang.Object.notifyAll()
Test 类的内部类为：
class Test$Inner
```

引申：有如下代码：

```
class ReadOnlyClass
{
    private    Integer age = 20;
    public Integer getAge() { return age; }
}
```

现给定一个 ReadOnlyClass 的对象 roc，能否把这个对象的 age 值改成 30？

答案：从正常编程的角度出发分析，会发现在本题中，age 属性被修饰为 private，而且这个类只提供了获取 age 的 public 的方法，而没有提供修改 age 的方法，因此，这个类是一个只读的类，无法修改 age 的值。但是 Java 语言还有一个非常强大的特性：反射机制，所以本题中，可以通过反射机制来修改 age 的值。

在运行状态中，对于任意一个类，都能够知道这个类的所有属性和方法；对于任意一个对象，都能够调用它的任意一个方法和属性；这种动态获取对象的信息以及动态调用对象的方法的功能称为 Java 语言的反射机制。Java 反射机制允许程序在运行时加载、探知和使用编译期间完全未知的 class。换句话说，Java 可以加载一个运行时才得知名称的 class，获得其完整结构。

在 Java 语言中，任何一个类都可以得到对应的 Class 实例，通过 Class 实例就可以获取类或对象的所有信息，包括属性（Field 对象）、方法（Method 对象）或构造方法（Constructor 对象）。对于本题而言，在获取到 ReadOnlyClass 类的 Class 实例以后，就可以通过反射机制获取到 age 属性对应的 Field 对象，然后可以通过这个对象来修改 age 的值，实现代码如下所示：

```
import java.lang.reflect.Field;
class ReadOnlyClass
{
    private Integer age = 20;
    public Integer getAge()
    {
        return age;
    }
}
public class Test
{
    public static void main(String[] args) throws Exception
    {
        ReadOnlyClass pt = new ReadOnlyClass();
        Class<?> clazz = ReadOnlyClass.class;
        Field field = clazz.getDeclaredField("age");
        field.setAccessible(true);
        field.set(pt, 30);
        System.out.println(pt.getAge());
    }
}
```

程序的运行结果为：

30

1.5 Lambda 表达式

Lambda 表达式是一个匿名函数（指的是没有函数名的函数），它基于数学中的 λ 演算得名，直接对应于其中的 Lambda 抽象。Lambda 表达式可以表示闭包（注意和数学传统意义上的不同）。

Lambda 表达式允许把函数作为一个方法的参数。Lambda 表达式的基本语法如下所示：

```
(parameters) -> expression
```

或

```
(parameters) ->{ statements; }
```

Lambda 的使用方法如下例所示：

```
Arrays.asList( 1, 7, 2 ).forEach( i -> System.out.println( i ) );
```

以上这种写法中，i 的类型由编译器推测出来的，当然，也可以显式地指定类型，如下例所示：

```
Arrays.asList( 1, 7, 2 ).forEach( ( Integer i ) -> System.out.println( i ) );
```

在 Java8 以前，Java 语言通过匿名函数的方法来代替 Lambda 表达式。

对于列表的排序，如果列表里面存放的是自定义的类，那么通常需要指定自定义的排序方法，传统的写法如下所示：

```java
import java.util.Arrays;
import java.util.Comparator;
class Person
{
    public Person(String name, int age)
    {
        this.name = name;
        this.age = age;
    }
    private String name;
    private int age;
    public int getAge() {return age;}
    public String getName() {return name;}
    public String toString() {return name + ":" + age;        }
}
public class Test
{
    public static void main(String[] args)
    {
        Person[] people = { new Person("James", 25), new Person("Jack", 21) };
        // 自定义类排序方法，通过年龄进行排序
        Arrays.sort(people, new Comparator<Person>()
        {
            @Override
            public int compare(Person a, Person b)
            {
                return a.getAge() - b.getAge();
            }
        });
        for (Person p : people)
        {
            System.out.println(p);
        }
    }
}
```

采用 Lambda 表达式后，写法如下所示：

```java
Arrays.sort(people, (Person a, Person b) -> a.getAge()-b.getAge());
```

或

```java
Arrays.sort(people, (a, b) -> a.getAge()-b.getAge());
```

显然，采用 Lambda 表达式后，代码会变得更加简洁。

Lambda 表达式是通过函数式接口（只有一个方法的普通接口）来实现的。函数式接口可以被

隐式地转换为 Lambda 表达式。为了与普通的接口区分开（普通接口中可能会有多个方法），Java8
新增加了一种特殊的注解@FunctionalInterface。下面给出一个函数式接口的定义：

```
@FunctionalInterface
interface fun {
    void f();
}
```

 ## 1.6　多态的实现机制

多态是面向对象程序设计中代码重用的一个重要机制，它表示当同一个操作作用在不同的对象
的时候，会出现不同的语义，从而会产生不同的结果。比如：同样是"+"操作，3+4 用来实现整数相
加，而"3"+"4"却实现了字符串的连接。在 Java 语言中，多态主要有以下两种表现方式：

（1）重载（Overload）

重载是指同一个类中有多个同名的方法，但这些方法有着不同的参数，因此可以在编译的时候
就确定到底调用哪个方法，它是一种编译时多态。重载可以被看作一个类中的方法多态性。

（2）重写（Override）

子类可以重写父类的方法，因此同样的方法会在父类与子类中有着不同的表现形式。在 Java 语
言中，基类的引用变量不仅可以指向基类的实例对象，也可以指向其子类的实例对象。同样，接口
的引用变量也可以指向其实现类的实例对象。而程序调用的方法在运行期才动态绑定（绑定指的是
将一个方法调用和一个方法主体连接到一起），就是引用变量所指向的具体实例对象的方法，也就
是内存里正在运行的那个对象的方法，而不是引用变量的类型中定义的方法。通过这种动态绑定的
方法实现了多态。由于只有在运行时才能确定调用哪个方法，因此通过方法重写实现的多态也可以
被称为运行时多态。如下例所示：

```
class Base
{
    public Base()
    {
            g();
    }
    public void f()
    {
            System.out.println("Base f()");
    }
    public void g()
    {
            System.out.println("Base g()");
    }
}
class Derived extends Base
{
    public void f()
    {
            System.out.println("Derived f()");
    }
    public void g()
    {
            System.out.println("Derived g()");
    }
}

public class Test
{
    public static void main(String[] args)
    {
            Base b=new Derived();
```

```
            b.f();
            b.g();
        }
    }
```

程序的输出结果为：

```
Derived g()
Derived f()
Derived g()
```

上例中，由于子类 Derived 的 f()方法和 g()方法与父类 Base 的方法同名，因此 Derived 的方法会覆盖 Base 的方法。在执行 Base b = new Derived()语句的时候，会调用 Base 类的构造函数，而在 Base 的构造函数中，执行了 g()方法，由于 Java 语言的多态特性，此时会调用子类 Derived 的 g()方法，而非父类 Base 的 g()方法，因此会输出 Derived g()。由于实际创建的是 Derived 类的对象，后面的方法调用都会调用子类 Derived 的方法。

此外，只有类中的方法才有多态的概念，类中成员变量没有多态的概念。如下例所示：

```
class Base
{
    public int i=1;
}
class Derived extends Base
{
    public int i=2;
}

public class Test
{
    public static void main(String[] args)
    {
        Base b=new Derived();
        System.out.println(b.i);
    }
}
```

程序输出结果为：

```
1
```

由此可见，成员变量是无法实现多态的，成员变量的值取父类还是子类并不取决于创建对象的类型，而是取决于定义的变量的类型，这是在编译期间确定的。在上例中，由于 b 所属的类型为 Base，b.i 指的是 Base 类中定义的 i，所以程序输出结果为 1。

（1.7） Overload 和 Override 的区别

Overload（重载）和 Override（覆盖）是 Java 多态性的不同表现。其中，Overload 是在一个类中多态性的一种表现，是指在一个类中定义了多个同名的方法，它们或有不同的参数个数或有不同的参数类型。在使用重载时，需要注意以下几点：

1）重载是通过不同的方法参数来区分的，例如不同的参数个数、不同的参数类型或不同的参数顺序。

2）不能通过方法的访问权限、返回值类型或抛出的异常类型来进行重载。

3）对于继承来说，如果基类方法的访问权限为 private，那么就不能在派生类中对其重载，如果派生类也定义了一个同名的方法，但这只是一个新的方法，不会达到重载的效果。

Override 是指派生类函数覆盖基类函数。覆盖一个方法并对其重写，以达到不同的作用。在使用覆盖时需要注意以下几点：

1）派生类中的覆盖的方法必须要和基类中被覆盖的方法有相同的方法名和参数。

2）派生类中的覆盖方法的返回值必须和基类中被覆盖方法的返回值相同。

3）派生类中的覆盖方法所抛出的异常必须和基类中被覆盖的方法所抛出的异常一致或是其子类。

4）基类中被覆盖的方法不能为 private，否则其子类只是定义了一个方法，并没有对其覆盖。

重载与覆盖的区别主要有以下几个方面的内容：

1）覆盖是子类和父类之间的关系，是垂直关系；重载是同一个类中方法之间的关系，是水平关系。

2）覆盖只能由一个方法或只能由一对方法产生关系；方法的重载是多个方法之间的关系。

3）覆盖要求参数列表相同；重载要求参数列表不同。

4）覆盖关系中，调用方法体是根据对象的类型（对象对应存储空间类型）来决定的；而重载关系是根据调用时的实参表与形参表来选择方法体的。

 1.8 abstract class（抽象类）与 interface（接口）的异同

如果一个类中包含抽象方法，那么这个类就是抽象类。在 Java 语言中，可以通过把类或者类中的某些方法声明为 abstract（abstract 只能用来修饰类或者方法，不能用来修饰属性）来表示一个类是抽象类。只要包含一个抽象方法的类就必须被声明为抽象类，抽象类可以仅声明方法的存在而不去实现它，被声明为抽象的方法不能包含方法体。在实现时，必须包含相同的或者更低的访问级别 (public->protected->private)。抽象类在使用的过程中不能被实例化，但是可以创建一个对象使其指向具体子类的一个实例。抽象类的子类为父类中所有的抽象方法提供具体的实现，否则它们也是抽象类。

接口就是指一个方法的集合，在 Java 语言中，接口是通过关键字 interface 来实现的。在 Java8 之前，接口中既可以定义方法也可以定义变量，其中变量必须是 public、static、final 的，而方法必须是 public、abstract 的。由于这些修饰符都是默认的，所以在 Java8 之前，下面的写法都是等价的。

```
interface I1
{
    public static final int id1 = 0;
    int id2 = 0;

    public abstract void f1();
    void f2() ;
}
```

从 Java8 开始，通过使用关键字 default 可以给接口中的方法添加默认实现，此外，接口中还可以定义静态方法，示例代码如下所示：

```
interface Inter8{
    default void g() {
        System.out.println("this is default method in interface");
    }
    static void h(){
        System.out.println("this is static method in interface");
    }
}
```

那么，为什么要引入接口中方法的默认实现呢？

其实，这样做的最重要的一个目的就是实现接口升级。在原有的设计中，如果想要升级接口，例如给接口中添加一个新的方法，那么会导致所有实现这个接口的类都需要被修改，这给 Java 语言已有的一些框架进行升级带来了很大的麻烦。如果接口能支持默认方法的实现，那么可以给这些类库的升级带来许多便利。例如，为了支持 Lambda 表达式，Collection 中引入了 foreach 方法，可以通过这个语法增加默认的实现，从而降低了对这个接口进行升级的代价，不需要对所有实现这个接口的类进行修改。

在 Java8 之前，实现接口的非抽象类必须要实现接口中的方法，在 Java8 中引入接口中方法的默认实现后，实现接口的类也可以不实现接口中的方法，例如：

```
class A implements Inter8
{
    //接口中的方法已经有了默认的实现，因此，这里可以重写方法的实现，也可以使用默认的实现
}
```

接口中的静态方法只能通过接口名来调用，不可以通过实现类的类名或者实现类的对象来调用。而 default 方法则只能通过接口实现类的对象来调用。示例代码如下：

```
public static void main(String[] args)
{
    Inter8.h();
    new A().g();
}
```

在 Java 中由于不支持多重继承，也就是说一个类只能继承一个父类，不能同时继承多个父类，但是一个类可以实现多个接口。因此经常通过实现多个接口的方式来实现多重继承的目的。那么如果多个接口中存在同名的 static 和 default 方法会有什么样的问题呢？静态方法并不会导致歧义的出现，因为静态方法只能通过接口名来调用；对于 default 方法来说，在这种情况下，这个类必须要重写接口中的这个方法，否则无法确定到底使用哪个接口中默认的实现。

从上面的介绍可以看出接口与抽象类有很多相似的地方，那么它们有哪些不同点呢？

（1）抽象类

1）抽象类只能被继承（用 extends）。并且一个类只能继承一个抽象类。

2）抽象类强调所属关系，其设计理念为 is-a 关系。

3）抽象类更倾向于充当公共类的角色，不适用于日后重新对里面的代码进行修改。

4）除了抽象方法之外，抽象类还可以包含具体数据和具体方法（可以有方法的实现）。

5）抽象类不能被实例化，如果子类实现了所有的抽象方法，那么子类就可以被实例化了。如果子类只实现了部分抽象方法，那么子类还是抽象类，不能被实例化。

（2）接口

1）接口需要实现（用 implements），一个类可以实现多个接口，因此使用接口可以间接地实现多重继承的目的。

2）接口强调特定功能的实现，其设计理念是 has-a 关系。

3）接口被运用于实现比较常用的功能，便于日后维护或者添加删除方法。

4）接口不是类，而是对类的一组需求描述，这些类要遵从接口描述的统一格式进行定义。

5）接口中的所有方法都是 public 的，因此，在实现接口的类中，必须把方法声明成 public，因为类中默认的访问属性是包可见的，而不是 public，这就相当于在子类中降低了方法的可见性，会导致编译错误。

总之，接口是一种特殊形式的抽象类，使用接口完全有可能实现与抽象类相同的操作，但一般而言，抽象类多用于在同类事物中有无法具体描述的方法的场景，所以当子类和父类之间存在有逻辑上的层次结构时，推荐使用抽象类，而接口多用于不同类之间，定义不同类之间的通信规则，所以当希望支持差别较大的两个或者更多对象之间的特定交互行为时，应该使用接口。

此外，接口可以继承接口，抽象类可以实现接口，抽象类也可以继承具体类。抽象类也可以有静态的 main 方法。

1.9　break、continue 以及 return 的区别

break：直接强行跳出当前循环，不再执行剩余部分。当循环中遇到 break 语句时，忽略循环体中任何其他语句和循环条件测试，程序控制在循环后面语句重新开始。所以，当多层循环嵌套，break 语句出现在嵌套循环中的内层循环，它将仅仅只是终止了内层循环的执行，而不影响外层循环的执行。

continue：停止当次循环，回到循环起始处，进入下一次循环操作。continue 语句之后的语句将不再执行，用于跳过循环体中的一部分语句，也就是不执行这部分语句，而不是跳出整个循环执行下一条语句，这就是 continue 与 break 的主要区别。简单地说，continue 只是中断一次循环的执行而已。

return：return 语句是一个跳转语句，用来表示从一个方法返回（返回一个值或其他复杂类型），可以使程序控制返回到调用它方法的地方。当执行 main 方法时，return 语句可以使程序执行返回到 Java 运行系统。

由于 break 只能跳出当前的循环，那么如何才能实现跳出多重循环呢？可以在多重循环的外面定义一个标识，然后在循环体里使用带有标识的 break 语句即可跳出多重循环。例如：

```java
public class Break
{
    public static void main(String[] args)
    {
        out:
        for(int i=0;i<5;i++)
        {
            for(int j=0;j<5;j++)
            {
                if(j>=2)
                    break out;
                System.out.println(j);
            }
        }
        System.out.println("break");
    }
}
```

程序运行结果为：

```
0
1
break
```

上例中，当内部循环 j=2 时，程序跳出双重循环，执行 System.out.println("break")语句。

引申：Java 语言中是否存在 goto 关键字？

虽然 goto 作为 Java 的保留字，但目前没有在 Java 中使用。在 C/C++中，goto 常被用作跳出多重循环，在 Java 语言中，可以使用 break 和 continue 来达到同样的效果。那么既然 goto 没有在 Java 语言中使用，为什么还要作为保留字呢？其中一个可能的原因就是这个关键字有可能会在将来被使用。如果现在不把 goto 作为保留字，开发人员就有可能用 goto 作为变量名来使用。一旦 Java 支持 goto 关键字了，这会导致以前的程序无法正常运行。因此把 goto 作为保留字是非常有必要的。

这里需要注意的是，在 Java 语言中，虽然没有 goto 语句，但是却能使用标识符加冒号 (:) 的形式定义标签，如"mylabel:"，其目的主要是在多重循环中方便使用 break 和 continue。

1.10　switch 使用时的注意事项

在使用 switch(expr)的时候，expr 只能是一个枚举常量（内部也是由整型或字符类型实现）或

一个整数表达式，其中整数表达式可以是基本类型 int 或其对应的包装类 Integer，当然也包括不同的长度整型，例如 short。由于 byte、short 和 char 都能够被隐式地转换为 int 类型，因此这些类型以及它们对应的包装类型都可以作为 switch 的表达式。但是，long、float、double、String 类型由于不能够隐式地转换为 int 类型，因此它们不能被用作 switch 的表达式。如果一定要使用 long、float 或 double 作为 switch 的参数，必须将其强制转换为 int 类型才可以。

例如以下使用就是非法的：

```
float a = 0.123;
switch(a) //错误！a 不是整型或字符类型变量
{
....
}
```

另外，与 switch 对应的是 case 语句，case 语句之后可以是直接的常量数值，例如 1、2，也可以是一个常量计算式，例如 1+2 等，还可以是 final 型的变量（final 变量必须是编译时的常量），例如 final int a = 0，但不能是变量或带有变量的表达式，例如 i * 2 等。当然更不能是浮点型数，例如 1.1 或 1.2 / 2 等。

```
switch(formWay)
{
    case 2-1 : //正确
        ...
        break;
    case a-2 : //错误
        ...
        break;
    case 2.0 : //错误
        ...
        break;
}
```

随着 Java 语言的发展，在 Java7 中，switch 开始支持 String 类型了。以下是一段支持 String 类型的示例代码：

```
public class Test {
    public void test(String str)
    {
        switch (str)
        {
        case "one":
            System.out.println("This is 1");
            break;
        case "two":
            System.out.println("This is 2");
            break;
        case "three":
            System.out.println("This is 3");
            break;
        default:
            System.out.println("default");
        }
    }
}
```

从本质上来讲，switch 对字符串的支持，其实是 int 类型值的匹配。它的实现原理如下：通过对 case 后面的 String 对象调用 hashCode() 方法，得到一个 int 类型的 hash 值，然后用这个 hash 值来唯一标识着这个 case。那么当匹配的时候，首先调用这个字符串的 hashCode() 方法，获取一个 hash 值（int 类型），用这个 hash 值来匹配所有的 case，如果没有匹配成功，说明不存在；如果匹配成功了，接着会调用字符串的 String.equals() 方法进行匹配。由此可以看出 String 变量不能为 null，同时 switch 的 case 子句中使用的字符串也不能为 null。

在使用 switch 的时候需要注意的另外一个问题是：一般在 case 语句结尾必须添加 break 语句。因为一旦通过 switch 语句确定了入口点，就会顺序执行后面的代码，直到遇到关键字 break。否则，会执行满足这个 case 之后的其他 case 语句而不管 case 是否匹配，直到 switch 结束或者遇到 break 为止。如果在 switch 中省略了 break 语句，那么匹配的 case 值后的所有情况（包括 default 情况）都会被执行。如下例所示：

```java
public class Test
{
    public static void main(String[] args)
    {
        int x = 4;
        switch (x)
        {
        case 1:
            System.out.println(x);
        case 2:
            System.out.println(x);
        case 3:
            System.out.println(x);
        case 4:
            System.out.println(x);
        case 5:
            System.out.println(x);
        default:
            System.out.println(x);
        }
    }
}
```

程序运行结果为：

```
4
4
4
```

Java 12 对 switch 表达式的写法进行了进一步的扩展，使用新的写法可以省去 break 语句，从而可以避免因漏写 break 而出错，同时还支持合并多个 case 的写法，这种新的写法让代码变得更加简洁。语法为：case condition->，即如果条件匹配 case condition，就执行->后面的代码。示例代码如下：

```java
public class Test
{
    public static void CheckWeekendOldVersion(int num)
    {
        switch (num)
        {
        case 1:
        case 2:
        case 3:
        case 4:
        case 5:
            System.out.println("周内");
            break;
        case 6:
        case 7:
            System.out.println("周末");
            break;
        default:
            System.out.println("非法值");
        }
    }

    public static void CheckWeekendNewVersion(int num)
    {
        switch (num)
        {
```

```
            case 1,2,3,4,5-> System.out.println("周内");
            case 6,7 -> System.out.println("周末");
            default -> System.out.println("非法值");
        }
    }

    public static void main(String[] args)
    {
            CheckWeekendNewVersion(2);
            CheckWeekendNewVersion(6);
            CheckWeekendOldVersion(10);
    }
}
```

代码运行结果为:

```
周内
周末
非法值
```

从上面的代码可以看出，新的写法可以省略 break，同时合并了多个条件，从而使得代码变得更加简洁。在 Java13 和 Java14 中增加了 yield 关键字，同时可以对 switch 表达式进行赋值，示例代码如下：

```
enum Weekday{
    MON,TUE,WEN,THU,FRI,SAT,SUN
}

public class SwitchTest {
    public static void main(String[] args) {
        Weekday day = Weekday.MON; //初始化一个枚举变量

        //JDK14 中扩展了 switch 可以作为表达式，同时将表达式的值打印出来
        System.out.println(switch(day){
            case MON, TUE, WEN , THU, FRI -> "周内";
            case SAT, SUN       -> "周末";
        });

        //将表达式的值赋值给一个变量
        String text = switch(day){
            case MON, TUE, WEN , THU, FRI -> "周内";
            case SAT, SUN       -> "周末";
        };

        //yield 只是从 switch 返回，而 return 会返回整个方法
        String x = "3";
        int i = switch (x) {
            case "1" -> 1;
            case "2" -> 2;
            default -> {
                yield 3;
            }
        };
        System.out.println(i);
    }
}
```

1.11 volatile 的作用

volatile 的使用是为了线程安全，但 volatile 不保证线程安全。线程安全有三个要素：可见性、有序性和原子性。线程安全是指在多线程情况下，对共享内存的使用，不会因为不同线程的访问和修改而发生不期望的情况。

volatile 有以下三个作用：

（1）volatile 用于解决多核 CPU 高速缓存导致的变量不同步

这本质上是个硬件问题，其根源在于：CPU 的高速缓存的读取速度远远快于主存（物理内

存）。所以，CPU 在读取一个变量的时候，会把数据先读取到缓存，这样下次再访问同一个数据的时候就可以直接从缓存读取了，显然提高了读取的性能。而多核 CPU 有多个这样的缓存。这就带来了问题，当某个 CPU（例如 CPU1）修改了这个变量（比如把 a 的值从 1 修改为 2），但是其他的 CPU（例如 CPU2）在修改前已经把 a=1 读取到自己的缓存了，当 CPU2 再次读取数据的时候，它仍然会去自己的缓存区中读取，此时读取到的值仍然是 1，但是实际上这个值已经变成 2 了。这里，就涉及了线程安全的要素：可见性。

可见性是指当多个线程在访问同一个变量时，如果其中一个线程修改了变量的值，那么其他线程应该能立即看到修改后的值。

volatile 的实现原理是内存屏障（Memory Barrier），其原理为：当 CPU 写数据时，如果发现一个变量在其他 CPU 中存有副本，那么会发出信号量通知其他 CPU 将该副本对应的缓存行置为无效状态，当其他 CPU 读取到变量副本的时候，会发现该缓存行是无效的，然后，它会从主存重新读取变量。

（2）volatile 可以解决指令重排序的问题

一般情况下，程序是按照顺序执行的，例如下面的代码：

```
1、int i = 0;
2、i++;
3、boolean f = false;
4、f = true;
```

如果 i++发生在 int i=0 之前，那么会不可避免地出错，CPU 在执行代码对应指令的时候，会认为 1、2 两行是具备依赖性的，因此，CPU 一定会安排行 1 早于行 2 执行。

那么，int i=0 一定会早于 boolean f=false 吗？

并不一定，CPU 在运行期间会对指令进行优化，没有依赖关系的指令，它们的顺序可能会被重排。在单线程执行下，发生重排是没有问题的，CPU 保证了顺序不一定一致，但结果一定一致。

但在多线程环境下，重排序则会引起很大的问题，这又涉及了线程安全的要素：有序性。

有序性是指程序执行的顺序应当按照代码的先后顺序执行。

为了更好地理解有序性，下面通过一个例子来分析：

```
//成员变量 i
int i = 0;

//线程一的执行代码
Thread.sleep(10);
i++;
f = true;
//线程二的执行代码
while(!f)
{
    System.out.println(i);
}
```

理想的结果应该是，线程二不停地打印 0，最后打印一个 1，终止。

在线程一里，f 和 i 没有依赖性，如果发生了指令重排，那么 f = true 发生在 i++之前，就有可能导致线程二在终止循环前输出的全部是 0。

需要注意的是，这种情况并不常见，再次运行并不一定能重现，正因为如此，很可能会导致出现一些莫名的问题。如果修改上方代码中 i 的定义为使用 volatile 关键字来修饰，那么就可以保证最后的输出结果符合预期。这是因为，被 volatile 修饰的变量，CPU 不会对它做重排序优化，所以也就保证了有序性。

（3）volatile 不保证操作的原子性

原子性：一个或多个操作，要么全部连续执行且不会被任何因素中断，要么就都不执行。一眼看上去，这个概念和数据库概念里的事务（Transaction）很类似，没错，事务就是一种原子性操作。

原子性、可见性和有序性，是线程安全的三要素。

需要特别注意的是，volatile 保证可见性和有序性，但是不保证操作的原子性，下面的代码将会证明这一点：

```java
static volatile int intVal = 0;
public static void main(String[] args)
{
    //创建 10 个线程，执行简单的自加操作
    for (int i = 0; i < 10; i++)
    {
        new Thread(() ->
        {
            for (int j = 0; j < 1000; j++)
                intVal++;
        }).start();
    }
    // 保证之前启动的全部线程执行完毕
    while (Thread.activeCount() > 1)
        Thread.yield();
    System.out.println(intVal);
}
```

在之前的内容有提及，volatile 能保证修改后的数据对所有线程可见，那么，这一段对 intVal 自增的代码，最终执行完毕的时候，intVal 应该为 10000。

但事实上，结果是不确定的，大部分情况下会小于 10000。这是因为，无论是 volatile 还是自增操作，都不具备原子性。

假设 intVal 初始值为 100，自增操作的指令执行顺序如下所示：

1）获取 intVal 值，此时主存内 intVal 值为 100；

2）intVal 执行+1，得到 101，此时主存内 intVal 值仍然为 100；

3）将 101 写回给 intVal，此时主存内 intVal 值从 100 变化为 101。

具体执行流程如图 1-2 所示。

这个过程很容易理解，如果这段指令发生在多线程环境下呢？以下面这段会发生错误的指令顺序为例：

1）线程一获得了 intVal 值为 100；

2）线程一执行+1，得到 101，此时值没有写回给主存；

3）线程二在主存内获得了 intVal 值为 100；

4）线程二执行+1，得到 101；

5）线程一写回 101；

6）线程二写回 101；

于是，最终主存内的 intVal 值，还是 101。具体执行流程如图 1-3 所示。

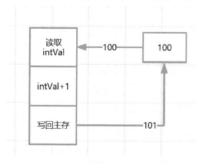

● 图 1-2　自增操作的实现原理

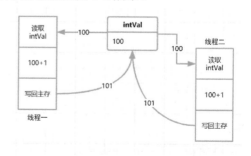

● 图 1-3　多线程执行自增操作的结果

为什么 volatile 的可见性保证在这里没有生效？

根据 volatile 保证可见性的原理（内存屏障），当一个线程执行写的时候，才会改变"数据修改"的标量，在上述过程中，线程一在执行加法操作发生后，写回操作发生前，CPU 开始处理线程二的时间片，执行了另外一次读取 intVal，此时 intVal 值为 100，且由于写回操作尚未发生，这一次读取是成功的。

因此，出现了最后计算结果不符合预期的情况。

synchoronized 关键字确实可以解决多线程的原子操作问题，可以修改上面的代码为：

```java
for (int i = 0; i < 10; i++)
{
    new Thread(() -> {
        synchronized (lock) {
            for (int j = 0; j < 1000; j++)
                intVal++;
        }
    }).start();
}
```

但是，这种方式明显效率不高（后面会介绍如何通过 CAS 来保证原子性），10 个线程都在争抢同一个代码块的使用权。

由此可见，volatile 只能提供线程安全的两个必要条件：可见性和有序性。

 ## 1.12　Java 基本的数据类型

Java 语言一共提供了八种原始的数据类型（byte、short、int、long、float、double、char、boolean），这些数据类型不是对象，而是 Java 中不同于类的特殊类型，这些基本类型的数据变量在声明之后就会立刻在栈上分配内存空间。除了这八种基本的数据类型外，其他类型都是引用类型（例如类、接口、数组等），引用类型类似于 C++中的引用或指针的概念，它以特殊的方式指向对象实体，这类变量在声明时不会被分配内存空间，只是存储了一个内存地址而已。

表 1-1 所展示的是 Java 中基本数据类型及其描述。

表 1-1　不同数据类型对比

数据类型	字节长度	范　　围	默认值	包装类
int	4	$[-2147483648, 2147483647]$ $(-2^{31}\sim2^{31}-1)$	0	Integer
short	2	$[-32768, 32767]$	0	Short
long	8	$[-9223372036854775808,$ $9223372036854775807]$ $(-2^{63}\sim2^{63}-1)$	0L 或 0l	Long
byte	1	$[-128, 127]$	0	Byte
float	4	32 位 IEEE754 单精度范围	0.0F 或 0.0f	Float
double	8	64 位 IEEE754 双精度范围	0.0	Double
char	2	Unicode[0,65535]	u0000	Character
boolean	1	true 和 false	false	Boolean

以上这些基本类型可以分为如下四种类型。

1）int 长度数据类型：byte(8bits)、short(16bits)、int(32bits)、long(64bits)。

2）float 长度数据类型：单精度（32bits float）、双精度（64bits double）。

3）boolean 类型变量的取值：true、false。对于 boolean 占用空间的大小，从理论上讲，只需要 1bit 就够了，但在设计的时候为了考虑字节对齐等因素，一般会考虑使其占用一个字节。由于 Java 规范没有明确的规定，因此，不同的 JVM 可能会有不同的实现。

4）char 数据类型：Unicode 字符，16 位。

此外，Java 语言还提供了对这些原始数据类型的包装类（字符类型 Character，布尔类型 Boolean，数值类型 Byte、Short、Integer、Long、Float、Double）。需要注意的是，Java 中的数值类型都是有符号的，不存在无符号的数，它们的取值范围也是固定的，不会随着硬件环境或者操作系统的改变而改变。除了以上提到的八种基本数据类型以外，在 Java 语言中，还存在另外一种基本类型 void，它也有对应的包装类 java.lang.void，只是无法直接对它进行操作而已。包装类型和原始类型有许多不同点，首先，原始数据类型在传递参数的时候都是按值传递，而包装类型是按引用传递的。当包装类型和原始类型用作某个类的实例数据时所指定的默认值（默认初始化的时候会把对应内存中所有的位都设置为 0），例如数字是 0（包括 byte、short、int、long 等类型），boolean 是 false，浮点（包括 float、double）是 0.0f，引用是 null。对象引用实例变量的默认值为 null，而原始类型实例变量的默认值与它们的类型有关（如 int 默认初始化为 0）。如下例所示：

```
public class Test
{
    String s;
    int i;
    float f;
    public static void main(String args[])
    {
        Test t=new Test();
        System.out.println(t.s==null);
        System.out.println(t.i);
        System.out.println(t.f);
    }
}
```

程序运行结果为：

```
true
0
0.0
```

除了以上需要注意的内容外，在 Java 语言中，默认声明的小数是 double 类型的，因此在对 float 类型的变量进行初始化时需要进行类型转换。float 类型有两种初始化方法：float f=1.0f 或 float f=(float)1.0。与此类似的是，在 Java 语言中，直接写的整型数字是 int 类型的，如果在给数据类型为 long 的变量直接赋值时，int 类型的值无法表示一个非常大的数字，因此，在赋值的时候可以通过如下的方法来赋值：long l= 26012402244L。

引申：

（1）在 Java 语言中 null 值是什么？在内存中 null 是什么？

null 不是一个合法的 Object 实例，所以编译器并没有为其分配内存，它仅仅用于表明该引用目前没有指向任何对象。其实，与 C 语言类似，null 是对引用变量的值全部置 0。

（2）如何理解赋值语句 String x = null？

在 Java 语言中，变量被分为两大类型：原始值（primitive）与引用值（reference）。声明为原始类型的变量，其存储的是实际的值。声明为引用类型的变量，存储的是实际对象的地址（指针，引用）。对于赋值语句 String x = null，它定义了一个变量"x"，x 中存放的是 String 引用，此处为 null。

（1.13） 不可变类

不可变类（Immutable Class）是指当创建了这个类的实例后，就不允许修改它的值，也就是说一个对象一旦被创建出来，在其整个生命周期中，它的成员变量就不能被修改。它有点类似于常量，只允许别的程序读，不允许别的程序进行修改。

在 Java 类库中，所有基本类型的包装类都是不可变类，例如 Integer、Float 等。此外，String 也是不可变类。可能有人会有疑问，既然 String 是不可变类，为什么还可以写出如下代码来修改 String 类型的值呢？

```java
public class Test
{
    public static void main(String[] args)
    {
        String s="Hello";
        s+=" world";
        System.out.println(s);
    }
}
```

程序运行结果为：

```
Hello world
```

表面上看，好像是修改 String 类型对象 s 的值。其实不是，String s="Hello"语句声明了一个可以指向 String 类型对象的引用，这个引用的名字为 s，它指向了一个字符串常量"Hello"。

s+="world"并没有改变 s 所指向的对象（由于"Hello"是 String 类型的对象，而 String 又是不可变量），这句代码运行后，s 指向了另外一个 String 类型的对象，该对象的内容为"Hello world"。原来的那个字符串常量"Hello"还存在于内存中，并没有被改变。

在介绍完不可变类的基本概念后，下面主要介绍如何创建一个不可变类。通常来讲，要创建一个不可变类需要遵循下面四条基本原则：

1）类中所有的成员变量被 private 所修饰。

2）类中没有写或者修改成员变量的方法，例如setxxx。只提供构造方法，一次生成，永不改变。

3）确保类中所有的方法不会被子类覆盖，可以通过把类定义为 final 或者把类中的方法定义为 final 来达到这个目的。

4）如果一个类成员不是不可变量，那么在成员初始化或者使用 get 方法获取该成员变量时，需要通过 clone 方法来确保类的不可变性。

5）如果有必要，覆盖 Object 类的 equals()方法和 hashCode()方法。在 equals()方法中，根据对象的属性值来比较两个对象是否相等，并且保证用 equals()方法判断为相等的两个对象的 hashCode()方法的返回值也相等，这可以保证这些对象能正确地放到 HashMap 或 HashSet 集合中。

除此之外，还有一些小的注意事项：由于类的不可变性，在创建对象的时候就需要初始化所有的成员变量，因此最好提供一个带参数的构造方法来初始化这些成员变量。

下面通过给出一个错误的实现方法与正确的实现方法来对比说明在实现这种类的时候需要特别注意的问题。首先给出一个错误的实现方法如下：

```java
import java.util.Date;
class ImmutableClass
{
    private Date d;
    public ImmutableClass(Date d)
    {
        this.d=d;
    }
    public void printState()
    {
        System.out.println(d);
    }
}

public class Test
{
    public static void main(String[] args)
```

```
        {
                Date d=new Date();
                ImmutableClass immuC=new ImmutableClass(d);
                immuC.printState();
                d.setMonth(5);
                immuC.printState();
        }
    }
```

程序的输出结果为：

```
    Mon Nov 04 22:58:56 CST 2019
    Tue Jun 04 22:58:56 CST 2019
```

需要说明的是，由于 Date 的对象的状态是可以被改变的，而 ImmutableClass 保存了 Date 类型对象的引用，当被引用对象状态改变的时候会导致 ImmutableClass 对象状态的改变。

其实，正确的实现方法应该如下所示：

```java
import java.util.Date;

class ImmutableClass
{
    private Date d;
    public ImmutableClass(Date d)
    {
            this.d=(Date)d.clone(); //解除了引用关系
    }
    public void printState()
    {
            System.out.println(d);
    }
    public Date getDate()
    {
            return (Date)d.clone();
    }
}
public class Test
{
    public static void main(String[] args)
    {
            Date d=new Date();
            ImmutableClass immuC=new ImmutableClass(d);
            immuC.printState();
            d.setMonth(5);
            immuC.printState();
    }
}
```

程序的输出结果为：

```
    Sun Aug 04 17:47:03 CST 2013
    Sun Aug 04 17:47:03 CST 2013
```

Java 语言里面之所以设计有很多不可变类，主要是因为不可变类具有使用简单、线程安全、节省内存等优点，但凡事有利就有弊，不可变类自然也不例外，例如，不可变的对象会因为值的不同而产生新的对象，从而导致出现无法预料的问题，所以，切不可滥用这种模式。

 ## 1.14 值传递与引用传递的区别

方法调用是编程语言中非常重要的一个特性，在方法调用的时候，通常需要传递一些参数来完成特定的功能。Java 语言提供了两种参数传递的方式：值传递和引用传递。

值传递：在方法调用中，实参会把它的值传递给形参，形参只是用实参的值初始化一个临时的存储单元，因此形参与实参虽然有着相同的值，但是却有着不同的存储单元，因此对形参的改变不会影响实参的值。

引用传递：在方法调用中，传递的是对象（也可以看作是对象的地址），这时候形参与实参的对象指向的是同一块存储单元，因此对形参的修改就会影响实参的值。

在 Java 语言中，原始数据类型在传递参数的时候都是按值传递的，而包装类型是按引用传递的。

下面通过一个例子来介绍按值传递和按引用传递的区别。

```java
public class Test
{
    public static void testPassParameter(StringBuffer ss1, int n)
    {
        ss1.append(" World"); //引用
        n=8;                    //值
    }
    public static void main(String[] args)
    {
        int i=1;
        StringBuffer s1=new StringBuffer("Hello");
        testPassParameter(s1,i);
        System.out.println(s1);
        System.out.println(i);
    }
}
```

程序运行结果为：

```
Hello World
1
```

按引用传递其实跟传递指针类似，是把对象的地址作为参数的，如图 1-4 所示。

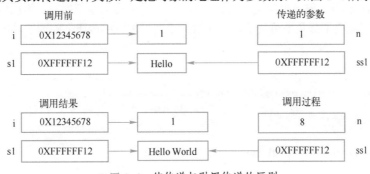

● 图 1-4　值传递与引用传递的区别

为了便于理解，假设 1 和 "Hello" 存储的地址分别为 0X12345678 和 0XFFFFFF12。在调用方法 testPassParameter 的时候，由于 i 为基本类型，因此参数是按值传递的，此时会创建一个 i 的副本，该副本与 i 有相同的值，把这个副本作为参数赋值给 n，作为传递的参数。而 StringBuffer 由于是一个类，因此按引用传递，传递的是它的引用（传递的是存储 "Hello" 的地址）。

图 1-4 中，在 testPassParameter 内部修改的是 n 的值，这个值与 i 是没关系的。但是在修改 ss1 的时候，修改的是 ss1 这个地址指向的字符串，由于形参 ss1 与实参 s1 指向的是同一块存储空间，因此修改 ss1 后，s1 指向的字符串也被修改了。

下面再从另外一个角度出发来对引用传递进行详细分析：

对于变量 s1 而言，它是一个字符串对象的引用，引用的字符串的值是 "Hello"，而变量 s1 的值为 0X12345678（可以理解为是 "Hello" 的地址，或者 "Hello" 的引用），那么在方法调用时，参数传递的其实就是 s1 值的一个副本（0X12345678），如图 1-4 所示，ss1 的值也为 0X12345678。如果在方法调用的过程中通过 ss1（字符串的引用或地址）来修改字符串的内容，因为 s1 与 ss1 指向同一个字符串，所以，通过 ss1 对字符串的修改对 s1 也是可见的。但是方法中对 ss1 值的修改对 s1 是没有影响的，如下例所示：

```
public class Test
{
    public static void testPassParameter(StringBuffer ss1)
    {
        ss1 = new StringBuffer("World");
    }
    public static void main(String[] args)
    {
        StringBuffer s1 = new StringBuffer("Hello");
        testPassParameter(s1);
        System.out.println(s1);
    }
}
```

程序的运行结果为：

```
Hello
```

对运行结果分析可知，在 testPassParameter 方法中，依然假设"Hello"的地址为 0XFFFFFF12（实际上是 s1 的值），在方法调用的时候，首先把 s1 的副本传递给 ss1，此时 ss1 的值也为 0XFFFFFF12，通过调用 ss1=new StringBuffer("World")语句实际上是改变了 ss1 的值（ss1 指向了另外一个字符串"World"），但是对形参 ss1 值的改变对实参 s1 没有影响，虽然 ss1 被改变"World"的引用（或者"World"的地址），s1 还是代表字符串"Hello"的引用（或可以理解为 s1 的值仍然是"Hello"的地址）。从这个角度出发来看，StringBuffer 从本质上来讲还是值传递，它是通过值传递的方式来传递引用的。

Java 中处理八种基本的数据类型用的是值传递，其他所有类型都用的是引用传递，由于这八种基本数据类型的包装类型都是不可变量，因此增加了对"按引用传递"的理解难度。下面给出一个示例来说明：

```
public class Test
{
    public static void changeStringBuffer(StringBuffer ss1, StringBuffer ss2)
    {
        ss1.append(" World");
        ss2=ss1;
    }
    public static void main(String[] args)
    {
        Integer a=1;
        Integer b=a;
        b++;
        System.out.println(a);
        System.out.println(b);
        StringBuffer s1=new StringBuffer("Hello");
        StringBuffer s2=new StringBuffer("Hello");
        changeStringBuffer(s1,s2);
        System.out.println(s1);
        System.out.println(s2);
    }
}
```

程序的输出结果为：

```
1
2
Hello World
Hello
```

对于上述程序的前两个输出"1"和"2"，不少读者都认为 Integer 是按值传递的而不是按引用传递的，其实这是一个理解上的误区，上述代码传递的还是引用（引用是按值传递的），只是由于 Integer 是不可变类，因此没有提供改变它的值的方法，在上例中，在执行 b++后，由于 Integer 是不可变类，因此此时会创建一个新值为 2 的 Integer 赋值给 b，此时 b 与 a 其实已经没有任何关系了。

下面通过程序后面的两个输出来加深对"按引用传递"的理解。为了理解后面两个输出结果，首先必须理解引用也是按值传递的。为了便于理解，假设 s1 和 s2 指向字符串的地址分别为 0X12345678 和 0XFFFFFF12，那么在调用方法 changeStringBuffer 的时候，传递 s1 与 s2 的引用就可以理解为传递了两个地址 0X12345678 和 0XFFFFFF12，而且这两个地址是按值传递的（即传递了两个值，ss1 为 0X12345678，ss2 为 0XFFFFFF12），在调用方法 ss1.append("World")的时候，会修改 ss1 所指向的字符串的值，因此会修改调用者 s1 的值，得到的输出结果为"Hello World"。但是在执行 ss2=ss1 的时候，只会修改 ss2 的值而对 s2 毫无影响，因此 s2 的值在调用前后保持不变。为了便于理解，图 1-5 给出了函数调用的处理过程。

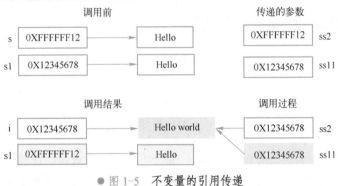

● 图 1-5　不变量的引用传递

从图 1-5 中可以看出，在传递参数的时候相当于传递了两个地址，然后调用 ss1.append("World") 修改了这个地址所指向的字符串的值，而在调用 ss2=ss1 时，相当于修改了函数 changeStringBuffer 内部的局部变量 ss2，这个修改与 ss1 没关系。

1.15　++i 与 i++的区别

在编程的时候，经常会用到变量的自增或自减操作，尤其在循环中用得最多。以自增为例，有两种自增方式：前置与后置，即++i 和 i++，它们的不同点在于，i++是在程序执行完毕后自增，而 ++i 是在程序开始执行前进行自增。如下例所示：

```java
public class Test
{
    public static void main(String[] a)
    {
        int i = 1;
        System.out.println(i++ + i++);
        System.out.println("i=" + i);
        System.out.println(i++ + ++i);
        System.out.println("i=" + i);
        System.out.println(i++ + i++ + i++);
        System.out.println("i=" + i);
    }
}
```

程序运行结果为：

```
3
i=3
8
```

```
i=5
18
i=8
```

上例中的程序运行结果让很多读者感觉不解，其实稍作分析，问题便迎刃而解了。表达式 i++ + i++首先执行第一个 i++操作，由于自增操作会稍后执行。因此，运算时 i 的值还是 1，但自增操作后，i 的值变为 2，接着执行第二个 i++，运算时，i 的值已经为 2，而执行了一个自增操作后，i 的值变为 3，所以 i++ + i++=1+2=3，而运算完成后，i 的值变为 3。

表达式 i++ + ++i 首先执行第一个 i++，但是自增操作会稍后执行。因此，此时 i 的值还是 3，接着执行++i，此时 i 的值变为 4，同时还要补执行 i++的自增操作，因此此时 i 的值变为 5，所以 i++ + ++i=3+5=8。

同理，i++ + i++ + i++=5+6+7=18。

 ## 1.16   字符串创建与存储的机制

在 Java 语言中，对 String 对象提供了专门的字符串常量池。为了便于理解，首先介绍在 Java 语言中字符串的存储机制，在 Java 语言中，字符串的声明与初始化主要有如下两种情况：

1）对于 String s1=new String("abc")语句与 String s2=new String("abc")语句，存在两个引用对象 s1、s2，两个内容相同的字符串对象"abc"，它们在内存中的地址是不同的。只要用到 new 总会生成新的对象。

2）对于 String s1 = "abc"语句与 String s2 = "abc"语句，在 JVM 中存在着一个字符串池，其中保存着很多 String 对象，并且可以被共享使用，s1、s2 引用的是同一个常量池中的对象。由于 String 的实现采用了 Flyweight 的设计模式，当创建一个字符串常量的时候，例如 String s = "abc"，会首先在字符串常量池中查找是否已经有相同的字符串被定义，它的判断依据是 String 类 equals(Object obj)方法的返回值。如果已经定义，那么直接获取对其的引用，此时不需要创建新的对象，如果没有定义，那么首先创建这个对象，然后把它加入字符串池中，再将它的引用返回。由于 String 是不可变类，一旦创建好了就不能被修改，因此 String 对象可以被共享而且不会导致程序的混乱。

具体而言：

```
String s="abc" ;                  //把"abc"放到常量区中，在编译时产生
String s="ab"+"c";                //把"ab"+"c"转换为字符串常量"abc"放到常量区中
String s=new String("abc");       //在运行时把"abc"放到堆里面
```

再例如：

```
String s1="abc";                  //在常量区里面存放了一个"abc"字符串对象，s1 引用这个字符串
String s2="abc";                  //s2 引用常量区中的对象，因此不会创建新的对象
String s3=new String("abc") ;     //在堆中创建新的对象，s3 指向堆中新建的对象
String s4=new String("abc") ;     //在堆中又创建一个新的对象
```

为了便于理解，可以把 String s = new String("abc")语句的执行人为地分解成两个过程：第一个过程是新建对象的过程，即 new String("abc")，第二个过程是赋值的过程，即 String s=new String("abc")。由于第二个过程中只是定义了一个名为 s 的 String 类型的变量，将一个 String 类型对象的引用赋值给 s，因此在这个过程中不会创建新的对象。第一个过程中 new String("abc")会调用 String 类的构方法：

```
public String(String original){
    //body
}
```

由于在调用这个构造方法的时候，传入了一个字符串常量，因此语句 new String("abc")也就等价于"abc"和 new String()两个操作。如果在字符串池中不存在"abc"，那么会创建一个字符串常量

"abc"，并将其添加到字符串池中，如果存在，那么不创建，然后 new String()会在堆中创建一个新的对象。所以 str3 与 str4 指向的是堆中不同的 String 对象，地址自然也不相同了。如图 1-6 所示。

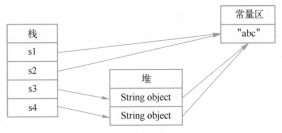

● 图 1-6　两种字符串存储方式

从上面的分析可以看出，在创建字符串对象的时候，会根据不同的情况来确定字符串被放在常量区还是堆中。而 intern 方法主要用来把字符串放入字符串常量池中。在以下两种情况下，字符串会被放到字符串常量池中：

1）直接使用双引号声明的 String 对象都会直接存储在常量池中。

2）通过调用 String 提供的 intern 方法把字符串放到常量池中，intern 方法会从字符串常量池中查询当前字符串是否存在，若不存在，则会将当前字符串放入常量池中。

intern 方法在 JDK1.6 和 JDK1.8 下有着不同的工作原理，下面通过一个例子来介绍它们的不同之处。

```java
public class Test
{
    public static void main(String[] args) throws Exception
    {
        String s1 = new String("a");
        s1.intern();
        String s2 = "a";
        System.out.println(s1 == s2);

        String s3 = new String("a") + new String("a");
        s3.intern();
        String s4 = "aa";
        System.out.println(s3 == s4);
    }
}
```

以上程序的运行结果为：

JDK1.6 及以下的版本：	JDK1.7 及以上的版本：
false false	false true

从上面例子的运行结果可以看出，在 JDK1.6 及以前的版本中，两种写法得到的结果是类似的，从 JDK1.7 开始的版本中对 intern 方法的处理是不同的，下面分别介绍这两种不同的实现方式。

（1）在 JDK1.6 及以前版本中的实现原理

intern()方法会查询字符串常量池是否存在当前字符串，若不存在则将当前字符串复制到字符串常量池中，并返回字符串常量池中的引用。

如图 1-7 所示，在 JDK1.6 中的字符串常量池是在 Perm 区中，前面提到过使用引号声明的字符串会直接存储在字符串常量池中，而 new 出来的 String 对象是放在堆区。即使通过调用 intern 方法把字符串放入字符串常量区中，由于堆和 Perm 区是两块独立的存储空间，存储在堆和 Perm 区中的对象一定会有不同的存储空间，因此，它们也有不同的地址。

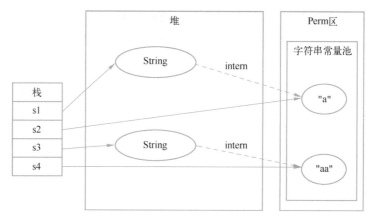

● 图 1-7　intern 方法在 JDK1.6 及更低版本中的实现原理

（2）在 JDK1.7 及以上版本中的实现原理

intern()方法会先查询字符串常量池是否存在当前字符串，若字符串常量池中不存在则再从堆中查询，然后存储并返回相关引用；若都不存在则将当前字符串复制到字符串常量池中，并返回字符串常量池中的引用。实现原理如图 1-8 所示。

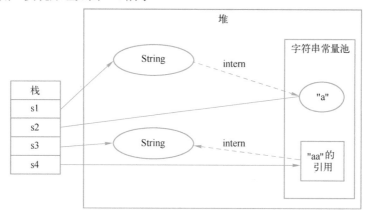

● 图 1-8　intern 方法在 JDK1.7 及以上版本中的实现原理

1）String s1 = new String("a")。 这句代码生成了两个对象，常量池中的 "a" 和堆中的字符串对象。s1.intern(); 这一句代码执行的时候，s1 对象首先去常量池中寻找，由于发现 "a" 已经在常量池里了，因此不做任何操作。

2）接下来执行 String s2 = "a"。这句代码是在栈中生成一个 s2 的引用，这个引用指向常量池中的 "a" 对象。显然 s1 与 s2 有不同的地址。

3）String s3 = new String("a") + new String("a")。这行代码在字符串常量池中生成 "a"（由于已经存在了，不会创建新的字符串），并且在堆中生成一个字符串对象（字符串的内容为 "aa"），s3 指向这个堆中的对象。需要注意的是，此时常量池中还不存在字符串 "aa"。

4）接下来执行 s3.intern()。这句代码执行的过程是，首先判断 "aa" 在字符串常量区中不存在，此时会把 "aa" 放入字符串常量区中，在 JDK1.6 中，会在常量池中生成一个 "aa" 的对象。由于从 JDK1.7 开始字符串常量池从 Perm 区移到堆中了，在这种情况下，常量池中不需要再存储一份对象，而是直接存储堆中的引用。这份引用指向 s3 引用的对象。如图 1-9 所示，字符串常量区中的字符串 "aa" 直接指向堆中的字符串对象。由此可见，这种实现方式能够大大降低字符串所占用的内存空间。

5）执行 String s4 = "aa"的时候，由于这个字符串在字符串常量区中已经存在了（指向 s3 引用对象的一个引用），所以 s4 引用就指向和 s3 一样了。因此 s3 == s4 的结果是 true。

如果把上面例子中的代码的顺序调整，那么就会得到不同的运行结果，如下例所示：

```
public class Test
{
    public static void main(String[] args) throws Exception
    {
        String s1 = new String("a");
        String s2 = "a";
        s1.intern();
        System.out.println(s1 == s2);

        String s3 = new String("a") + new String("a");
        String s4 = "aa";
        s3.intern();
        System.out.println(s3 == s4);
    }
}
```

上述代码的运行结果为：

JDK1.6 及以下的版本：	JDK1.7 及以上的版本：
false	false
false	false

1）String s1 = newString("a")，生成了常量池中的字符串"a"、堆空间中的字符串对象和指向堆空间对象的引用 s1。

2）String s2 = "a"，这行代码是生成一个 s2 的引用并直接指向常量池中的"a"对象。

3）s1.intern()，由于"a"已经在字符串常量区中存在了，因此这一行代码没有什么实际作用。显然 s1 与 s2 的引用地址是不相同的。

4）String s3 = new String("a") + newString("a")，这行代码在字符串常量池中生成"a"（由于已经存在了，不会创建新的字符串），并且在堆中生成一个字符串对象（字符串的内容为"aa"），s3 指向这个堆中的对象。需要注意的是，此时常量池中还不存在字符串"aa"。

5）String s4 = "aa"，这一行代码执行的时候，首先在字符串常量区中生成字符串"aa"，接着 s4 指向字符串常量区中的"aa"。

6）s3.intern()，由于"aa"已经存在了，这一行代码没有实际的作用。

引申 1：intern 方法内部是怎么实现的？

intern 方法主要通过 JNI 调用 C++实现的 StringTable 的 intern 方法来实现的，StringTable 的 intern 方法与 Java 中的 HashMap 的实现非常类似，但是 C++中的 StringTable 没有自动扩容的功能。在 JDK1.6 中，它的默认大小为 1009。由此可见，String 的 String Pool 使用了一个固定大小的 Hashtable 来实现，如果往字符串常量区中放入过多的字符串，那么就会造成 Hash 冲突严重，解决冲突需要额外的时间，这就会导致使用字符串常量池的时候性能会下降。因此在编写代码的时候需要注意这个问题。为了提供一定的灵活性，JDK1.7 中提供了下面的参数来指定 StringTable 的长度：

```
XX:StringTableSize=10000;
```

引申 2：如何验证从 JDK1.7 开始字符串常量被移到堆中了？

可以通过 intern 方法把大量的字符串都存放在字符串常量池中，直到常量池空间不够了导致溢出，根据抛出的异常可以查看是哪部分内存不够而导致溢出的，如下例所示：

```
import java.util.*;

public class Test
{
    public static String    s = "Hello";
    public static void main(String[] args)
```

```
                {
                    List<String> list = new ArrayList<String>();
                    for (int i=0;i< Integer.MAX_VALUE;i++)
                    {
                        String str = s + s;
                        s = str;
                        list.add(str.intern());
                    }
                }
        }
}
```

在 JDK1.6 及以下的版本运行会抛出 "java.lang.OutOfMemoryError: PermGen space" 异常，说明字符串常量池是存储在永久代中的。而在 JDK1.7 及以上的版本中运行上述代码，会抛出 "java.lang. OutOfMemoryError: Java heap space" 异常，说明从 JDK1.7 开始，字符串常量池被存储在堆中。

常见面试笔试题：

（1）new String("abc")创建了几个对象？

答案：一个或两个。如果常量池中原来有 "abc"，那么只创建一个对象，如果常量池中原来没有 "abc"，那么就会创建两个对象。

（2）Java 中由 substring 方法是否会引起内存泄漏？

答案：这道题考查了两方面的内容，一方面是对 Java 中 String 类的 substring 方法的理解，另一方面考查的是对 Java 中内存泄漏的理解。众所周知，在 Java 编程中，程序员是不需要关心内存的分配与释放的，这些工作都是由垃圾回收器来完成的。但是垃圾回收器只能回收不再被使用的对象，如果想让垃圾回收器回收一个对象，那么必须要保证这个对象不再被引用，否则垃圾回收器无法回收这个对象。在 Java 中，内存泄漏通常指的是程序员认为一个对象会被垃圾回收器收集，但是由于某种原因垃圾回收器无法回收这个对象。

对于这道题而言，首先需要理解 subString 的内部实现原理。只有 Java1.6 之前的版本才会有内存泄漏的问题。substring(int beginIndex, int endIndex)方法返回一个字符串的子串，这个子串从 beginIndex 开始，结束于 endindex-1（下标从 0 开始，子字符串包含 beginIndex 而不包含 endIndex）。例如：

```
String s = "Hello world";
s = s.substring(6,11) ;    //s 的值为 world
```

前面介绍过 String 是不可变量，给字符串赋新值会创建一个新的字符串。也就是说在上面的例子中，在执行第一行代码的时候，会在常量池中创建一个字符串 "Hello world"，第二行代码执行后，s 会指向常量池中新的字符串 "world"，因此，"Hello world" 就没有人访问了，可以被垃圾回收器回收。但是在 Java1.6 中，"Hello world" 是无法被垃圾回收器回收的。为了理解其中的原因，下面首先给出 substring 的实现源码：

```
String(int offset, int count, char value[]) {
    this.value = value;
    this.offset = offset;
    this.count = count;
}

public String substring(int beginIndex, int endIndex)
{
    if (beginIndex < 0)
    {
        throw new StringIndexOutOfBoundsException(beginIndex);
    }
    if (endIndex > count)
    {
        throw new StringIndexOutOfBoundsException(endIndex);
    }
    if (beginIndex > endIndex)
    {
```

```
                    throw new StringIndexOutOfBoundsException(endIndex - beginIndex);
            }
            return ((beginIndex == 0) && (endIndex == count)) ? this :
                    new String(offset + beginIndex, endIndex - beginIndex, value);   //使用的与父字符串同一个 char 数组 value
    }

    String(int offset, int count, char value[]) {
            this.value = value;
            this.offset = offset;
            this.count = count;
    }
```

在 JDK1.6 中，String 类中存储了三个重要的属性：char[] value、int offset 和 int count，分别用来表示字符串对应的字符数组、数组的起始位置及 String 中包含的字符数。由这三个变量就可以唯一决定一个字符串。在调用 substring 方法的时候，虽然会创建一个新的字符串，但是新对象的 value 仍然会使用原来字符串的 value 属性。只是 count 和 offset 的值不一样而已，如图 1-9 所示。

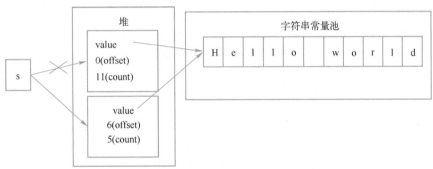

● 图 1-9　String 在 JDK1.6 中的存储方式

虽然字符串在堆中是一个新的对象，但是它与原字符串都指向了相同的字符数组。对于垃圾回收器来说，这个字符数组仍然被使用，因此无法回收。"Hello world"这个字符串虽然不被使用了，但是仍然无法被垃圾回收器回收，因此就造成了内存泄漏。

从 JDK1.7 开始，这个方法内部的实现被修改了，从而避免了内存泄漏，下面是 JDK1.7 中 substring 的实现源码：

```
    public String substring(int beginIndex, int endIndex)
    {
        if (beginIndex < 0)
        {
            throw new StringIndexOutOfBoundsException(beginIndex);
        }
        if (endIndex > value.length)
        {
            throw new StringIndexOutOfBoundsException(endIndex);
        }
        int subLen = endIndex - beginIndex;
        if (subLen < 0)
        {
            throw new StringIndexOutOfBoundsException(subLen);
        }
        return ((beginIndex == 0) && (endIndex == value.length)) ? this : new String(value, beginIndex, subLen);
    }

    public String(char value[], int offset, int count)
    {
        if (offset < 0)
        {
            throw new StringIndexOutOfBoundsException(offset);
        }
    }
```

```
        if (count < 0)
        {
            throw new StringIndexOutOfBoundsException(count);
        }
        if (offset > value.length - count)
        {
            throw new StringIndexOutOfBoundsException(offset + count);
        }
        this.value = Arrays.copyOfRange(value, offset, offset+count);
    }

public static char[] copyOfRange(char[] original, int from, int to)
{
    int newLength = to - from;
    if (newLength < 0)
        throw new IllegalArgumentException(from + " > " + to);
    char[] copy = new char[newLength];     //创建了一个新的 char 数组
    System.arraycopy(original, from, copy, 0,
                Math.min(original.length - from, newLength));
    return copy;
}
```

从上面的代码可以看出，在 copyOfRange 方法中，新的子串通过 new char[newLength]创建了一个独立的字符数组，显然没有与原字符串使用相同的字符数组，如图 1-10 所示。

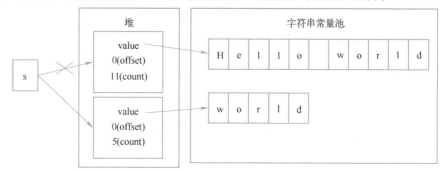

● 图 1-10　String 在 JDK1.7 中的存储方式

从图 1-10 可以看出，在调用 substring 后，字符串"Hello world"将不再被引用，因此可以被垃圾回收器回收。

 ## 1.17 "=="、equals 和 hashCode 的区别

1）"=="运算符用来比较两个变量的值是否相等，也就是用于比较变量所对应的内存中存储的数值是否相同，要比较两个基本类型的数据或两个引用变量是否相等，只能用"=="运算符。

具体而言，如果两个变量是基本数据类型，可以直接用"=="来比较其对应的值是否相等。如果一个变量指向的数据是对象（引用类型），那么，此时涉及了两块内存，对象本身占用一块内存（堆内存），对象的引用也占用一块内存。例如，对于赋值语句 String s = new String()，变量 s 占用一块存储空间（一般在栈中），而 new String()则存储在另外一块存储空间里（一般在堆中），此时，变量 s 所对应的内存中存储的数值就是对象占用的那块内存的首地址。对于指向对象类型的变量，如果要比较两个变量是否指向同一个对象，即要看这两个变量所对应的内存中的数值是否相等（这两个对象是否指向同一块存储空间），这时候就可以用"=="运算符进行比较。但是，如果要比较这两个对象的内容是否相等，那么用"=="运算符就无法实现了。

2）equals 是 Object 类提供的方法之一，每一个 Java 类都继承自 Object 类，所以每一个对象都具有 equals 这个方法。Object 类中定义的 equals(Object) 方法是直接使用"=="比较的两个对象，所

以在没有覆盖 equals(Object) 方法的情况下，equals(Object) 与 "=="一样，比较的是引用。

相比 "=="运算符，equals(Object) 方法的特殊之处就在于它可以被覆盖，所以可以通过覆盖这个方法让它不是比较引用而是比较对象的属性。例如 String 类的 equals 方法是用于比较两个独立对象的内容是否相同，即堆中的内容是否相同。例如，对于下面的代码：

```
String s1=new String("Hello");
String s2=new String("Hello");
```

两条 new 语句在堆中创建了两个对象，然后用 s1、s2 这两个变量分别指向这两个对象，这是两个不同的对象，它们的首地址是不同的，即 s1 和 s2 中存储的数值是不相同的，所以，表达式 a==b 将返回 false，而这两个对象中的内容是相同的，所以，表达式 a.equals(b) 将返回 true。

如果一个类没有实现 equals 方法，那么它将继承 Object 类的 equals 方法，Object 类的 equals 方法的实现代码如下：

```
boolean equals(Object o){
    return this==o;
}
```

通过以上例子可以说明，如果一个类没有自己定义 equals 方法，它默认的 equals 方法（从 Object 类继承的）就是使用 "=="运算符，也就是在比较两个变量指向的对象是否是同一对象，此时使用 equals 方法和使用 "=="会得到同样的结果，如果比较的是两个独立的对象则总返回 false。如果编写的类希望能够比较该类创建的两个实例对象的内容是否相同，那么必须覆盖 equals 方法，由开发人员自己写代码来决定在什么情况下即可认为两个对象的内容是相同的。

3）hashCode() 方法是从 Object 类中继承过来的，它也用来鉴定两个对象是否相等。Object 类中的 hashCode() 方法返回对象在内存中地址转换成的一个 int 值，所以如果没有重写 hashCode() 方法，任何对象的 hashCode() 方法都是不相等的。

虽然 equals 方法也是用来判断两个对象是否相等的，但是二者是有区别的。一般来讲，equals 方法是给用户调用的，如果需要判断两个对象是否相等，可以重写 equals 方法，然后在代码中调用，就可以判断它们是否相等了。对于 hashCode() 方法，用户一般不会去调用它，例如在 HashMap 中，由于 key 是不可以重复的，它在判断 key 是否重复的时候就判断了 hashCode() 这个方法，而且也用到了 equals 方法。此处 "不可以重复"指的是 equals 和 hashCode() 只要有一个不等就可以了。所以，hashCode() 相当于是一个对象的编码，就好像文件中的 md5，它与 equals 方法的不同之处就在于它返回的是 int 型，比较起来不直观。

一般在覆盖 equals 方法的同时也要覆盖 hashCode() 方法，否则，就会违反 Object.hashCode 的通用约定，从而导致该类无法与所有基于散列值（hash）的集合类（HashMap、HashSet 和 Hashtable）结合在一起正常运行。

hashCode() 的返回值和 equals 方法的关系如下：如果 x.equals(y) 返回 true，即两个对象根据 equals 方法比较是相等的，那么调用这两个对象中任意一个对象的 hashCode() 方法都必须产生同样的整数结果。如果 x.equals(y) 返回 false，即两个对象根据 equals() 方法比较是不相等的，那么 x 和 y 的 hashCode() 方法的返回值有可能相等，也有可能不等。反过来，hashCode() 方法的返回值不等，一定能推出 equals 方法的返回值也不等，而 hashCode() 方法的返回值相等，equals 方法的返回值则可能相等，也可能不等。

1.18 String、StringBuffer、StringBuilder 和 StringTokenizer 的区别

在 Java 语言中，有四个类可以对字符或字符串进行操作，分别是 String、StringBuffer、

StringBuilder 和 StringTokenizer，其中 Character 用于单个字符操作，String 用于字符串操作，属于不可变类，而 StringBuffer 也是用于字符串操作，不同之处是 StringBuffer 属于可变类。

　　String 是不可变类，也就是说 String 对象一旦被创建，其值将不能被改变，而 StringBuffer 是可变类，当对象被创建后仍然可以对其值进行修改。由于 String 是不可变类，因此适合在需要被共享的场合中使用，而当一个字符串经常需要被修改时，最好使用 StringBuffer 来实现。如果用 String 来保存一个经常被修改的字符串时，在字符串被修改的时候会比 StringBuffer 多了很多附加的操作，同时生成了很多无用的对象，由于这些无用的对象会被垃圾回收器来回收，所以会影响程序的性能。在规模小的项目里面这个影响很小，但是在一个规模大的项目里面，这会对程序的运行效率带来很大的影响。

　　StringBuilder 也是可以被修改的字符串，它与 StringBuffer 类似，都是字符串缓冲区，但 StringBuilder 不是线程安全的，如果只是在单线程中使用字符串缓冲区，那么 StringBuilder 的效率会更高些。因此在只有单线程访问的时候可以使用 StringBuilder，当有多个线程访问时最好使用线程安全的 StringBuffer。因为 StringBuffer 必要时可以对这些方法进行同步，所以以任意特定实例上的所有操作就好像是以串行顺序发生的，该顺序与所涉及的每个线程进行的方法调用顺序一致。

　　String 与 StringBuffer 另外一个区别在于，当实例化 String 的时候，可以利用构造方法（String s1=new String("world")）的方式来对其进行初始化，也可以用赋值（String s = "Hello"）的方式来初始化，而 StringBuffer 只能使用构造方法（StringBuffer s = new StringBuffer("Hello")）的方式来初始化。

　　String 字符串修改实现的原理为：当用 String 类型来对字符串进行修改时，其实现方法是首先创建一个 StringBuilder，然后调用 StringBuilder 的 append 方法，最后调用 StringBuilder 的 toString 方法把结果返回。举例如下：

```
String s="Hello";
s+="World";
```

以上代码等价于下述代码：

```
String s="Hello";
StringBuilder sb=new StringBuilder(s);
s.append("World");
s=sb.toString();
```

由此可以看出，上述过程比使用 StringBuilder 多了一些附加的操作，同时也生成了一些临时的对象，导致程序的执行效率降低。为了更好地说明这一问题，下面分析一个示例。

```
public class Test
{
    public static void testString()
    {
        String s = "Hello";
        String s1 = "world";
        long start = System.currentTimeMillis();
        for (int i = 0; i < 10000; i++)
        {
            s += s1;
        }
        long end = System.currentTimeMillis();
        long runTime = (end - start);
        System.out.println("testString:" + runTime);
    }

    public static void testStringBuilder()
    {
        StringBuilder s = new StringBuilder("Hello");
        String s1 = "world";
        long start = System.currentTimeMillis();
        for (int i = 0; i < 10000; i++)
```

```
                    {
                            s.append(s1);
                    }
            long end = System.currentTimeMillis();
            long runTime = (end - start);
            System.out.println("testStringBuffer:" + runTime);
        }

        public static void main(String[] args)
        {
            testString();
            testStringBuilder();
        }
    }
```

程序运行结果为：

```
testString:114
testStringBuffer:1
```

从程序的运行结果可以看出，当一个字符串需要经常被修改的时候，使用 StringBuilder 比使用 String 的性能要好很多。

在执行效率方面，StringBuilder 最高，StringBuffer 次之，String 最低（StringTokenizer 与前三者功能完全不同，故不适合放在一起排序），鉴于这一情况，一般而言，如果要操作的数据量比较小，优先使用 String 类，如果是在单线程下操作大量数据，优先使用 StringBuilder 类，如果是在多线程下操作大量数据，优先考虑 StringBuffer 类。

StringTokenizer 是用来分割字符串的工具类，如下例所示：

```
import java.util.StringTokenizer;
public class Test
{
    public static void main(String args[])
    {
            StringTokenizer st = new StringTokenizer("Welcome to our country");
            while (st.hasMoreTokens())
            {
                    System.out.println(st.nextToken());
            }
    }
}
```

程序运行结果为：

```
Welcome
to
our
country
```

 ## 1.19　finally 块中的代码什么时候被执行

问题描述：try {}里有一个 return 语句，那么紧跟在这个 try 后的 finally {}里的 code 会不会被执行？什么时候被执行？在 return 前还是后？

在 Java 语言的异常处理中，finally 语句块的作用就是保证无论出现什么情况，finally 块里的代码一定会被执行。由于当程序执行 return 的时候就意味着结束对当前方法的调用并跳出这个方法体，任何语句要执行都只能在 return 前执行（除非碰到 exit 函数），因此 finally 块里的代码也是在 return 前执行的。此外，如果 try-finally 或者 catch-finally 中都有 return，则 finally 块中的 return 语句将会覆盖别处的 return 语句，最终返回到调用者的是 finally 中 return 的值。下面通过一个例子（示例 1）来说明这个问题：

```
public class Test {
    public static int testFinally(){
        try{
            return 1;
        }catch(Exception e){
            return 0;
        }finally{
            System.out.println("execute finally");
        }
    }
    public static void main(String[] args){
        int result=testFinally();
        System.out.println(result);
    }
}
```

程序运行结果为：

```
execute finally
1
```

从上面这个例子中可以看出，在执行 return 前确实执行了 finally 中的代码。紧接着，在 finally 块里面放置 return 语句，例子（示例 2）如下所示：

```
public class Test {
    public static int testFinally(){
        try{
            return 1;
        }catch(Exception e){
            return 0;
        }finally{
            System.out.println("execute finally");
            return 3;
        }
    }
    public static void main(String[] args){
        int result=testFinally();
        System.out.println(result);
    }
}
```

程序运行结果为：

```
execute finally
3
```

从以上运行结果可以看出，当 finally 块中有 return 语句时，将会覆盖函数中其他 return 语句。此外，由于在一个方法内部定义的变量都存储在栈中，当这个函数结束后，其对应的栈就会被回收，此时在其方法体中定义的变量将不存在了，因此 return 在返回的时候不是直接返回变量的值，而是复制一份，然后返回。因此，对于基本类型的数据，在 finally 块中改变 return 的值对返回值没有任何影响，而对于引用类型的数据，就有影响。下面通过一个例子（示例 3）来说明这个问题：

```
public class Test {
    public static int testFinally1(){
        int result=1;
        try{
            result=2;
            return result;
        }catch(Exception e){
            return 0;
        }finally{
            result=3;
            System.out.println("execute finally1");
        }
    }

    public static StringBuffer testFinally2(){
```

```
                StringBuffer s=new StringBuffer("Hello");
                try{
                        return s;
                }catch(Exception e){
                        return null;
                }finally{
                        s.append(" World");
                        System.out.println("execute finally2");
                }
        }
        public static void main(String[] args){
                int resultVal=testFinally1();
                System.out.println(resultVal);
                StringBuffer resultRef=testFinally2();
                System.out.println(resultRef);
        }
}
```

程序运行结果为：

```
execute finally1
2
execute finally2
Hello World
```

程序在执行到 return 的时候会首先将返回值存储在一个指定的位置，然后去执行 finally 代码块，然后再返回。在方法 testFinally1 中调用 return 前首先把 result 的值 1 存储在一个指定的位置，然后再去执行 finally 块中的代码，此时修改 result 的值将不会影响到程序的返回结果。testFinally2 中，在调用 return 前首先把 s 存储到一个指定的位置，由于 s 为引用类型，因此在 finally 块中修改 s 将会修改程序的返回结果。

引申：出现在 Java 程序中的 finally 代码块是不是一定会执行？

不一定会执行，下面给出两个 finally 代码块不会执行的例子。

1）当程序在进入 try 语句块之前就出现异常的时候，会直接结束，不会执行 finally 块中的代码。如下例所示：

```
public class Test {
    public static void testFinally(){
            int i=5/0;
            try{
                    System.out.println("try block");
            }catch(Exception e){
                    System.out.println("catch block");
            }finally{
                    System.out.println("finally block");
            }
    }
    public static void main(String[] args){
            testFinally();
    }
}
```

程序运行结果为：

```
Exception in thread "main" java.lang.ArithmeticException: / by zero
        at Test.testFinally(Test.java:3)
        at Test.main(Test.java:13)
```

程序在执行 int i=5/0 的时候会抛出异常，导致没有执行 try 块，因此 finally 块也就不会被执行。

2）当程序在 try 块中强制退出的时候也不会去执行 finally 块中的代码，如下例所示：

```
public class Test {
    public static void testFinally(){
            try{
                    System.out.println("try block");;
                    System.exit(0);
            }catch(Exception e){
```

```
                    System.out.println("catch block");
            }finally{
                    System.out.println("finally block");
            }
    }
    public static void main(String[] args){
            testFinally();
    }
}
```

程序运行结果为:

```
try block
```

上例在 try 块中通过调用 System.exit(0)强制退出了程序,因此导致 finally 块中的代码没有被执行。

1.20　异常处理

在没有 try-with-resources 的时候,开发者往往需要编写很多重复而且低效的代码(需要有大量的 catch 和 finally 语句)。一旦开发者忘记释放资源,就会造成内存泄漏。从 Java7 开始引入了 try-with-resources 来解决这些问题,这个语法的出现可以使代码变得更加简洁,从而增强代码的可读性,也可以更好地管理资源,避免内存泄漏。

下面给出一个在 Java7 中使用的示例:

```
InputStream fis = new FileInputStream("input.txt");
try (InputStream fis1 = fis)
{
    while (fis1.read() != -1)
        System.out.println(fis1.read());
}
catch (Exception e)
{
    e.printStackTrace();
}
```

从这个例子可以看出,虽然在 try 语句外已经实例化了一个对象 fis,但是为了使用 try-with-resources 这个特性,需要再使用另外一个额外的引用 fis1。因为在 JDK7 中,try 语句块中不能使用外部声明的任何资源。如果把 try (InputStream fis1 = fis) 修改为 try(fis),那么就会出现编译错误。

Java 9 针对这个缺陷进行了改进。在 Java 9 中,try 块中可以直接引用外部声明的资源,而不需要外声明一个引用。示例代码如下所示:

```
InputStream fis = new FileInputStream("input.txt");
try (fis)
{
    while (fis.read() != -1)
        System.out.println(fis.read());
}
catch (Exception e)
{
    e.printStackTrace();
}
```

显然,在 Java 9 对 try-with-resources 进行优化后,代码变得更加简洁。

1.21　常见面试笔试真题

(1)下面程序的输出结果是什么?

```
public class Foo {
```

```
public static void main(String[] args) {
    try {
        return;
    } finally {
        System.out.println("Finally");
    }
}
```

A．Finally　　　B．编译失败　　　C．代码正常运行但没有任何输出　　　D．运行时抛出异常

答案：A。

（2）下面程序能否编译通过？如果把 ArithmeticException 换成 IOException 呢？

```
public class ExceptionTypeTest {
    public void doSomething()throws ArithmeticException{
        System.out.println();
    }
    public static void main(){
        ExceptionTypeTest ett = new ExceptionTypeTest();
        ett.doSomething();
    }
}
```

答案：能编译通过。由于 ArithmeticException 属于运行时异常，编译器没有强制对其进行捕获并处理，因此编译可以通过。但是如果换成 IOException 后，由于 IOException 属于检查异常，编译器强制去捕获此类型的异常。因此如果不对异常进行捕获将会有编译错误。

（3）异常包含下列哪些内容？（　　　）

A．程序中的语法错误

B．程序的编译错误

C．程序执行过程中遇到的事先没有预料到的情况

D．程序事先定义好的可能出现的意外情况

答案：C。

（4）以下关于异常的说法正确的是（　　　）

A．一旦出现异常，程序运行就终止了

B．如果一个方法声明将抛出某个异常，它就必须真的抛出那个异常

C．在 catch 子句中匹配异常是一种精确匹配

D．可能抛出系统异常的方法是不需要声明异常的

答案：D。

（5）下面的代码运行的结果是什么？

```
class B extends Object
{
    static
    {
        System.out.println("Load B1");
    }
    public B()
    {
        System.out.println("Create B");
    }
    static
    {
        System.out.println("Load B2");
    }
}

class A extends B
{
```

```
            static
            {
                System.out.println("Load A");
            }
            public A()
            {
                System.out.println("Create A");
            }
        }

        public class Testclass
        {
            public static void main(String[] args)
            {
                new A();
            }
        }
```

A．Load B1 Load B2　　Create B　　Load A　　Create A

B．Load B1 Load B2　　Load A　　Create B　　Create A

C．Load B2 Load B1　　Create B　　Create A　　Load A

D．Create B　　Create A　　Load B1 Load B2　　Load A

答案：B。

（6）下面代码的输出结果是什么？

```
        class A
        {
            public static String c="C";
            static
            {
                System.out.println("A");
            }
        }

        class B extends A
        {
            static
            {
                System.out.println("B");
            }
        }

        public class Test
        {
            public static void main(String[] args)
            {
                System.out.println(B.c);
            }
        }
```

A．AC　　B．ABC　　C．C　　D．BC

答案：A。类加载的初始化阶段会执行静态代码块中的代码。访问 B.c 的时候需要加载父类 A，因此会执行父类的静态代码块，首先输出 A 然后才输出 B，因为类 B 不需要加载，所以不会输出 C。

（7）下面代码的输出结果是什么？

```
        class A
        {
            static
            {
                System.out.println("A");
            }
        }
```

```
public class Test
{
    public static void main(String[] args) throws Exception
    {
            ClassLoader classLoader = ClassLoader.getSystemClassLoader();
            Class clazz = classLoader.loadClass("A");
            System.out.printl("Test ");
            clazz.forName("A");
    }
}
```

A．TestA   B．A Test A   C．A Test   D．Test

答案：A。使用 ClassLoader 加载类，不会导致类的初始化，也就是说不会调用 clinit 方法，因此类 A 的静态代码块不会被执行。而 Class.forName()方法不仅会加载类，而且还会执行类的初始化方法，因此会执行静态代码块。

（8）下列关于构造方法的叙述中，错误的是（   ）

A．Java 语言规定构造方法名与类名必须相同

B．Java 语言规定构造方法没有返回值，但不用 void 声明

C．Java 语言规定构造方法不可以重载

D．Java 语言规定构造方法只能通过 new 自动调用

答案：C。可以定义多个构造方法，只要不同的构造方法有不同的参数即可。

（9）下列说法正确的有（   ）

A：class 中的 constructor 不可省略

B：constructor 必须与 class 同名，但方法不能与 class 同名

C：constructor 在一个对象被 new 时执行

D：一个 class 只能定义一个 constructor

答案：C。

（10）Java 中提供了哪两种用于多态的机制？

答案：编译时多态和运行时多态。编译时多态是通过方法重载实现的，运行时多态是通过方法重写（子类覆盖父类方法）实现的。

（11）下面代码的运行结果是什么？

```
class A
{
    void f()
    {
        System.out.println("A.f() is called");
    }
}
class B extends A
{
    void f()
    {
        System.out.println("B.f() is called");
    }
    void g()
    {
        System.out.println("B.g() is called");
    }
}
public class Test {

    public static void main(String[] args) {
        A a=new B();
        a.g();
    }
}
```

```
            }
```

A．B.g() is called　　B．编译错误　　C．运行时错误

答案：B。因为 A 中没有方法 g()，所以会有编译错误。

（12）如下代码输出结果是什么？

```
class Super
{
    public int f()
    {
            return 1;
    }
}
public class SubClass extends Super
{
    public float f()
    {
            return 2f;
    }
    public static void main(String[] args)
    {
            Super s=new SubClass();
            System.out.println(s.f());
    }
}
```

答案：编译错误。因为方法不能以返回值来区分，虽然父类与子类中的方法有着不同的返回值，但是它们有着相同的方法签名，所以无法区分。

（13）在接口中以下哪条定义是正确的？

A．void methoda();　　B．public double methoda();　　C．public final double methoda();

D．static void methoda(double d1);　　E．protected void methoda(double d1);

F．int a;　　G．int b=1;

答案：A、B、G。从上面的分析可知，接口中的方法只能用关键字 public 和 abstract 来修饰，因此选项 C、E 都是错误的。被 static 修饰的方法必须有方法的实现，因此选项 D 是错误的。接口中的属性默认都为 public static final，由于属性被 final 修饰，它是常量，常量在定义的时候就必须初始化，因此 F 是错误的。

（14）下列正确的说法有（　　　）

A．声明抽象方法，大括号可有可无

B．声明抽象方法不可写出大括号

C．抽象方法有方法体

D．abstract 可修饰属性、方法和类

答案：B。抽象方法不能有方法体，同理也就不能有大括号。abstract 只能用来修饰类与方法，不能用来修饰属性。

（15）不能用来修饰外部 interface 的有（　　　）

A．private　　B．public　　C．protected　　D．static

答案：A、C、D。

（16）JDK 中哪些类是不能被继承的？

答案：从上面的介绍可以知道，不能继承的类是那些用 final 关键字修饰的类。一般比较基本的类型为防止扩展类无意间破坏原来方法的实现都应该是 final 的，在 JDK 中，String、StringBuffer 等都是基本类型。所以，String 和 StringBuffer 等类似不能继承的。

（17）下面程序的运行结果是什么？

```
public class Test
{
    public static void main(String[] args)
    {
        System.out.print(fun1());
    }

    public static String fun1()
    {
        try
        {
            System.out.print("A");
            return fun2();
        }
        finally
        {
            System.out.print("B");
        }
    }

    public static String fun2()
    {
        System.out.print("C");
        return "D";
    }
}
```

A．ABCD　　　　　B．ACDB　　　　　C．ACBD　　　　D．不确定

答案：C。finally 语句在任何情况下都会被执行，当前面有 return 语句时，首先执行 return 的语句但不返回，然后执行 finally 块，最后才返回。

（18）下面代码的输出结果是什么？

```
public class Test
{
    public static int testStatic()
    {
        static final int i = 0;
        System.out.println(i++);
    }
    public static void main(String args[])
    {
        Test test = new Test();
        test.testStatic();
    }
}
```

A．0　　　　　　B．1　　　　　　C．2　　　　　D．编译失败

答案：D。在 Java 语言中，不能在成员函数内部定义 static 变量。

（19）是否可以把一个数组修饰为 volatile？

答案：在 Java 中可以用 volatile 来修饰数组，但是 volatile 只作用在这个数组的引用上，而不是整个数组的内容。也就是说如果一个线程修改了这个数组的引用，这个修改会对其他所有线程可见。但是如果只是修改了数组的内容，则无法保证这个修改对其他数组可见。

（20）下列表达式正确的是（　　　）

A．byte b = 128;　　　　　　　　　　B．boolean flag = null;

C．float f = 0.9239;　　　　　　　　D．long a = 2147483648L;

答案：D。A 中 byte 能表示的取值范围为[-128, 127]，因此不能表示 128。B 中 boolean 的取值只能是 true 或 false，不能为 null。C 中 0.9239 为 double 类型，需要进行数据类型转换。

（21）String 是最基本的数据类型吗？

答案：不是。基本数据类型包括 byte、int、char、long、float、double、boolean 和 short。

（22）int 和 Integer 有什么区别？

答案：Java 语言提供两种不同的类型：引用类型和原始类型（或内置类型）。int 是 Java 语言的原始数据类型，Integer 是 Java 语言为 int 提供的封装类。Java 为每个原始类型提供了封装类。

引用类型与原始类型的行为完全不同，并且它们具有不同的语义。而且，引用类型与原始类型具有不同的特征和用法。

（23）赋值语句 float f=3.4 是否正确？

答案：不正确。3.4 默认情况下是 double 类型，即双精度浮点数，将 double 类型数值赋值给 float 类型的变量，会造成精度损失，因此需要强制类型转换，即将 3.4 转换成 float 类型或者将 3.4 强制写成 float 类型。所以，float f=(float)3.4 或者 float f=3.4F 写法都是可以的。

（24）下面代码的输出结果是什么？

```
public class Test
{
    public static void main(String[] args)
    {
        Integer a = 1;
        Integer b = 2;
        Integer c = 3;
        Integer d = 3;
        Integer e = 321;
        Integer f = 321;
        Long g = 3L;
        Long h = 2L;
        Integer i = new Integer(1);
        Integer j = new Integer(1);
        System.out.println(c == d);
        System.out.println(e == f);
        System.out.println(c == (a + b));
        System.out.println(g.equals(a + b));
        System.out.println(i == j);
    }
}
```

答案：运行结果为：

```
true
false
true
false
false
```

分析：在解答这道题前首先需要掌握下面几个知识点：

1）使用==比较的时候比较的是两个对象的引用（也就是地址）；

2）使用 equals 比较的是两个 Integer 对象的数值；

3）Long 对象的 equals 方法，它会首先检查方法的参数是否也是 Long 类型，如果不是则直接返回 false；

4）在 Java 中，Integer 内部维护了一个可以保存-128～127 的缓存池。

5）如果比较的某一边有操作表达式（例如 a+b），那么比较的是具体数值。

根据以上的知识点，可以得出下面的分析结果：

1）Integer c = 3;内部会调用 Integer.valueOf(3)方法，这个方法的源码如下：

```
public static Integer valueOf( int i)
{
    assert IntegerCache. high >= 127;
    if (i >= IntegerCache. low && i <= IntegerCache. high )
        return IntegerCache. cache[i + (-IntegerCache. low)];
    return new Integer(i);
}
```

从上面的代码可以看出：

1）c 和 d 都是用过 valueOf 方法获取的且指向相同的对象，因此 c == d 为 true。

2）e 和 f 超出了缓存池缓存的范围，因此会对 e 和 f 创建两个不同的对象，它们的地址不相等，所以 e == f 为 false。

3）对于 c == (a + b)，由于比较的一边有表达式，比较的是具体数值，因此它的值为 true。

4）对于 g.equals(a + b)，由于 g 的类型为 Long，但是 a+b 的类型为 Integer，因此 equals 方法会返回 false。

5）对于 i==j，当使用 new 实例化对象的时候，它会在堆上创建新的对象并返回，i 和 j 是两个独立的对象，它们有着不同的地址，因此比较结果为 false。

（25）在 Java 中，哪个数据类型可以用来表示 Money？

答案：可以用 BigDecimal 来表示 Money，可能很多程序员都会有疑问，为什么不能使用 float或者 double 呢？因为 float 与 double 只是计算了一个近似值，无法表示非常精确的值。float 与double 类型数据的计算结果在不同的 JVM 上可能会有不同的实现。而要表示 Money，就必须使用一个非常精确的值。需要注意的是，在使用 BigDecimal 时候，需要使用 String 类型的构造方法，不能使用参数类型为 double 的构造方法，因为参数类型为 double 时，BigDecimal 内部还是使用double 作为类型进行运算的，从而会导致计算结果不精确。下面给出一个示例代码：

```java
import java.math.BigDecimal;

public class Test
{
    public static void main(String args[])
    {
            double d1 = 2.55;
            double d2 = 1.20;
            System.out.println("double: 2.55 - 1.20 = " + (d1 - d2));

            BigDecimal d3 = new BigDecimal("2.55");
            BigDecimal d4 = new BigDecimal("1.20");
            System.out.println("BigDecimal(String) 2.55 - 1.20 = " + (d3.subtract(d4)));

            BigDecimal amount3 = new BigDecimal(2.55);
            BigDecimal amount4 = new BigDecimal(1.20) ;
            System.out.println("dBigDecimal(double) 2.55 - 1.20 = " + (amount3.subtract(amount4)));
    }
}
```

程序运行结果为：

```
double: 2.55 - 1.20 = 1.3499999999999999
BigDecimal(String) 2.55 - 1.20 = 1.35
dBigDecimal(double) 2.55 - 1.20 = 1.3499999999999999866773237044981215149164199829101015625
```

（26）下例说法正确的是（   ）

A．call by value（值传递）不会改变实际参数的值

B．call by reference（引用传递）能改变实际参数

C．call by reference（引用传递）不能改变实际参数的地址

D．call by reference（引用传递）能改变实际参数的内容

答案：A、C、D。见上面讲解。

（27）设 x=1,y=2,z=3，则表达式 y+=z--/++x 的值是（   ）

A．3   B．3.5   C．4   D．5

答案：A。

（28）i++是线程安全的吗？

答案：因为 i++ 在底层实现的时候是通过下面三个步骤来实现的：

```
int temp = i;    //读取 i 的值
i = i + 1;       //修改 i 的值
i = temp;        //写回 i 的值
```

由此可见，i++ 不是一个原子操作，因此不是线程安全的，那么如何能实现 i++ 的线程安全呢？这里重点介绍三种实现方式：使用原子变量、sychronized 关键字和 Lock 锁实现。下面通过示例代码来说明它们的用法。

1）原子变量。AtomicInteger 是一个提供原子操作的 Integer 类，通过线程安全的方式操作加减，示例代码如下：

```java
import java.util.concurrent.atomic.AtomicInteger;

class AtomicDemo implements Runnable
{
    private static AtomicInteger num = new AtomicInteger(0);
    private static int num1 = 0;

    @Override
    public void run()
    {
        try
        {
            Thread.sleep(200);
        }
        catch (InterruptedException e)
        {
        }
        System.out.println(Thread.currentThread().getName() + " " + getAutoIncrease()+","+getIncrease());
    }

    public int getAutoIncrease()
    {
        return num.getAndIncrement();
    }
    public int getIncrease()
    {
        return num1++;
    }
}

public class Test
{
    public static void main(String[] args)
    {
        AtomicDemo ad = new AtomicDemo();
        for (int i = 0; i < 5; i++)
        {
            new Thread(ad).start();
        }
    }
}
```

程序运行结果为：

```
Thread-4 4,2
Thread-1 1,0
Thread-0 2,0
Thread-2 0,3
Thread-3 3,1
```

每次运行可能会得到不同的答案，但是从运行结果可以看出有 5 个线程同时运行的时候，使用 AtomicInteger 方法每个线程输出的值都不同，而且最大的值为 4；而使用 num1++，不同的线程可能会输出相同的值，而且最大值也没有到 4。

2）sychronized 关键字。使用 sychronized 来修饰 getIncrease 方法，确保在同一时刻只会有一个线程调用 getIncrease 方法，从而实现线程安全。

```
public synchronized int getIncrease()
{
    return num1++;
}
```

3）Lock。把++操作放在锁内从而实现++操作的线程安全。

```
public int getIncrease()
{
    Lock lock = new ReentrantLock();
    lock.lock();
    int returnVal = num1++;
    lock.unlock();
    return returnVal;
}
```

（29）假设有以下代码 String s="hello"; String t="hello"; char c[]={'h','e','l','l','0'}，下列选项中返回 false 语句的是（　　）

A．s.equals(t)　B．t.equals(c)　　　C．s==t　　　D．t.equals(new String("hello"))

答案：B。A 与 D 显然会返回 true，选项 C 的返回值也为 true。对于 B，由于 t 与 c 分别为字符串类型和数组类型，因此返回值为 false。

（30）下面程序的输出结果是什么？

```
String s="abc";
String s1="ab"+"c";
System.out.println(s==s1);
```

答案：true。"ab"+"c"在编译器就被转换为"abc"，存放在常量区，因此输出结果为 true。

（31）Set 里的元素是不能重复的，那么用什么方法来区分是否重复呢？是用"=="还是 equals()？它们有何差别？

答案：用 equals()方法来区分是否重复。

第 2 章 流

流在 Java 中主要是指计算中流动的缓冲区，是一个传输数据的通道。流在读写文件和网络传输中有着非常重要的作用，因此也是面试笔试考查的重点，本章将重点介绍常用的一些流，以及同步与异步、阻塞与非阻塞等相关内容。

2.1 输入输出流

从外部设备流向中央处理器的数据流被称为"输入流"，反之被称为"输出流"。由此可见，只要涉及文件的读写或者网络数据的收发，都会涉及输入、输出流。

2.1.1 Java IO 流的实现机制

在 Java 语言中，输入和输出都被称为抽象的流，流可以被看作一组有序的字节集合，即数据在两个设备之间的传输。

流的本质是数据传输，根据处理数据类型的不同，流可以分为两大类：字节流和字符流。其中字节流以字节（8bit）为单位，读到一个字节就返回一个字节，包含两个抽象类：InputStream（输入流）和 OutputStream（输出流）。而字符流使用了字节流读到一个或多个字节（中文对应的字节数是两个，在 UTF-8 码表中是 3 个字节）时，先去查指定的编码表，将查到的字符返回，它包含两个抽象类：Reader（输入流）和 Writer（输出流）。其中字节流和字符流最主要的区别为：字节流在处理输入输出的时候不会用到缓存，而字符流用到了缓存。每个抽象类都有很多具体的实现类，在这里就不详细介绍了。图 2-1 主要介绍 Java 中 IO 的设计理念。Java IO 类在设计的时候采用了 Decorator（装饰者）设计模式，以 InputStream 为例，介绍 Decorator 设计模式在 IO 类中的使用如下。

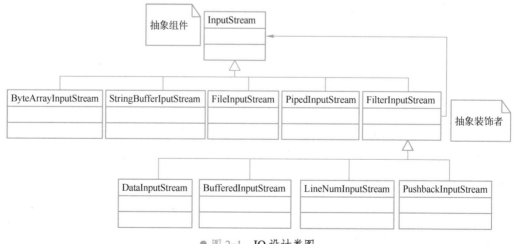

● 图 2-1　IO 设计类图

其中 ByteArrayInputStream、StringBufferInputStream、FileInputStream 和 PipedInputStream 是 Java 提供的最基本的对流进行处理的类，FilterInputStream 为一个包装类的基类，可以对基本的 IO 类进行包装，通过调用这些类提供的基本的流操作方法来实现更复杂的流操作。

使用这种设计模式的好处是，可以在运行时动态地给对象添加一些额外的职责，与使用继承的设计方法相比，该方法具有很好的灵活性。

假如现在要设计一个输入流的类，该类的作用为在读文件的时候把文件中的大写字母转换成小写字母，把小写字母转换为大写字母。在设计的时候，可以通过继承抽象装饰者类（FilterInputStream）来实现一个装饰类，通过调用 InputStream 类或其子类提供的一些方法再加上逻辑判断代码从而可以很简单地实现这个功能，示例代码如下：

```java
import java.io.*;

class MyOwnInputStream extends FilterInputStream
{
    public MyOwnInputStream(InputStream in)
    {
            super(in);
    }

    public int read() throws IOException
    {
            int c = 0;
            if ((c = super.read()) != -1)
            {
                    // 把小写转换为大写
                    if (Character.isLowerCase((char) c))
                            return Character.toUpperCase((char) c);
                    // 把大写转换为小写
                    else if (Character.isUpperCase((char) c))
                            return Character.toLowerCase((char) c);
                    // 如果不是字母，保持不变
                    else
                            return c;
            }
            else
            {
                    return -1;
            }
    }
}

public class Test
{
    public static void main(String[] args)
    {
            int c;
            try
            {
                    InputStream is = new MyOwnInputStream(new BufferedInputStream(new FileInputStream("test.txt")));
                    while ((c = is.read()) >= 0)
                    {
                            System.out.print((char) c);
                    }
                    is.close();
            }
            catch (IOException e)
            {
                    System.out.println(e.getMessage());
            }
    }
}
```

当文件 test.txt 中的内容为 aaaBBBcccDDD123 时，程序输出为：

AAAbbbCCCddd123

Java10 中给 InputStream 新增加了一个方法 transferTo：用来把数据从 InputStream 中直接传输到 OutputStream，示例代码如下：

```
import java.io.File;
import java.io.FileOutputStream;

public class Test
{
    public static void main(String[] args) throws Exception
    {
        var cl = ClassLoader.getSystemClassLoader();
        var inputStream = cl.getResourceAsStream("input.txt");

        var output = new File("output.txt");
        if (!output.exists())
        {
            output.createNewFile();
        }

        try (var outputStream = new FileOutputStream(output))
        {
            inputStream.transferTo(outputStream);
        }
    }
}
```

↗2.1.2　管理文件和目录的类

对文件或目录进行管理与操作在编程中有着非常重要的作用，Java 提供了一个非常重要的类（File）来管理文件和文件夹，通过 File 类不仅能够查看文件或目录的属性，而且还可以实现对文件或目录的创建、删除与重命名等操作。下面主要介绍 File 类中常用的几个方法。见表 2-1。

表 2-1　File 类常用的方法

方　　法	作　　用
File(String pathname)	根据指定的路径创建一个 File 对象
createNewFile()	如果目录或文件存在，则返回 false，否则创建文件或文件夹
delete()	删除文件或文件夹
isFile()	判断这个对象表示的是否是文件
isDirectory()	判断这个对象表示的是否是文件夹
listFiles()	如果对象代表目录，则返回目录中所有的文件的 File 对象
mkdir()	根据当前对象指定的路径创建目录
exists()	判断对象对应的文件是否存在

常见笔试题：

如何列出某个目录下的所有目录和文件？

假设目录"C:\\testDir1"下有两个文件夹（dir1 和 dir2）和一个文件 file1.txt。实现代码如下：

```
import java.io.File;

public class Test
{
    public static void main(String[] args)
    {
        File file = new File("C:\\testDir");
        // 判断目录是否存在
        if (!file.exists())
```

```
        {
                System.out.println("dirctory is empty");
                return;
        }
        File[] fileList = file.listFiles();
        for (int i = 0; i < fileList.length; i++)
        {
                // 判断是否为目录
                if (fileList[i].isDirectory()) {
                        System.out.println("dirctory is：    " + fileList[i].getName());
                } else {
                        System.out.println("file is：" + fileList[i].getName());
                }
        }
    }
}
```

程序运行结果为：

```
dirctory is:    dir1
dirctory is:    dir2
file is:  file1.txt
```

↗2.1.3　**Java Socket**

网络上的两个程序通过一个双向的通信连接实现数据的交换，这个双向链路的一端称为一个
Socket。Socket 也称为套接字，可以用来实现不同虚拟机或不同计算机之间的通信。在 Java 语言中，Socket 可以分为两种类型：面向连接的 Socket（TCP，Transmission Control Protocol，传输控制协议）通信协议和面向无连接的 Socket（UDP，User Datagram Protocol，用户数据报协议）通信协议。任何一个 Socket 都是由 IP 地址和端口号唯一确定的。如图 2-2 所示。

基于 TCP 协议的通信过程如下：首先，Server 端 Listen（监听）指定的某个端口（建议使用大于 1024 的端口）是否有连接请求，

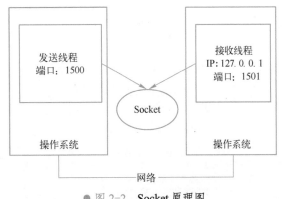

● 图 2-2　Socket 原理图

然后 Client 端向 Server 端发出 Connect（连接）请求，紧接着 Server 端向 Client 端发回 Accept（接收）消息。一个连接就建立起来了，会话随即产生。Server 端和 Client 端都可以通过 Send、Write 等方法与对方通信。

Socket 的生命周期可以分为三个阶段：打开 Socket、使用 Socket 收发数据和关闭 Socket。在 Java 语言中，可以使用 ServerSocket 作为服务端，Socket 作为客户端来实现网络通信。

↗2.1.4　**Java 序列化**

Java 提供了两种对象持久化的方式，分别为序列化和外部序列化。

（1）序列化（Serialization）

在分布式环境下，当进行远程通信时，无论是何种类型的数据，都会以二进制序列的形式在网络上传送。序列化是一种将对象以一连串字节描述的过程，用于解决在对对象流进行读写操作时所引发的问题。序列化可以将对象的状态写在流里进行网络传输，或者保存到文件、数据库等系统里，并在需要的时候把该流读取出来重新构造一个相同的对象。

如何实现序列化呢？其实，所有要实现序列化的类都必须实现 Serializable 接口，Serializable 接口位于 java.lang 包中，它里面没有包含任何方法。实现序列化的方法为：使用一个输出流（例如

FileOutputStream）来构造一个 ObjectOutputStream（对象流）对象，紧接着，使用该对象的 writeObject(Object obj)方法就可以将 obj 对象写出（即保存其状态），要恢复的时候可以使用其对应的输入流。

序列化有如下几个特点：

1）如果一个类能被序列化，那么它的子类也能够被序列化。

2）由于 static（静态）代表类的成员，transient（Java 语言关键字，如果用 transient 声明一个实例变量，当对象存储时，它的值不需要维持）代表对象的临时数据，因此被声明为这两种类型的数据成员是不能够被序列化的。

3）Java 提供了多个对象序列化的接口：ObjectOutput、ObjectInput、ObjectOutputStream、ObjectInputStream。

下面给出一个序列化的具体实例：

```java
import java.io.*;

public class People implements Serializable
{
    private static final long serialVersionUID = 1L;
    private String name;
    private int age;

    public People()
    {
        this.name = "lili";
        this.age = 20;
    }

    public int getAge()
    {
        return age;
    }

    public void setAge(int age)
    {
        this.age = age;
    }

    public String getName()
    {
        return this.name;
    }

    public void setName(String name)
    {
        this.name = name;
    }

    public static void main(String[] args)
    {
        People p = new People();
        ObjectOutputStream oos = null;
        ObjectInputStream ois = null;
        try
        {
            FileOutputStream fos = new FileOutputStream("perple.out");
            oos = new ObjectOutputStream(fos);
            oos.writeObject(p);
            oos.close();
        }
        catch (Exception ex)
        {}
        People p1;
        try
```

```
                    {
                        FileInputStream fis = new FileInputStream("perple.out");
                        ois = new ObjectInputStream(fis);
                        p1 = (People) ois.readObject();
                        System.out.println("name:" + p1.getName());
                        System.out.println("age:" + p1.getAge());
                        ois.close();
                    }
                    catch (Exception ex)
                    {}
            }
    }
```

上面程序的运行结果为：

```
    name:lili
    age:20
```

由于序列化的使用会影响系统的性能，因此如果不是必须要使用序列化，尽可能不要使用序列化。那么在什么情况下会使用该序列化呢？

1）需要通过网络来发送对象，或对象的状态需要被持久化到数据库或文件中。

2）序列化能实现深拷贝，即可以拷贝引用的对象。

与序列化相对的是反序列化，它将流转换为对象。在序列化与反序列化的过程中，serialVersionUID 起着非常重要的作用，每个类都有一个特定的 serialVersionUID，在反序列化的过程中通过 serialVersionUID 来判定类的兼容性。如果待序列化的对象与目标对象的 serialVersionUID 不同，那么在反序列化的时候就会抛出 InvalidClassException 异常。作为一个好的编程习惯，最好在被序列化的类中显式地声明 serialVersionUID（该字段必须定义为 static final）。自定义 serialVersionUID 主要有如下三个优点。

1）提高程序的运行效率。如果在类中未显式声明 serialVersionUID，那么在序列化的时候会通过计算得到一个 serialVersionUID 值。通过显式声明 serialVersionUID 的方式省去了计算的过程，因此提高了程序的运行效率。

2）提高程序在不同平台上的兼容性。由于各个平台的编译器在计算 serialVersionUID 的时候完全有可能会采用不同的计算方式，这就会导致在一个平台上序列化的对象在另外一个平台上将无法实现反序列化的操作。通过显式声明 serialVersionUID 的方法完全可以避免该问题的发生。

3）增强程序各个版本的可兼容性。在默认情况下，每个类都有唯一的 serialVersionUID，因此当后期对类进行修改的时候（例如加入新的属性），类的 serialVersionUID 值将会发生变化，这将会导致类在修改前对象序列化的文件在修改后无法进行反序列化操作。同样通过显式声明 serialVersionUID 也会解决这个问题。

（2）外部序列化

此外，Java 语言还提供了另外一种方式来实现对象持久化，即外部序列化。其接口如下：

```
public interface Externalizable extends Serializable
{
    void readExternal(ObjectInput in);
    void writeExternal(ObjectOutput out);
}
```

外部序列化与序列化主要的区别在于序列化是内置的 API，只需要实现 Serializable 接口，开发人员不需要编写任何代码就可以实现对象的序列化，而使用外部序列化时，Externalizable 接口中的读写方法必须由开发人员来实现。因此与实现 Serializable 接口的方法相比，使用 Externalizable 编写程序的难度更大，但是由于把控制权交给了开发人员，在编程的时候有更多的灵活性，对需要持久化的那些属性进行控制，可能会提高性能。

引申：在用接口 Serializable 实现序列化的时候，这个类中的所有属性都会被序列化。怎样才能实现只序列化部分属性呢？

一种方法为实现 Externalizable 接口，开发人员可以根据实际需求来实现 readExternal 与 writeExternal 方法，从而控制序列化与反序列化所使用的属性，这种方法的缺点为增加了编程的难度。

另外一种方法为使用关键字 transient 来控制序列化的属性。被 transient 修饰的属性是临时的，不会被序列化。因此，可以通过把不需要被序列化的属性用 transient 来修饰来实现。

常见笔试题：

```
import java.io.Serializable;

public class DataObject implements Serializable
{
    private static int i = 0;
    private String word = "";

    publicstaticvoid setI(int i)
    {
        DataObject.i = i;
    }

    publicvoid setWord(String word)
    {
        this.word = word;
    }
}
```

创建一个如下方式的 DataObject: DataObject object = new DataObject(); object.setWord("123"); object.setI(2);将此对象序列化文件，并在另一个 JVM 中读取文件，进行反序列化，请问此时读出的 DataObject 对象中的 word 和 i 的值分别是（　　）

A. "",0　　　B. "",2　　　C. "123",2　　　D. "123",0

答案：D。Java 在序列化的时候不会实例化 static 变量，因此上述代码只实例化了 word，而没有实例化 i。在反序列化的时候只能读取到 word 的值，i 为默认值。

2.2　同步与异步、阻塞与非阻塞

在 IO 体系中，经常能接触到同步阻塞、异步非阻塞等概念，往往使人疑惑，在多线程环境下，多线程不就是非阻塞的，单线程就是阻塞的吗？多线程不就是异步，单线程不就是同步吗？这种普遍的疑惑，事实上是由于概念的不清晰造成的。

多线程、单线程、同步、异步、阻塞、非阻塞，都是独立的概念，只是在多数应用场景下，它们看上去一致，所以造成了概念的混淆。

（1）在多线程语境下的概念

在多线程语境下，用于描述任务的线程访问执行机制，同步和异步关注的是任务是否可以同时被调用，阻塞和非阻塞则关注的是线程的状态。

1）同步：指代码的同步执行（Synchronous Invoke），一个执行块同一时间只有一个线程可以访问；

2）异步：指代码的异步执行（Asynchronous Invoke），多个执行块可以同时被多个线程访问；

3）阻塞：线程阻塞状态（Thread Block），表示线程挂起；

4）非阻塞：线程不处于阻塞状态，表示线程没有挂起。

（2）在 IO 语境下的概念

在 IO 语境下，用于描述 IO 操作，同步和异步关注的是消息发起和接收的机制，阻塞和非阻塞则是表达发起者等待结果时的状态。

1）同步：是指发起一个 IO 操作时，在没有得到结果之前，该操作不返回结果，只有调用结束后，才能获取返回值并继续执行后续的操作。

2）异步：是指发起一个 IO 操作后，不会得到返回，结果由发起者自己轮询，或者 IO 操作的执行者发起回调。

3）阻塞：是指发起者在发起 IO 操作后，不能再处理其他业务，只能等待 IO 操作结束。

4）非阻塞：是指发起者不会等待 IO 操作完成。

（3）并发与并行的区别

1）并发（Concurrency）：指在同一时刻只能有一条指令执行，但多个进程指令被快速地轮换执行，使得在宏观上具有多个进程同时执行的效果，但在微观上并不是同时执行的，只是把时间分成若干段，使多个进程快速交替地执行。

2）并行（Parallel）：指在同一时刻，有多条指令在多个处理器上同时执行。所以无论从微观还是从宏观来看，二者都是一起执行的。

 ## 2.3　BIO

BIO 是最传统的同步阻塞 IO 模型，服务器端的实现是一个连接只有一个线程处理，线程在发起请求后，会等待连接返回。

常见的同步阻塞 IO 访问代码如下所示：

```
ServerSocket server = null;
try
{
    server = new ServerSocket(8088);
    while (true)
        // 创建一个线程处理 server.accept 产生的 socket 链路
        new Thread(new SocketHandler(server.accept())).start();
    }
}
catch (IOException e)
{
    e.printStackTrace();
}
finally
{
    if (server != null)
    try
    {
        server.close();
    }
    catch (IOException e)
    {
        e.printStackTrace();
    }
}
```

对于每个线程而言，它们内部的实现都使用了阻塞的调用方式，核心的代码如下所示：

```
InputStream is = socket.getInputStream();
byte[] b = new byte[1024];
while(true)
{
    // 使用 read 阻塞读
    Int   = is.read(b);
    if(data != -1)
    {
        //处理读取到的数据
        System.out.println(info);
    }
    else
    {
        break;
    }
}
```

```
        }
```

从上面的代码可以看出，这个线程大部分的时间可能都是在等待 read 方法返回。正是由于这个读数据的方法是阻塞调用的，因此每个线程只能处理一个连接。如果请求量非常大，那么这种方式就需要创建大量的线程。而系统的资源都是有限的，可能允许创建最大的线程数远远小于要处理的连接数，而且就算线程能被创建出来，大量的线程也会降低系统的性能。

2.4　NIO

在 NIO（Nonblocking IO，非阻塞 IO）出现之前，Java 是通过传统的 Socket 来实现基本的网络通信功能的。以服务端为例，其实现基本流程如图 2-3 所示。

如果客户端还没有对服务端发起连接请求，那么 accept 就会阻塞[阻塞指的是暂停一个线程的执行以等待某个条件发生（例如某资源就绪）]。如果连接成功，当数据还没有准备好的时候，对 read 的调用同样会阻塞。当要处理多个连接的时候，就需要采用多线程的方式，由于每个线程都拥有自己的栈空间，而且由于阻塞会导致大量线程进行上下文切换，使得程序的运行效率非常低下。因此在 J2SE1.4 中引入了 NIO 来解决这个问题。

● 图 2-3　Socket 使用流程

NIO 通过 Selector、Channels 和 Buffers 来实现非阻塞的 IO 操作。NIO 是指 New I/O，既然有 New I/O，那么就会有 Old I/O，Old I/O 是指基于流的 I/O 方法。NIO 是在 Java 1.4 中被纳入 JDK 中的，它最主要的特点是，提供了基于 Selector 的异步网络 I/O，使得一个线程可以管理多个连接。下面给出基于 NIO 处理多个连接的结构图，如图 2-4 所示。

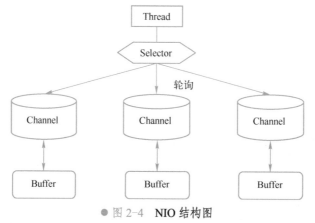

● 图 2-4　NIO 结构图

在介绍 NIO 的原理之前，首先介绍几个重要的概念：Channel（通道）、Buffer（缓冲区）和 Selector（选择器）。

（1）Channel（通道）

为了更容易地理解什么是 Channel，这里以 InputStream 为例来介绍什么是 Channel。传统的 IO 中经常使用下面的代码来读取文件（此处忽略异常处理）：

```
File file = new File("imput.txt");
InputStream is = new FileInputStream(file);
byte[] tempbyte = new byte[1024];
while ((tempbyte = in.read()) != -1) {
        //处理读取到的数据
```

```
    }
    is.close();
```

InputStream 其实就是一个用来读取文件的通道。只不过 InputStrem 是一个单向的通道，只能用来读取数据。而 NIO 中的 Channel 是一个双向的通道，不仅能读取数据，而且还能写入数据。

（2）Buffer（缓冲区）

在上面的示例代码中，InputStream 把读取到的数据放在了 byte 数组中，如果用 OutputStream 写数据，那么也可以把 byte 数组中的数据写到文件中。而在 NIO 中，数据只能被写到 Buffer 中，同理读取的数据也只能放在 Buffer 中，由此可见 Buffer 是 Channel 用来读写数据的非常重要的一个工具。

（3）Selector（选择器）

Selector 是 NIO 中最重要的部分，是实现一个线程管理多个连接的关键，它的作用就是轮询所有被注册的 Channel，一旦发现 Channel 上被注册的事件发生，就可以对这个事件进行处理。

↗2.4.1 Buffer

在 Java NIO 中，Buffer 主要的作用就是与 Channel 进行交互。它本质上是一块可读写数据的内存，这块内存中有很多可以存储 byte、int、char 等的小单元。这块内存被包装成 NIO Buffer 对象，并提供了一组方法，来简化数据的读写。在 Java NIO 中，核心的 Buffer 有 7 类，如图 2-5 所示。

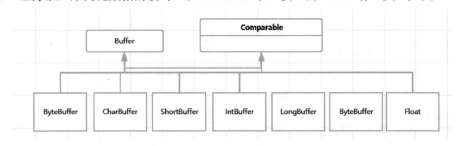

● 图 2-5 Buffer 的类图

为了更好地理解上面四个步骤，下面将重点介绍 Buffer 中几个非常重要的属性：capacity、position 和 limit。

1）capacity 用来表示 Buffer 的容量，也就是刚开始申请的 Buffer 的大小。

2）position 表示下一次读（写）的位置。

在写数据到 Buffer 中时，position 表示当前可写的位置。初始的 position 值为 0。当写入一个数据（例如 int 或 short）到 Buffer 后，position 会向前移动到下一个可插入数据的 Buffer 单元。position 最大的值为 capacity – 1。

在读取数据时，也是从某个位置开始读。当从 Buffer 的 position 处读取数据完成时，position 也会从向前位置移动到下一个可读的位置。

buffer 从写入模式变为读取模式时，position 会归零，每次读取后，position 向后移动。

3）limit 表示本次读（写）的极限位置。

在写入数据时，limit 表示最多能往 Buffer 里写入多少数据，它等同于 buffer 的容量。

在读取数据时，limit 表示最多能读到多少数据，也就是说 position 移动到 limit 时读操作会停止。它的值等同于写模式下 position 的位置。

为了更容易地理解这三个属性之间的关系，下面通过图 2-6 来说明。

从上图可以看出，在写模式中，position 表示下一个可写入位置，一旦切换到读模式，position 就会置 0（可以从 Buffer 最开始的地方读数据），而此时这个 Buffer 的 limit 就是在读模式下的 position，因为在 position 之后是没有数据的。

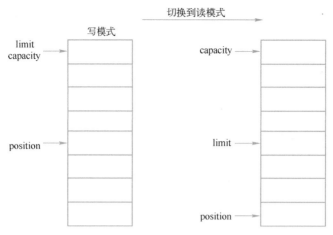

● 图 2-6　Buffer 的内部原理

在理解了 Buffer 的内部实现原理后，下面重点介绍如何使用 Buffer。

（1）申请 Buffer

在使用 Buffer 前必须先申请一块固定大小的内存空间来供 Buffer 使用，这个工作可以通过 Buffer 类提供的 allocate()方法来实现。例如：

```
IntBuffer.allocate(64);              //申请一个可容纳 64 个 int 的 Buffer
ShortBuffer.allocate(128);           //申请一个可容纳 128 个 short 的 Buffer
```

（2）向 Buffer 中写数据

可以通过 Buffer 的 put 方法来写入数据，也可以通过 Channel 向 Buffer 中写数据，例如：

```
IntBuffer buffer = IntBuffer.allocate(32);
SocketChannel   channel = SocketChannel.open();
…
int bytesRead = channel.read(buf);   //从 Channel 中读取数据到 Buffer 中
buf.put(2);                          //调用 put 方法写入数据
```

（3）读写模式的转换

Buffer 的 flip()方法用来把 Buffer 从写模式转换为读模式，flip 方法的底层实现原理为：把 position 置 0，并把 Buffer 的 limit 设置为当前的 position 值。

（4）从 Buffer 中读取数据

与写数据类似，读数据也有两种方式，分别为：通过 Buffer 的 get 方法读取，或从 buffer 中读取数据到 Channel 中。例如：

```
IntBuffer buffer = IntBuffer.allocate(32);
SocketChannel   channel = SocketChannel.open();
…
channel.write(buffer);               //把 buffer 中的数据读取到 channel 中
int data = buf.get();                //调用 get 方法读取数据
```

当完成数据的读取后，需要调用 clear()或 compact()方法来清空 Buffer，从而实现 Buffer 的复用。这两个方法的实现原理为：clear()方法会把 position 置 0，把 limit 设置为 capacity；由此可见，如果 Buffer 中还有未读的数据，那么 clear()方法也会清理这部分数据。如果想保留这部分未读的数据，那么就需要调用 compact()方法。下面以 IntBuffer 为例介绍 compact()方法的实现原理：

将缓冲区当前位置和界限之间的 int（如果有）复制到缓冲区的开始处。即将索引 p = position()处的 int 复制到索引 0 处，将索引 p + 1 处的 int 复制到索引 1 处，依此类推，直到将索引 limit() - 1 处的 int 复制到索引 n = limit() - 1 - p 处。然后将缓冲区的位置设置为 n+1，并将其界限设置为其容量。如果已定义了标记，那么丢弃它。

（5）重复读取数据

Buffer 还有另外一个重要的重复读取数据的方法：rewind()，它的实现原理如下：只把 position 的值置 0，而 limit 保持不变，使用 rewind()方法可以实现对 Buffer 中的数据进行重复的读取。

由此可见在 NIO 中使用 Buffer 的时候，通常都需要遵循如下 4 个步骤：

1）向 Buffer 中写入数据。

2）调用 flip()方法把 Buffer 从写模式切换到读模式。

3）从 Buffer 中读取数据。

4）调用 clear()方法或 compact()方法来清空 Buffer。

（6）标记与复位。

Buffer 中还有两个非常重要的方法：mark()和 reset()。mark()方法用来标记当前的 position，一旦标记完成，在任何时刻都可以使用 reset()方法来把 position 恢复到标记的值。

⏎2.4.2　Channel

在 NIO 中，数据的读写都是通过 Channel（通道）来实现的。Channel 与传统的"流"非常类似，只不过 Channel 不能直接访问数据，而只能与 Buffer 进行交互，也就是说 Channel 只能通过 buffer 来实现数据的读写。如图 2-7 所示。

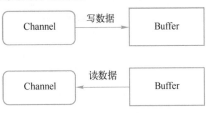

● 图 2-7　Channel 与 Buffer 的关系

虽然通道与流有很多相似的地方，但是它们也有很多区别，下面主要介绍 3 个区别：

1）通道是双向的，既可以读也可以写。但是大部分流都是单向的，只能读或者写。

2）通道可以实现异步的读写，大部分流只支持同步的读写。

3）通道的读写只能通过 Buffer 来完成。

在 Java 语言中，主要有以下 4 个常见的 Channel 的实现：

1）FileChannel：用来读写文件；

2）DatagramChannel：用来对 UDP 的数据进行读写；

3）SocketChannel：用来对 TCP 的数据进行读写，一般用作客户端实现；

4）ServerSocketChannel：用来监听 TCP 的连接请求，然后针对每个请求会创建一个 SocketChannel，一般被用作服务器实现。

下面通过一个例子来介绍 FileChannel 的使用方法：

```java
import java.io.IOException;
import java.io.RandomAccessFile;
import java.nio.ByteBuffer;
import java.nio.channels.FileChannel;

public class Test
{
    public static void writeFile()
    {
        RandomAccessFile raf = null;
        FileChannel inChannel = null;
        try
        {
            raf = new RandomAccessFile("input.txt", "rw");
            // 获取 FileChannel
            inChannel = raf.getChannel();
            // 创建一个写数据的 Buffer
            ByteBuffer writeBuf = ByteBuffer.allocate(24);
            // 写入数据
            writeBuf.put("filechannel test".getBytes());
            // 把 Buffer 变为读模式
```

```
        writeBuf.flip();
        // 从 buffer 中读数据并写到 Channel 中
        inChannel.write(writeBuf);
    }
    catch(Exception e)
    {
        e.printStackTrace();
    }
    finally
    {
        if (inChannel != null)
        {
            try
            {
                inChannel.close();
            } catch (IOException e) {
            }
        }

        if (raf != null)
        {
            try
            {
                raf.close();
            } catch (IOException e) {
            }
        }
    }
}

public static void readFile()
{
    RandomAccessFile raf = null;
    FileChannel inChannel = null;

    try
    {
        raf = new RandomAccessFile("input.txt", "rw");
        // 获取 FileChannel
        inChannel = raf.getChannel();
        // 创建用来读数据的 Buffer
        ByteBuffer readBuf = ByteBuffer.allocate(24);
        // 从 Channel 中把数据读取到 Buffer 中
        int bytesRead = inChannel.read(readBuf);
        while (bytesRead != -1)
        {
            System.out.println("Read " + bytesRead);
            // 把 Buffer 调整为读模式
            readBuf.flip();
            // 如果还有未读内容
            while (readBuf.hasRemaining())
            {
                System.out.print((char) readBuf.get());
            }
            // 清空缓存区
            readBuf.clear();
            bytesRead = inChannel.read(readBuf);
        }
    }
    catch(Exception e)
    {
        e.printStackTrace();
    }
    finally
    {
        if (inChannel != null)
        {
            try
            {
```

```
                            inChannel.close();
                        } catch (IOException e) {
                        }
                    }

                    if (raf != null)
                    {
                        try
                        {
                            raf.close();
                        } catch (IOException e) {
                        }
                    }
                }
            }

            public static void main(String args[]) throws IOException
            {
                writeFile();
                readFile();
            }
        }
```

程序的运行结果为：

```
Read 16
filechannel test
```

↗2.4.3　Selector

Selector 表示选择器或者多路复用器。它主要的功能为轮询检查多个通道的状态，判断通道注册的事件是否发生，也就是说判断通道是否可读或可写。然后根据发生事件的类型对这个通道做出对应的响应。由此可见，一个 Selector 完全可以用来管理多个连接，由此大大提高了系统的性能。这一节将重点介绍 Selector 的使用方法。

（1）创建 Selector

Selector 的创建非常简单，只需要调用 Selector 的静态方法 open 就可以创建一个 Selector，示例代码如下所示：

```
Selector selector = Selector.open();
```

一旦 Selector 被创建出来，接下来就需要把感兴趣的 Channel 的事件注册给 Selector 了。

（2）注册 Channel 的事件到 Selector

由于 Selector 需要轮询多个 Channel，因此注册的 Channel 必须是非阻塞的。在注册前需要使用下面的代码来把 channel 注册为非阻塞的。

```
//创建支持非阻塞模式的 Channel 对象 channel
….
channel.configureBlocking(false);
```

配置完成后就可以使用下面的代码来注册感兴趣的事件了：

```
SelectionKey key = channel.register(selector, Selectionkey. OP_WRITE);
```

需要注意的是，只有继承了 SelectableChannel 或 AbstractSelectableChannel 的类才有 configureBlocking 这个方法。常用的 SocketChannel 和 ServerSocketChannel 都是继承自 AbstractSelectableChannel 的，因此它们都有 configureBlocking 方法，可以注册到 Selector 上。

register 方法用来向给定的选择器注册此通道，并返回一个选择键。

第一个参数表示要向其注册此通道的选择器；第二个参数表示的是感兴趣的键的可用操作集，键的取值有下面四种或者是它们的组合（SelectionKey.OP_READ |SelectionKey.OP_WRITE）：

```
SelectionKey.OP_CONNECT    //表示 connect 事件（Channel 建立了与服务器的连接）
SelectionKey.OP_ACCEPT     //表示 accept 事件（Channel 准备好了接受新的连接）
SelectionKey.OP_READ       //表示 read 事件（通道中有数据可以读）
SelectionKey.OP_WRITE      //表示 write 事件（可以向通道写数据）
```

（3）SelectionKey

向 Selector 注册 Channel 的时候，register 方法会返回一个 SelectionKey 的对象，这个对象表示了一个特定的通道对象和一个特定的选择器对象之间的注册关系。它主要包含如下的一些属性：

```
interest 集合        //通过 key.interestOps();来获取
ready 集合           //通过 key.readyOps();来获取
Channel             //通过 key.channel();来获取
Selector            //通过 key.selector();来获取
附加的对象（可选）     //通过 key.attachment();来获取
```

1）interest 集合。interest 集合表示 Selector 对这个通道感兴趣的事件的集合，通常会使用位操作来判断 Selector 对哪些事件感兴趣，如下例所示：

```
int interestSet = key.interestOps();

boolean isInterestedInAccept  = (interestSet & SelectionKey.OP_ACCEPT) == SelectionKey.OP_ACCEPT；
boolean isInterestedInConnect = interestSet & SelectionKey.OP_CONNECT;
boolean isInterestedInRead    = interestSet & SelectionKey.OP_READ;
boolean isInterestedInWrite   = interestSet & SelectionKey.OP_WRITE;
```

2）ready 集合。ready 集合是通道已经准备就绪的操作的集合。在一次选择(Selection)之后，会首先访问这个 ready 集合。可以使用位操作来检查某一个事件是否就绪。在实际编程中，经常使用下面的方法来判断事件是否就绪：

```
key.isAcceptable();
key.isConnectable();
key.isReadable();
key.isWritable();
```

3）附加对象。可以把一个对象或者更多信息附着到 SelectionKey 上，这样就能方便的识别某个给定的通道，有两种方法来给 SelectionKey 添加附加对象：

```
selectionKey.attach(theObject);
SelectionKey key = channel.register(selector, SelectionKey.OP_READ, theObject);
```

（4）使用 Selector 选择 Channel

如果对 Selector 注册了一个或多个通道，那么就可以使用 select 方法来获取那些准备就绪的通道（如果对读事件感兴趣，那么会返回读就绪的通道；如果对写事件感兴趣，那么会获取写就绪的通道）。select 方法主要有下面三种重载方式：

1）select()：选择一组键，其相应的通道已为 I/O 操作准备就绪。此方法执行处于阻塞模式的选择操作。仅在至少选择一个通道、调用此选择器的 wakeup 方法，或者当前的线程已中断（以先到者为准）后此方法才返回。

2）select(long timeout)：此方法执行处于阻塞模式的选择操作。仅在至少选择一个通道、调用此选择器的 wakeup 方法、当前的线程已中断，或者给定的超时期满（以先到者为准）后此方法才返回。

3）int selectNow()：此方法执行非阻塞的选择操作。如果自从前一次选择操作后，没有通道变成可选择的，那么此方法直接返回零。

一旦 select()方法的返回值表示有通道就绪了，此时就可以通过 selector 的 selectedKeys()方法来获取那些就绪的通道。示例代码如下所示：

```
Set selectedKeys = selector.selectedKeys();
Iterator keyIterator = selectedKeys.iterator();

//遍历就绪的通道
```

```
while(keyIterator.hasNext()) {
    SelectionKey key = keyIterator.next();
    if(key.isAcceptable()) {
        // Channel 准备好了接收新的连接
    } else if (key.isConnectable()) {
        // Channel 建立了新的连接.
    } else if (key.isReadable()) {
        // Channel 中有数据可读了
    } else if (key.isWritable()) {
        // Channel 可以用来写了
    }
    //处理完这个事件后，从 SelectionKey 中删除，下次就绪时会重新被放到 SelectionKey 中的。
    keyIterator.remove();
}
```

下面给出一个 Selector 简单的使用示例：

1）服务端代码：

```
import java.io.IOException;
import java.net.InetSocketAddress;
import java.nio.ByteBuffer;
import java.nio.channels.SelectionKey;
import java.nio.channels.Selector;
import java.nio.channels.ServerSocketChannel;
import java.nio.channels.SocketChannel;
import java.util.Iterator;
import java.util.Set;

public class Server
{
    public static void main(String[] args)
    {
        Selector selector = null;
        try
        {
            ServerSocketChannel ssc = ServerSocketChannel.open();
            ssc.socket().bind(new InetSocketAddress("127.0.0.1", 8800));
            //设置为非阻塞模型
            ssc.configureBlocking(false);

            selector = Selector.open();
            // 注册 channel，同时指定感兴趣的事件是 Accept
            ssc.register(selector, SelectionKey.OP_ACCEPT);

            ByteBuffer readBuff = ByteBuffer.allocate(1024); //读 buffer
            ByteBuffer writeBuff = ByteBuffer.allocate(1024); //写 buffer
            writeBuff.put("Hello client".getBytes());
            writeBuff.flip();

            while (true)
            {
                int readyNum = selector.select(); //阻塞等待
                if (readyNum == 0)
                {
                    continue;
                }
                Set<SelectionKey> keys = selector.selectedKeys(); //获取就绪的 keys
                Iterator<SelectionKey> it = keys.iterator();

                //遍历就绪的通道
                while (it.hasNext())
                {
                    SelectionKey key = it.next();

                    if (key.isAcceptable())
                    {
                        //创建新的连接，并且把新的连接注册到 selector 上，且只对读操作感兴趣
                        SocketChannel socketChannel = ssc.accept();
```

```
                                socketChannel.configureBlocking(false);
                                socketChannel.register(selector, SelectionKey.OP_READ);
                        }
                        else if (key.isReadable())
                        {
                                SocketChannel socketChannel = (SocketChannel) key.channel();
                                readBuff.clear();
                                socketChannel.read(readBuff);

                                readBuff.flip();
                                System.out.println("Server receive : " + new String(readBuff.array()));
                                //一旦读完数据后，只对写感兴趣，因为要给 client 发送数据
                                key.interestOps(SelectionKey.OP_WRITE);
                        }
                        else if (key.isWritable())
                        {
                                writeBuff.rewind();
                                SocketChannel socketChannel = (SocketChannel) key.channel();
                                socketChannel.write(writeBuff);
                                //发送完以后又只对读事件感兴趣
                                key.interestOps(SelectionKey.OP_READ);
                        }
                        //处理完事件后需要从就绪的 keys 中删除
                        it.remove();
                    }
                }
            }
            catch (IOException e)
            {
                    e.printStackTrace();
            }
            finally
            {
                if (selector != null)
                {
                    try {
                        selector.close();
                        } catch (IOException e) {
                    }
                }
            }
        }
    }
```

2）客户端代码：

```
    import java.io.IOException;
    import java.net.InetSocketAddress;
    import java.nio.ByteBuffer;
    import java.nio.channels.SocketChannel;

    public class Client
    {
        public static void main(String[] args)
        {
            SocketChannel channel = null;
            try
            {
                channel = SocketChannel.open();
                channel.connect(new InetSocketAddress("127.0.0.1", 8800));

                ByteBuffer writeBuf = ByteBuffer.allocate(1024);
                ByteBuffer readBuf= ByteBuffer.allocate(1024);

                writeBuf.put("Hello server".getBytes());
                writeBuf.flip();

                while (true)
                {
```

```
            writeBuf.rewind();
            channel.write(writeBuf);
            readBuf.clear();
            channel.read(readBuf);
            System.out.println("Client receive : " + new String(readBuf.array()));
        }
    }
    catch (IOException e)
    {
        e.printStackTrace();
    }
    finally
    {
        if (channel != null)
        {
            try {
                channel.close();
            } catch (IOException e) {
            }
        }
    }
}
}
```

↗2.4.4　AIO

从上面的介绍可以看出 BIO 使用同步阻塞的方式工作的，而 NIO 则使用的是异步阻塞的方式。对于 NIO 而言，它最重要的作用是当一个连接创建后，不需要对应一个线程，这个连接会被注册到多路复用器上面，所以所有的连接只需要一个线程就可以管理，当这个线程中的多路复用器进行轮询的时候，发现连接上有请求的话，才开启一个线程进行处理，也就是一个请求一个线程模式。

在 NIO 的处理方式中，当一个请求来的话，开启线程进行处理，但是它仍然需要使用阻塞的方式读取数据，显然在这种情况下这个线程就被阻塞了，在高并发的环境下，也会有一定的性能的问题。造成这个问题的主要原因就是 NIO 仍然使用了同步的 IO。

AIO 是对 NIO 的改进（所以 AIO 又称 NIO.2），它是基于 Proactor 模型实现的。

在 IO 读写的时候，如果想把 IO 请求与读写操作分离调配进行，那么就需要用到事件分离器。根据处理机制的不同，事件分离器又分为：同步的 Reactor 和异步的 Proactor。为了更好地理解 AIO 与 NIO 的区别，下面首先简要介绍一下 Reactor 模型与 Proactor 模型的区别：

Reactor 模型

它的工作原理为（以读操作为例）：

1）应用程序在事件分离器上注册"读就绪事件"与"读就绪事件处理器"；

2）事件分离器会等待读就绪事件发生；

3）一旦读就绪事件发生，事件分离器就会被激活，分离器就会调用"读就绪事件处理器"；

4）此时读就绪处理器就知道有数据可以读了，然后开始读取数据，把读到的数据提交程序使用。

Proactor 模型

1）应用程序在事件分离器上注册"读完成事件"和"读完成事件处理器"，并向操作系统发出异步读请求；

2）事件分离器会等待操作系统完成数据读取；

3）在操作系统完成数据的读取并将结果数据存入用户自定义缓冲区后会通知事件分离器读操作完成；

4）事件分离器监听到"读完成事件"后会激活"读完成事件处理器"；

5）读完成事件处理器此时就可以把读取到的数据提供给应用程序使用。

由此可以看出它们的主要区别为：在 Reactor 模型中，应用程序需要负责数据的读取操作；而在 Proactor 模型中，应用程序不需要负责读取数据。由此可以看出，AIO 的处理流程如下所示：

1）每个 socket 连接在事件分离器注册"IO 完成事件"和"IO 完成事件处理器"；

2）应用程序需要进行 IO 操作时，会向分离器发出 IO 请求并把所需的 Buffer 区域告诉分离器，分离器则会通知操作系统进行 IO 操作；

3）操作系统则尝试 IO 操作，等操作完成后会通知分离器；

4）分离器检测到 IO 完成事件后，就激活 IO 完成事件处理器，处理器会通知应用程序，接着应用程序就可以直接从 Buffer 区进行数据的读写。

在 AIO socket 编程中，服务端通道是 AsynchronousServerSocketChannel，这个类提供了一个 open()静态工厂，一个 bind()方法用于绑定服务端 IP 地址（还有端口号），另外还提供了 accept()用于接收用户连接请求。在客户端使用的通道是 AsynchronousSocketChannel，这个通道除了提供 open 静态工厂方法外，还提供了 read 和 write 方法。

在 AIO 编程中，当应用程序发出一个事件（accept、read 或 write 等）后需要指定事件处理类（也就是回调函数），AIO 中使用的事件处理类是 CompletionHandler<V,A>，这个接口有如下两个方法：分别在异步操作成功和失败时被回调。

```
void completed(V result, A attachment);    //操作成功后被调用
void failed(Throwable exc, A attachment); //操作失败后被调用
```

下面给出一个简单的 AIO 的使用示例，在实例中服务器端只是简单地回显客户端发送的数据。

服务端代码：

```java
import java.io.IOException;
import java.net.InetSocketAddress;
import java.nio.ByteBuffer;
import java.nio.channels.*;
import java.util.concurrent.*;

public class Server
{
    private void listen(int port)
    {
        try
        {
            try (AsynchronousServerSocketChannel server = AsynchronousServerSocketChannel.open())
            {
                server.bind(new InetSocketAddress(port));
                System.out.println("Server is listening on " + port);

                ByteBuffer buff = ByteBuffer.allocateDirect(5);
                server.accept(null, new CompletionHandler<AsynchronousSocketChannel, Object>()
                {
                    // Accept 成功后会调用这个方法
                    public void completed(AsynchronousSocketChannel result, Object attachment)
                    {
                        try
                        {
                            buff.clear();
                            result.read(buff).get();
                            buff.flip();
                            // 回显客户端发送的数据
                            result.write(buff);
                            buff.flip();
                        }
                        catch (InterruptedException | ExecutionException e)
                        {
                            System.out.println(e.toString());
                        }
                        finally
                        {
                            try
```

```
                    {
                        result.close();
                        server.close();
                    }
                    catch (Exception e)
                    {
                        System.out.println(e.toString());
                    }
                }
            }

            @Override
            public void failed(Throwable exc, Object attachment)
            {
                System.out.println("server failed: " + exc);
            }
        });

        try
        {
            // 一直等待
            Thread.sleep(Integer.MAX_VALUE);
        }
        catch (InterruptedException ex)
        {
            System.out.println(ex);
        }
    }
}
catch (IOException e)
{
    System.out.println(e);
}
}

public static void main(String args[])
{
    int port = 8000;
    Server s = new Server();
    s.listen(port);
}
}
```

客户端代码：

```
import java.net.InetSocketAddress;
import java.nio.ByteBuffer;
import java.nio.channels.AsynchronousSocketChannel;
import java.nio.channels.CompletionHandler;

public class Client
{
    private final AsynchronousSocketChannel client ;

    public Client() throws Exception
    {
        client = AsynchronousSocketChannel.open();
    }

    public void start()throws Exception
    {
        client.connect(new InetSocketAddress("127.0.0.1",8000),null,new CompletionHandler<Void,Void>()
        {
            @Override
            public void completed(Void result, Void attachment)
            {
                try
                {
                    client.write(ByteBuffer.wrap("Hello".getBytes())).get();
```

```
                                }
                            catch (Exception ex)
                            {
                                ex.printStackTrace();
                            }
                        }

                        @Override
                        public void failed(Throwable exc, Void attachment)
                        {
                            exc.printStackTrace();
                        }
                });

                final ByteBuffer bb = ByteBuffer.allocate(5);
                client.read(bb, null, new CompletionHandler<Integer,Object>()
                {
                    // 数据读取完成后会调用这个方法
                    @Override
                    public void completed(Integer result, Object attachment)
                    {
                        System.out.println(result);
                        System.out.println(new String(bb.array()));
                    }

                    @Override
                    public void failed(Throwable exc, Object attachment)
                    {
                        exc.printStackTrace();
                    }
                }
                );

                try {
                    // Wait for ever
                    Thread.sleep(Integer.MAX_VALUE);
                } catch (InterruptedException ex) {
                    System.out.println(ex);
                }

            }

            public static void main(String args[])throws Exception
            {
                new Client().start();
            }
        }
```

2.5 常见面试笔试真题

（1）常见笔试题：Java 中有几种类型的流？

常见的有两种，分别为字节流与字符流。其中，字节流继承于 InputStream 与 OutputStream，字符流继承于 Reader 与 Writer。在 java.io 包中还有许多其他的流，流的作用主要是为了提高程序性能并且使用方便。

（2）用 Socket 通信写出客户端和服务器端的通信，要求客户发送数据后能够回显相同的数据。

首先，创建一个名为 Server.java 的服务端代码，如下所示。

```
import java.net.*;
import java.io.*;
class Server {
    public static void main(String[] args) {
        BufferedReader br = null;
```

```
                    PrintWriter pw = null;
                    try {
                            ServerSocket server = new ServerSocket(2000);
                            Socket socket = server.accept();
                            // 获取输入流
                            br = new BufferedReader(new InputStreamReader(socket.getInputStream()));
                            // 获取输出流
                            pw = new PrintWriter(socket.getOutputStream(), true);
                            String s = br.readLine(); // 获取接收的数据
                            pw.println(s);// 发送相同的数据给客户端
                    } catch (Exception e) {
                            e.printStackTrace();
                    } finally {
                            try {
                                    br.close();
                                    pw.close();
                            } catch (Exception e) {
                            }
                    }
            }
    }
```

然后，创建一个 Client.java 的客户端程序，如下所示。

```
    import java.net.*;
    import java.io.*;
    class Client {
        public static void main(String[] args) {
                BufferedReader br = null;
                PrintWriter pw = null;
                try {
                        Socket socket = new Socket("localhost", 2000);
                        //获取输入流与输出流
                        br = new BufferedReader(new InputStreamReader(socket.getInputStream()));
                        pw = new PrintWriter(socket.getOutputStream(), true);
                        //向服务器发送数据
                        pw.println("Hello");
                        String s = null;
                        while (true) {
                                s = br.readLine();
                                if (s != null)
                                        break;
                        }
                        System.out.println(s);
                } catch (Exception e) {
                        e.printStackTrace();
                } finally {
                        try {
                                br.close();
                                pw.close();
                        } catch (Exception e) {
                        }
                }
        }
    }
```

最后启动服务端程序，然后运行客户端程序，客户端将会把从服务器端转发过来的"Hello"打印出来。

第3章 容器

容器可以帮助程序员管理大量的对象以及它们之间的关系，从而把程序员从大量数据的管理工作中解放出来。在 Java 中，根据不同的应用场景提供了不同的容器。容器在日常开发中使用的频率非常高，使用的是否恰当会直接影响程序的性能。因此，不仅需要掌握容器的功能，更重要的是需要掌握其内部的实现原理。在面试的过程中会经常考查特定容器的实现原理。本章将重点介绍 Java 中容器的类型以及部分容器的内部实现原理等。

3.1 Collections 框架

容器在 Java 语言开发中有着非常重要的作用，Java 提供了多种类型的容器来满足开发的需要，容器不仅在面试笔试中也是非常重要的一个知识点，在实际开发的过程中也是经常会用到。因此，对容器的掌握是非常有必要也是非常重要的。Java 中的容器可以被分为两类：

（1）Collection

Collection 用来存储独立的元素，其中包括 List、Set 和 Queue。其中 List 是按照插入的顺序保存元素，Set 中不能有重复的元素，而 Queue 按照排队规则来处理容器中的元素。它们之间的关系如图 3-1 所示。

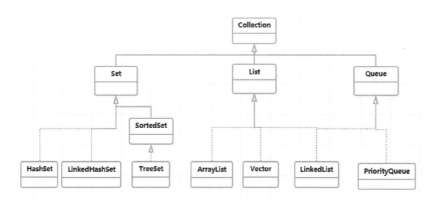

● 图 3-1　Collection 类图

（2）Map

Map 用来存储<键，值>对，这个容器允许通过键来查找值。Map 也有多种实现类，如图 3-2 所示。

Java Collections 框架中包含了大量集合接口以及这些接口的实现类和操作它们的算法（例如排序、查找、反转、替换、复制、取最小元素、取最大元素等），具体而言，主要提供了 List（列表）、Queue（队列）、Set（集合）、Stack（栈）和 Map（映射表，用于存放键值对）等数据结构。其中 List、Queue、Set、Stack 都继承自 Collection 接口。

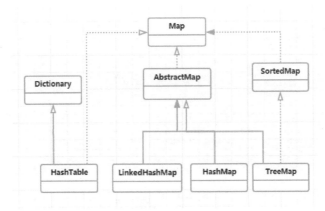

● 图 3-2　Map 类图

Collection 是整个集合框架的基础，它里面存储一组对象，表示不同类型的 Collections，它的作用只是提供维护一组对象的基本接口而已。

下面分别介绍 List，Set 和 Map 三个接口。

1）Set 表示数学意义上的集合概念，最主要的特点是集合中的元素不能重复，因此存入 Set 的每个元素都必须定义 equals()方法来确保对象的唯一性。该结构有两个比较常用的实现类：HashSet 和 TreeSet。其中 TreeSet 实现了 SortedSet 接口，因此 TreeSet 容器中的元素是有序的。

2）List 又称为有序的 Collection，它按对象进入的顺序保存对象，所以它能对列表中的每个元素的插入和删除位置进行精确控制。同时，它可以保存重复的对象。LinkedList、ArrayList 和 Vector 都实现了 List 接口。

3）Map 提供了一个从键映射到值的数据结构。它用于保存键值对，其中值可以重复，但键是唯一的，不能重复。Java 类库中有多个实现该接口的类：HashMap、TreeMap、LinkedHashMap、WeakHashMap 和 IdentityHashMap。虽然它们都实现了相同的接口，但执行效率却不是完全相同的。具体而言，HashMap 是基于哈希表实现的，采用对象的 hashCode 可以进行快速查询。LinkedHashMap 采用列表来维护内部的顺序。TreeMap 基于红黑树的数据结构来实现，内部元素是按需排列的。

3.2　ArrayList、Vector 和 LinkedList 的区别

List 是一种线性的列表结构，它继承自 Collection 接口，是一种有序集合，List 中的元素可以根据索引进行检索、删除或者插入操作。在 Java 语言中 List 接口有不同的实现类，图 3-3 给出了部分常用的 List 的实现类。

1）ArrayList 是用数组实现的，数组本身是随机访问的结构。ArrayList 为什么读取快？是因为 get(int)方法直接从数组获取数据。为什么写入慢？其实这个说法并不准确，在容量不发生变化的情况下，它一样很快。当数组的容量不够用的时候，就需要扩容，而在容量被改变的时候，grow(int)方法会被调用，这个方法会对数组进行扩容扩从而导致写入数据的效率下降。

2）LinkedList 是顺序访问结构，内部使用双向列表实现的。因此查询指定数据会消耗一些时间（需要遍历链表进行查询）。在头尾增加删除数据的操作非常迅速，但是如果要做随机插入，那么还是需要遍历，当然这还是比 ArrayList 的 System.arraycopy 性能要好一些。

3）Vector 与 ArrayList 相比，Vector 是线程安全的，而且容量增长策略不同。

4）Stack 是 Vector 的子类，提供了一些与栈特性相关方法。

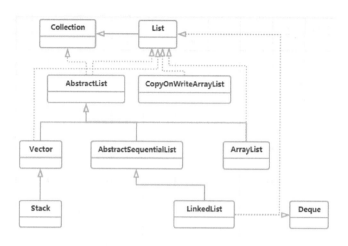

● 图 3-3　List 类图

ArrayList、Vector、LinkedList 类均在 java.util 包中，都是可伸缩的数组，即可以动态改变长度的数组。

ArrayList 和 Vector 都是基于存储元素的 Object[] array 来实现的，它们会在内存中开辟一块连续的空间来存储，由于数据存储是连续的，因此，它们支持用序号（下标）来访问元素，同时索引数据的速度比较快。但是在插入元素的时候需要移动容器中的元素，所以对数据的插入操作执行速度比较慢。ArrayList 和 Vector 都有一个初始化的容量的大小，当里面存储的元素超过这个大小的时候就需要动态地扩充它们的存储空间。为了提高程序的效率，每次扩充容量的时候不是简单的扩充一个存储单元，而是一次就会增加多个存储单元。Vector 默认扩充为原来的两倍（每次扩充空间的大小是可以设置的），而 ArrayList 默认扩充为原来的 1.5 倍（没有提供设置空间扩充的方法）。

ArrayList 与 Vector 最大的区别就是 synchronization(同步)的使用，没有一个 ArrayList 的方法是同步的，而 Vector 的绝大多数的方法（例如 add、insert、remove、set、equals、hashcode 等）都是直接或者间接同步的，所以 Vector 是线程安全的，ArrayList 不是线程安全的。正是由于 Vector 提供了线程安全的机制，使其性能上也要略逊于 ArrayList。

LinkedList 是采用双向链表来实现的，对数据的索引需要从列表头开始遍历，因此在随机访问的效率比较低，但是插入元素的时候不需要对数据进行移动，因此插入效率较高。同时，LinkedList 不是线程安全的。

那么，在实际使用时，如何从这几种容器中选择合适的使用？当对数据的主要操作为索引或只在集合的末端增加、删除元素，使用 ArrayList 或 Vector 效率比较高。当对数据的操作主要为指定位置的插入或删除操作，使用 LinkedList 效率比较高。当在多线程中使用容器时（即多个线程会同时访问该容器），选用 Vector 较为安全。

 Map

Map 是一种由多组 key-value（键值对）集合在一起的结构，其中，key 值是不能重复的，而value 值则无此限定。其基本接口为 java.util.Map，该接口提供了 Map 结构的关键方法，比如常见的put 和 get，下面将分别介绍 Map 的多种不同的实现类。

↗3.3.1　HashMap

HashMap 是最常用的 Map 结构，Map 的本质是键值对。它使用数组来存放这些键值对，键值对与数组下标的对应关系由 key 值的 hashcode 来决定，这种类型的数据结构可以称之为哈希桶。

在 Java 语言中，hashCode 是个 int 值，虽然 int 的取值范围是[-232，231-1]，但是 Java 的数组下标只能是正数，所以该哈希桶能存储[0,231-1]区间的哈希值。这个存储区间可以存储的数据足足有 20 亿之多，可是在实际应用中，hashCode 会倾向于集中在某个区域内，这就导致了大量的hashCode 重复，这种重复又被称为哈希冲突。

下面的代码介绍了 hashCode 在 HashMap 中的作用：

```java
import java.util.HashMap;

public class HashMapSample
{
    public static void main(String[] args)
    {
        HashMap<HS, String> map = new HashMap<HS, String>();

        // 存入 hashCode 相同的 HS 对象
        map.put(new HS(), "1");
        map.put(new HS(), "2");
        System.out.println(map);

        // 存入重写过 equals 的 HS 子类对象
        map.put(new HS() {
            @Override
            public boolean equals(Object obj) { return true; }
        },
            "3");
        System.out.println(map);

        // 存入重写过 equals 和 hashCode 的 HS 子类对象
        map.put(new HS() {
            public int hashCode() { return 2;}
            public boolean equals(Object obj) { return true; }
        },
            "3");
        System.out.println(map);
    }
}

class HS
{
    /* 重写 hashCode，默认返回 1        */
    public int hashCode() { return 1; }
}
```

程序的运行结果为：

```
{capter5.collections.HS@1=2, capter5.collections.HS@1=1}
{capter5.collections.HS@1=3, capter5.collections.HS@1=1}
{capter5.collections.HS@1=3, capter5.collections.HS@1=1, capter5.collections.HashMapSample$2@2=3}
```

从上述运行结果可以观察到三个现象：

1）hashCode 一致的 HS 类并没有发生冲突，两个 HS 对象都被正常的存入了 HashMap；

2）hashCode 一致，同时 equals 返回 true 的对象发生了冲突，第三个 HS 对象替代了第一个；

3）重写了 hashCode 使之不一致，同时 equals 返回 true 的对象，也没有发生冲突，被正确的存入了 HashMap。

这三个现象说明，当且仅当 hashCode 一致，且 equals 比对一致的对象，才会被 HashMap 认为是同一个对象。

这似乎和之前介绍的哈希冲突的概念有些矛盾，下面将通过对 HashMap 的源码进行分析，以阐述 HashMap 的实现原理和哈希冲突的解决方案。

需要注意的是，Java8 对 HashMap 做过重大修改，下面将分别解析两种实现的区别。

↗3.3.2 **Java8 之前的 HashMap**

在 Java7 及之前的版本中，HashMap 的底层实现是数组和链表，结构如 3-4 所示：

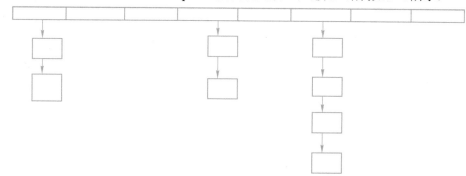

● 图 3-4 Java7 之前的版本 HashMap 底层数据结构

HashMap 采用 Entry 数组来存储 key-value 对，每一个键值对组成了一个 Entry 实体，Entry 类实际上是一个单向的链表结构，它具有 Next 指针，可以连接下一个 Entry 实体，以此来解决 Hash 冲突的问题，因为 HashMap 是按照 key 的 hash 值来计算 Entry 在 HashMap 中存储的位置的，如果 hash 值相同，而 key 内容不相等，那么就用链表来解决这种 hash 冲突。

在 HashMap 中，数据都是以键值对的形式存在的，其键值所对应的 hashcode 将会作为其在数组里的下标。例如，字符串 "1" 的 hashcode 经过计算得到 51，那么，在它被作为键值存入 HashMap 后，table[51]对应的 Entry.key 就是 "1"。

思考一个问题，如果另一个 Object 对象对应的 hashcode 也是 51，那么它和上面的字符串同时存入 HashMap 的时候，会怎么处理？

答案是，它会被存入链表里，和之前的字符串同时存在。当需要查找指定对象的时候，会先找到 hashcode 对应的下标，然后遍历链表，调用对象的 equals 方法进行比较从而找到对应的对象。

由于数组的查找比链表要快，于是，可以得出一个结论：

尽可能使键值的 hashcode 分散，这样可以提高 HashMap 的查询效率。

当添加键值对的时候，如果键值对将要占用的位置不是 null，并且 size>=threshold，那么会启动 HashMap 的扩容方法 resize(2*table.length)，扩容之后会重新计算一次 hash 和下标。

扩容 resize() 主要完成以下工作：

1) 根据新的容量，确定新的扩容阈值（threshold）大小。如果当前的容量已经达到了最大容量（1<<30），那么把 threshold 设为 Integer 最大值；反之，则用新计算出来的容量乘以加载因子（loadFactor），计算结果和最大容量+1 比较大小，取较小者为新的扩容阈值。

Integer 最大值为 0x7fffffff，如果 threshold 被设置为最大整型数，那么它必然大于 size，扩容操作不会再次触发。而容量*加载因子得到的是一个小于容量的数（加载因子必须小于 1 大于 0），以它为阈值则说明，加载因子的大小对 HashMap 影响很大，太小了会导致 HashMap 频繁扩容，太大了会导致空间的浪费。0.75 是 Java 提供的建议值。

2) 重新计算当前所有结点转移到新 table 数组后的下标。

通过上面的分析可以得出下面的结论：

1) HashMap 执行写操作（put）的时候，比较消耗资源的是遍历链表，扩容数组操作；

2) HashMap 执行读操作（get）的时候，比较消耗资源的是遍历链表。

影响遍历链表的因素是链表的长度，在 HashMap 中，链表的长度由哈希碰撞的频率决定。

哈希碰撞的频率受数组长度所决定，长度越长，则碰撞的概率越小，但长度越长，闲置的内存空间越多。所以，扩容数组操作的结果也会影响哈希碰撞的频率，需要在时间和空间上取得一个平衡点。

哈希碰撞的频率又受 key 值的 hashCode()方法影响，所计算得出的 hashCode 的独特性越高，哈希碰撞的概率也会变低。

链表的遍历中，需要调用 key 值的 equals 方法，不合理的 equals 实现会导致 HashMap 效率低下甚至调用异常。

因此，要提高 HashMap 的使用效率，可以从以下几个方面入手：

1）根据实际的业务需求，测试出合理的 loadFactor，否则会始终使用 Java 建议的 0.75；

2）合理的重写键值对象的 hashCode 和 equals 方法，equals 和 hashCode 方法的主要特性见表 3-1，可以参考《Effective Java 中文版》一书中的建议。

表 3-1　equals 和 hashCode 方法的特性

方法名	主要特色
equals	● 自反性：对于任意引用值 x，x.equals(x)一定为 true ● 对称性：对于任意引用值 x 和 y，当且仅当 x.equals(y)返回 true 时，y.equals(x)也一定返回为 true ● 传递性：对于任意引用值 x、y 和 z，如果 x.equals(y)和 y.equals(z)返回 true，那么 x.equals(z)一定返回为 true ● 一致性：如果 x 和 y 引用的对象没有发生变化，那么反复调用 x.equals(y)应该返回同样的结果 ● 对于非空引用 x，x.equals(null)一定返回 false
hashCode	● 要为不相等的对象产生不相等的哈希码。理想情况下，hashcode 函数应该把一个集合中不相等的实例均匀地分布到所有可能的数值上 ● 对于 equals 里用到的所有成员变量，都要单独计算它们的 hashCode ● byte、char、short 和 int 的 hashcode 使用它自身 ● boolean 计算（f?0:1） ● long 类型计算(int)(f^(f>>>32)) ● float 类型计算 Float.floatToIntBits(f) ● double 类型计算 Double.floatToLongBits(f)得到一个 long 值，按前文要求计算 ● 引用类型直接取用 hashCode()方法返回 ● 数组类型则遍历应用上述规则 ● 每一个成员变量计算的结果视为 result，提供一个常量 c（任意整型数），一个质数常量 z（比如 37） ● 递归计算 result = z*result + c

↗3.3.3　Java8 提供的 HashMap

Java8 的 HashMap 数据结构发生了较大的变化，之前的 HashMap 使用的数组+链表来实现，新的 HashMap 里，虽然依然使用的是 table 数组，但是数据类型发生了变化：Java8 里的 HashMap 使用的是数组+树+链表的结构。如图 3-5 所示（R 表示红色，B 表示黑色）：

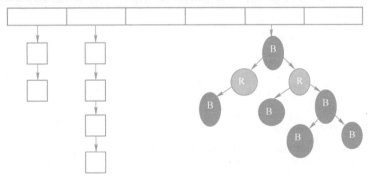

● 图 3-5　Java8 中 HashMap 底层实现数据结构

在添加链表结点后，如果链表深度达到或超过建树阈值（TREEIFY_THRESHOLD-1），那么会把整个链表重构为树。注意，TREEIFY_THRESHOLD 是一个常量，值固定为 8。也就是说，当链表长度达到 7 的时候，会转化为树结构，为什么要这样设计？该树是一棵红黑树，由于链表的查找的时间复杂度是 O(n)，而红黑树的查找的时间复杂度是 O(log2n)的，数值太小的时候，它们的查找效率相差无几，Java8 认为 7 是一个合适的阈值，因此这个值被用来决定是否要从链表结构转化为树结构。

综上所述，HashMap 采用 hash 算法来决定 Map 中 key 的存储， hash 表里可以存储元素的位置称为桶，如果通过 key 计算 hash 值发生冲突时，那么将采用链表（或树）的形式来存储元素。HashMap 的扩容操作是一项很耗时的任务，所以如果能估算 Map 的容量，最好给它一个默认初始值，避免进行多次扩容。HashMap 的线程是不安全的，多线程环境中推荐使用 ConcurrentHashMap。

↗3.3.4　TreeMap

与 HashMap 组合了数组、链表和红黑树相比，TreeMap 是完全由红黑树实现的。HashMap 通过 hashcode 对其内容进行快速查找，而 TreeMap 中所有的元素都保持着某种固定的顺序，当需要得到一个有序的结果的时候就应该使用 TreeMap。下面将简要介绍一下 TreeMap 的实现原理。

（1）成员变量

TreeMap 的主要成员变量包括：

```
/**比较器，决定了结点在树中分布 */
private final Comparator<? super K> comparator;
/* 树的根结点 */
private transient Entry<K,V> root;
/*树中包含的实体数目 */
private transient int size = 0;
```

（2）构造方法

TreeMap 有四个构造方法：

1）public TreeMap()。无参构造，初始化 comparator = null；

2）public TreeMap(Comparator<? super K> comparator)。比较器构造，使用外部传入的比较器；

3）public TreeMap(Map<? extends K, ? extends V> m)。使用传入的 Map 初始化 TreeMap 的内容；

4）public TreeMap(SortedMap<K, ? extends V> m)。使用 SortedMap 初始化 TreeMap 内容，同时使用 SortedMap 的比较器来初始化 TreeMap 比较器。

（3）put 方法

put 的实现思路非常清晰：

1）如果 TreeMap 是空的，那么使用指定数据作为根结点；

2）反之，如果 comparetor 不为空，那么使用 comparetor 来决定插入位置；如果 comparetor 为空，那么认为 key 值实现了 Comparable，直接调用 compareTo 方法来决定插入位置；如果 key 没有实现 Comparable，那么抛出 ClassCastException；

3）插入完成后，修复红黑树。

TreeMap 的使用示例代码如下：

```java
import java.util.*;

public class Test
{
    public static void main(String[] args)
    {
        Map<Long, String> map = new HashMap<Long, String>();
        map.put(1l, "James");
        map.put(20l, "Paul");
        map.put(5l, "Rose");

        // HashMap
        System.out.println("HashMap，无序：");
        for (Iterator<Long> it = map.keySet().iterator(); it.hasNext();)
        {
            long key = it.next();
            String value = map.get(key);
            System.out.println(key + " " + value);
```

```
        }
        // TreeMap
        System.out.println("TreeMap，升序：");
        TreeMap<Long, String> treeMap = new TreeMap<Long, String>();
        treeMap.putAll(map);
        for (Iterator<Long> it = treeMap.keySet().iterator(); it.hasNext();)
        {
            long key = it.next();
            String value = map.get(key);
            System.out.println(key + " " + value);
        }

        System.out.println("TreeMap，降序：");
        TreeMap<Long, String> treeMap2 = new TreeMap<Long, String>(Collections.reverseOrder());
        treeMap2.putAll(map);
        for (Iterator<Long> it = treeMap2.keySet().iterator(); it.hasNext();)
        {
            long key = it.next();
            String value = map.get(key);
            System.out.println(key + " " + value);
        }
    }
}
```

程序运行结果为：

```
HashMap，无序：
1 James
20 Paul
5 Rose
TreeMap，升序：
1 James
5 Rose
20 Paul
TreeMap，降序：
20 Paul
5 Rose
1 James
```

↗3.3.5　LinkedhashMap

　　通过上面的讲解可以看出 HashMap 中存储元素的位置是根据 hashcode 来决定的，以此数据的存储是无序的，也就是说迭代 HashMap 的顺序并不是 HashMap 放置的顺序。显然，在需要保持顺序的场景中 HashMap 就不可用了。LinkedHashMap 的出现恰好可以解决这个顺序的问题，它虽然增加了时间和空间上的开销，但是通过维护一个额外双向链表，LinkedHashMap 保证了元素迭代的顺序。该迭代顺序可以是插入顺序或者是访问顺序。下面简要地介绍它的内部实现原理。

↗3.3.6　Java8 之前的 LinkedHashMap

　　（1）成员变量

　　除了与 HashMap 类似的部分实现外，LinkedHashMap 有以下两个需要特别注意的成员变量：

```
/* 双向链表的表头 */
private transient Entry<K,V> header;

/* 访问顺序，true 为顺序访问，false 为逆序 */
private final boolean accessOrder;
```

　　LinkedHashMap 的存储中包含了一个额外的双向链表结构，header 既是头又是尾，可以视作一个环状链表，但它本身只是个表头标记，不包含数据域。其结构如图所示 3-6 所示。

　　由图 3-6 可知，LinkedHashMap 可以像 HashMap 一样的使用，同时它为每个数据结点的引用多维护了一份链表，从而可以达到有序访问的目的。

（2）createEntry(hash,key,value,index)方法

LinkedHashMap 和 HashMap 的第一个主要区别体现在 createEntry 方法上。

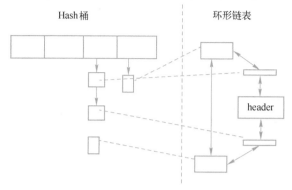

Hash 桶   环形链表

HashMap 的 createEntry 执行的是创建 Hash 桶里的链表结点，代码如下所示：

```
void createEntry(int hash, K key, V value, int bucketIndex) {
    Entry<K,V> e = table[bucketIndex];
    table[bucketIndex] = new Entry<>(hash, key, value, e);
    size++;
}
```

LinkedHashMap 的 createEntry 除了完成 HashMap 的功能外，还把该链表结点的引用插入到了 header 环形链表里，实现源码如下所示：

```
void createEntry(int hash, K key, V value, int bucketIndex) {
    HashMap.Entry<K,V> old = table[bucketIndex];
    // 这里的 Entry 是 HashMap.Entry 的子类，但是多出了双向链表相关方法
    Entry<K,V> e = new Entry<>(hash, key, value, old);
    table[bucketIndex] = e;
    // 插入到 header 结点和 header.before 结点之间
    e.addBefore(header);
    size++;
}
```

（3）如何使用 LinkedHashMap

查阅 LinkedHashMap 的 API，可以注意到 LinkedHashMap 没有提供新的公开方法。那么，它的链表特性怎么体现呢？

参考下面三种方法：

```
Iterator<K> newKeyIterator()   { return new KeyIterator();   }
Iterator<V> newValueIterator() { return new ValueIterator(); }
Iterator<Map.Entry<K,V>> newEntryIterator() { return new EntryIterator(); }
```

这三种方法分别提供给 keySet()、values()和 entrySet()使用。

LinkedHashMap 通过对这三种方法进行重写使上述三种方法产生的集合可以按照插入顺序排列。

↗3.3.7　Java8 中的 LinkedHashMap

关键变量有以下三个：

```
/* 双向链表表头，最旧的结点 */
transient LinkedHashMap.Entry<K,V> head;
/* 双向链表表尾，最新的结点 */
transient LinkedHashMap.Entry<K,V> tail;
/* 迭代顺序，true 为顺序，false 为倒序 */
final boolean accessOrder;
```

与历史版本的 LinkedHashMap 的实现方法不同，head 和 tail 分别维护在了两个引用里，这让 LinkedHashMap 的结构发生了变化，实现原理如图 3-7 所示。

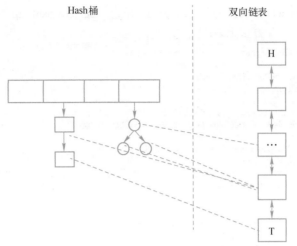

● 图 3-7　Java8 中 LinkedHashMap 底层数据结构

由图 3-7 可以发现，LinkedHashMap 新版本的实现与 HashMap 新版本的实现类似，也是采用了链表与二叉树组合的方式来实现。原理上与历史版本的 LinkedHashMap 并没有区别。

（1）linkNodeLast 方法

newNode 方法与 newTreeNode 方法源自 HashMap，是用来新建结点的。在 LinkedHashMap 中，重写了这两个方法，负责在创建结点的同时插入链表，实现了保存数据结点副本到双向链表里的功能。

在这两个方法的实现中，关键实现是对 linkNodeLast 方法的调用。

linkNodeLast 方法源码如下所示，参数 p 为新创建的结点：

```
private void linkNodeLast(LinkedHashMap.Entry<K,V> p) {
    LinkedHashMap.Entry<K,V> last = tail;//tail 为链表尾结点，head 为链表头结点
    tail = p;
    if (last == null)
        head = p;//last==null 说明链表为空，则把 p 作为头结点
    else {
        //链表不为空时，p 添加到队列末位
        p.before = last;
        last.after = p;
    }
}
```

（2）transferLinks 方法

replacementNode 方法和 replacementTreeNode 方法负责替换指定结点，对这两个方法的重写保证了在结点替换时，同时维护好它们在双向链表里的原始插入顺序。

在 LinkedHashMap 里，它们会额外调用 transferLinks 方法。该方法源码如下所示：

```
private void transferLinks(LinkedHashMap.Entry<K,V> src,
                                   LinkedHashMap.Entry<K,V> dst) {
    LinkedHashMap.Entry<K,V> b = dst.before = src.before;
    LinkedHashMap.Entry<K,V> a = dst.after = src.after;
    if (b == null)
        head = dst;
    else
        b.after = dst;
    if (a == null)
        tail = dst;
    else
        a.before = dst;
```

```
    }
```

（3）如何使用 LinkedHashMap

得益于 Java8 的 Function 包的引入，从 Java8 开始，LinkedHashMap 有了更方便的使用方式，以下是 forEach 和 replaceAll 方法源码：

```
public void forEach(BiConsumer<? super K, ? super V> action) {
    if (action == null)
        throw new NullPointerException();
    int mc = modCount;
    /*
     * 这里使用了 BiConsumer 作为 forEach 的处理回调
     * 让 map.forEach((k,v)->{ doSomething })这种快捷写法成为可能
     **/
    for (LinkedHashMap.Entry<K,V> e = head; e != null; e = e.after)
        action.accept(e.key, e.value);
    if (modCount != mc)
        throw new ConcurrentModificationException();
}

public void replaceAll(BiFunction<? super K, ? super V, ? extends V> function) {
    if (function == null)
        throw new NullPointerException();
    int mc = modCount;
    /*
     * 这里使用了具备返回值的 BiFunction 作为 replaceAll 的处理回调
     * 让 map.replaceAll((k,v)->{ doSomething; return result})这种快捷写法成为可能
     **/
    for (LinkedHashMap.Entry<K,V> e = head; e != null; e = e.after)
        e.value = function.apply(e.key, e.value);
    if (modCount != mc)
        throw new ConcurrentModificationException();
}
```

对 LinkedHashMap 的遍历可以采用更简便的方法实现，示例代码如下所示：

```
LinkedHashMap<String, String> map = new LinkedHashMap<>();
map.put("1", null);
map.put("2", null);
map.put("3", null);
map.put("4", null);
// 替换全部数据
map.replaceAll((k, v) -> {return k;});
// 遍历数据
map.forEach((k, v) -> {System.out.print(v);});
```

运行结果为：

```
1234
```

如何用 LinkedHashMap 实现 LRU？

答案：LRU 是 Least Recently Used 的缩写，表示最近最少使用，它是一种缓存策略。当缓存有大小限制而数据量比较大的时候，就无法把所有数据都放在缓存中，因此就需要一种策略来把缓存中的部分数据置换出去。LRU 就是其中的一种思路，其主要思路为：

1）新访问的数据插入到缓存队列中；

2）当有新数据要加入到缓存中，但是缓存已满，这时候就淘汰队尾数据；

3）如果缓存中的数据被再次访问，则将数据移到队列首。

LinkedHashMap 自身已经实现了顺序存储，而且通过 Hash 的方法把数据分配到不同的槽中，从而提高了访问效率。正常情况下是按照元素的添加顺序存储，当然也可以指定按照访问的顺序来存储，最近被访问的数据会放在最前面，而且 LinkedHashMap 还有一个判断是否删除最老数据的方

法，默认是返回 false，表示不删除数据，可以通过重写这个方法来修改删除策略。下面首先介绍为了实现 LRU 而需要使用到的两种重要的方法：

```
/*
*LinkedHashMap 的构造方法
* initialCapacity 表示 Map 的大小
* loadFactor 表示加载因子
* accessOrder: true 表示按照访问顺序存储，false 表示按照插入顺序存储
*当参数 accessOrder 为 true 时，即会按照访问顺序排序，最近访问的放在最前，最早访问的放在后面
*/
public LinkedHashMap(int initialCapacity, float loadFactor, boolean accessOrder)
{
    super(initialCapacity, loadFactor);
    this.accessOrder = accessOrder;
}


/*
*用来判断是否删除 Map 中最老的元素，默认返回 false
protected boolean removeEldestEntry(Map.Entry<K,V> eldest)
{
    return false;
}
```

从这两个方法的描述可以看出，要通过 LinkedHashMap 实现 LRU，只需要做到下面两点：

1）使用构造方法的时候，第三个参数指定 true 表示按照访问顺序存储；

2）重写 removeEldestEntry 方法使得当 Map 达到 LRU 的容量的时候返回 true 从而能删除最老的数据。

示例代码如下：

```
import java.util.LinkedHashMap;
import java.util.Map;

class LRU<K, V>
{
    private static final float hashLoadFactory = 0.75f;
    private LinkedHashMap<K, V> map;
    private int cacheSize;

    public LRU(int cacheSize)
    {
        this.cacheSize = cacheSize;
        int capacity = (int) Math.ceil(cacheSize / hashLoadFactory) + 1;
        map = new LinkedHashMap<K, V>(capacity, hashLoadFactory, true)
        {
            private static final long serialVersionUID = 1l;

            @Override
            protected boolean removeEldestEntry(Map.Entry<K,V> eldest)
            {
                return size() > LRU.this.cacheSize;
            }
        };
    }

    public synchronized V get(K key)
    {
        return map.get(key);
    }

    public synchronized void put(K key, V value)
    {
        map.put(key, value);
    }

    public synchronized void clear()
    {
```

```
                        map.clear();
                }

        public String toString()
        {
                StringBuilder sb = new StringBuilder("");
                for (Map.Entry<K, V> entry : map.entrySet())
                {
                        sb.append(entry.getValue() + "->");
                }
                return sb.toString();
        }
}

public class Test
{
        public static void main(String[] args)
        {
                LRU<Integer, Integer> lru = new LRU<>(5);

                for (int i = 0; i < 5; i++)
                {
                        lru.put(i, i);
                }

                System.out.println(lru);
                lru.get(3);
                System.out.println(lru);
                lru.put(5, 5);
                System.out.println(lru);
        }
}
```

程序运行结果为：

```
0->1->2->3->4->
0->1->2->4->3->
1->2->4->3->5->
```

↗3.3.8 Hashtable

Hashtable 的实现与 HashMap 很类似，Java8 的 Hashtable 稍有不同，但整体流程是没有变化的。

Hashtable 的 put 过程大致如下所示：

1）计算 key 值的 hashcode；

2）根据 hashcode 计算下标；

3）如果存在 hashcode 和 key 值完全相等的 value，那么替换它并返回；

4）反之，如果总数据数超出了扩容阈值，那么对数组扩容，并重新计算所有的数据结点的下标；

5）为新数据创建新结点。

可以看出，Hashtable 和 HashMap 基本 put 流程是一致的，那么它们的区别在哪里？

下面以 put 方法为例来介绍 Hashtable 的实现源码如下所示：

```
public synchronized V put(K key, V value) {
    // Make sure the value is not null
    if (value == null) {
        throw new NullPointerException();
    }
    ...
}
```

作为对比，看看 HashMap 的 put 实现：

```
public V put(K key, V value) {
    if (key == null)
```

```
                    return putForNullKey(value);
                    ...
            }
```

从源码可以看出 Hashtable 的实现方式被 synchronized 修饰，由此可见 Hashtable 是线程安全的，而 HashMap 是线程不安全的；此外 Hashtable 不能存放 null 作为 key 值，HashMap 会把 null key 存放在下标 0 位置。

虽然 Hashtable 是"线程安全"的，但在多线程环境下并不推荐使用。因为采用 synchronized 方式实现的多线程安全的容器在高并发量的情况下效率比较低，Java 还引入了专门在高并发量的情况下使用的并发容器，这种容器由于在实现的时候采用了更加细粒度的锁，由此在高并发量的情况下有着更好的性能。在后面的章节中，将会对部分并发容器的详细解析。

↗3.3.9　WeakHashMap

WeakHashMap 是一种弱引用的 HashMap，弱引用指的是 WeakHashMap 中的 key 值如果没有外部强引用，那么在垃圾回收的时候，WeakHashMap 的对应内容也会被移除掉。

在讲解 WeakHashMap 之前，需要了解 Java 中与引用相关的类：

ReferenceQueue（引用队列），与某个引用类绑定，当引用死亡后，会进入这个队列。

HardReference（强引用），任何以类似 String str=new String()建立起来的引用，都是强引用。在 str 指向另一个对象或者 null 之前，该 String 对象都不会被 GC（Garbage Collector 垃圾回收器）回收；

WeakReference（弱引用），可以通过 java.lang.ref.WeakReference 来建立弱引用，当 GC 要求回收对象时，它不会阻止对象被回收，也就是说即使有弱引用存在，该对象也会立刻被回收；

SoftReference（软引用），可以通过 java.lang.ref.SoftReference 来建立，与弱引用类似，当 GC 要求回收时，它不会阻止对象被回收，但不同的是它对回收过程会被延迟，必须要等到 JVM heap 内存不够用，接近产生 OutOfMemory 错误时，才会被回收；

PhantomReference（虚引用），可以通过 java.lang.ref.PhantomPeference 来建立，这种类型的引用很特别，在大多数时间里，无法通过它拿到其引用的对象，但是，当这个对象消失的时候，该引用还是会进入 ReferenceQueue 队列。

下面提供一个例子来分别说明它们的作用：

```java
import java.lang.ref.*;

class Ref
{
    Object v;
    Ref(Object v) {   this.v = v;   }
    public String toString()
    {
        return this.v.toString();
    }
}

public class Test
{
    public static void main(String[] args)
    {
        ReferenceQueue<Ref> queue = new ReferenceQueue<Ref>();
        // 创建一个弱引用
        WeakReference<Ref> weak = new WeakReference<Ref>(new Ref("Weak"),queue);
        // 创建一个虚引用
        PhantomReference<Ref> phantom = new PhantomReference<Ref>(new Ref( "Phantom"), queue);
        // 创建一个软引用
        SoftReference<Ref> soft = new SoftReference<Ref>(new Ref("Soft"),queue);

        System.out.println("引用内容:");
        System.out.println(weak.get());
```

```
                    System.out.println(phantom.get());
                    System.out.println(soft.get());

                    System.out.println("被回收的引用:");
                    for (Reference r = null; (r = queue.poll()) != null;)
                            {
                                System.out.println(r);
                    }
                }
            }
```

在这个例子里，分别创建了弱引用、虚引用和软引用，get()方法用于获取它们引用的 Ref 对象，可以注意到，Ref 对象在外部并没有任何引用，所以，在某个时间点，GC 应当会回收对象。来看看代码执行的结果：

```
        引用内容:
        Weak
        null
        Soft
        被回收的引用:
```

可以看到，弱引用和软引用的对象还是可达的，但是虚引用是不可达的。被回收的引用没有内容，说明 GC 还没有回收它们。

这证实了虚引用的性质：**虚引用非常弱，以至于它自己也找不到自己的引用内容。**

对之前的代码进行修改，在输出内容前加入代码：

```
        // 通知 JVM 进行垃圾回收，注意，不能保证 100%强制回收
        System.gc();
```

再执行一次，得到结果：

```
        引用内容:
        null
        null
        Soft
        被回收的引用:
        java.lang.ref.WeakReference@3b764bce
        java.lang.ref.PhantomReference@759ebb3d
```

现在可达的引用只剩下 Soft 了，引用队列里多出了两个引用，说明 WeakReference 和 PhantomReference 的对象被回收。

再修改一次代码，让 WeakPeference 和 PhantomReference 去引用一个强引用对象：

```
        Ref wr = new Ref("Hard");
        WeakReference<Ref> weak = new WeakReference<Ref>(wr, queue);
        PhantomReference<Ref> phantom = new PhantomReference<Ref>(wr, queue);
```

输出结果如下所示：

```
        引用内容:
        Hard
        null
        Soft
        被回收的引用:
```

这证实了弱引用的性质：**弱引用的对象，如果没有被强引用，那么在垃圾回收后，引用对象会不可达。**

WeakHashMap 的实现方式

WeakHashMap 利用了 ReferenceQueue 和 WeakReference 来实现它的核心功能：当 key 值没有强引用的时候，会从 WeakHashMap 里移除。

在源码实现中，WeakHashMap 维护了一个 ReferenceQueue，保存了所有存在引用的 Key 对

象。WeakHashMap. Entry<K,V>中并没有保存 Key，只是将 Key 与 ReferenceQueue 进行了关联。

```
        private final ReferenceQueue<K> queue = new ReferenceQueue<K>();
```

下面首先介绍 WeakHashMap 的键值对实体类 WeakHashMap.Entry 的实现：

```
    private static class Entry<K,V> extends WeakReference<Object> implements Map.Entry<K,V>
    {
        Entry(Object key, V value, ReferenceQueue<Object> queue, int hash, Entry<K,V> next)
        {
            super(key, queue);
            this.value = value;
            this.hash  = hash;
            this.next  = next;
        }
        ...
    }
```

对于这个类有以下两个需要注意的方面：

1）Entry 继承自 WeakReference；

2）Entry 本身没有保存 key 值，而是把 key 直接交给了父类 WeakReference 来构造。

参考通常的 WeakReference，Entry 的 key 值是一个弱引用，只能通过 WeakHashMap#get 来获取。获取代码如下所示：

```
    public K getKey()
    {
        return (K) WeakHashMap.unmaskNull(get());
        //unmaskNull 方法的实现为(key==NULL_KEY)?null:key
    }
```

WeakHashMap 实现清除无强引用实体的方法是 expungStaleEntries()，它会将 ReferenceQueue 中所有失效的引用从 Map 中去除。其源码实现如下所示：

```
    private void expungeStaleEntries()
    {
        //遍历引用队列，找到每一个被 GC 收集的对象
        for (Object x; (x = queue.poll()) != null; )
        {
            synchronized (queue)
            {
                //e 为失去强引用的结点
                Entry<K,V> e = (Entry<K,V>) x;
                //计算该结点在 table 中的下标
                int i = indexFor(e.hash, table.length);
                //从散列表 table 中，找到对应的头结点
                Entry<K,V> prev = table[i];
                Entry<K,V> p = prev;
                //由于散列表的结点对应一个红黑树/链表，从头结点开始搜索失引用结点
                while (p != null)
                {
                    Entry<K,V> next = p.next;
                    //prev 指向已查找结点，p 指向下一个结点
                    if (p == e)
                    {
                        if (prev == e)
                            table[i] = next;
                        else
                            prev.next = next;
                        //帮助 GC 执行
                        e.value = null;
                        size--;
                        break;
                    }
                    prev = p;
                    p = next;
                }
            }
        }
    }
```

```
        }
```

这个去除操作的主要原理为：当 WeakHashMap 中的某个弱引用被 GC 回收时，被回收的这个弱引用会被添加到 WeakHashMap 维护了的 ReferenceQueue（queue）中。因此，当 expungeStaleEntries 方法被调用的时候，就可以遍历 queue 中所有的 key，然后在 WeakReference 的 table 中找到与 key 对应的键值对并从 table 中删除。

expungStaleEntries()方法会在 resize、put、get、forEach 方法中被调用。

↗3.3.10 HashMap、HashTable、TreeMap 和 WeakHashMap 的区别

Java 为数据结构中的映射定义了一个接口 java.util.Map，它有三个主要的实现类：HashMap、Hashtable 和 TreeMap。Map 是用来存储键值对的数据结构，在数组中通过数组下标来对其内容索引的，而在 Map 中，则是通过对象来进行索引，用来索引的对象称为 key，其对应的对象称为 value。

HashMap 是一个最常用的 Map，它根据键的 hashCode 值存储数据，根据键可以直接获取它的值，具有很快的访问速度。由于 HashMap 与 HashTable 都采用了 hash 方法进行索引，因此二者具有许多相似之处，它们主要有如下的一些区别：

1）HashMap 是 Hashtable 的轻量级实现（非线程安全的实现），它们都完成了 Map 接口，主要区别在于 HashMap 允许空（null）键值（key）（但需要注意，最多只允许一条记录的键为 null，不允许多条记录的值为 null），而 Hashtable 不允许。

2）HashMap 把 Hashtable 的 contains 方法去掉了，改成 containsvalue 和 containsKey。因为 contains 方法容易让人引起误解。 Hashtable 继承自 Dictionary 类，而 HashMap 是 Java1.2 引进的 Map interface 的一个实现。

3）Hashtable 的方法是线程安全的，而 HashMap 由于不支持线程的同步，所以它不是线程安全的。在多个线程访问 Hashtable 时，不需要开发人员对它进行同步，而对于 HashMap，开发人员必须提供额外的同步机制。所以，效率上 HashMap 可能高于 Hashtable。

4）HashTable 使用 Enumeration，HashMap 使用 Iterator。

5）Hashtable 和 HashMap 采用的 hash/rehash 算法都几乎一样，所以性能上不会有很大的差异。

6）HashTable 中 hash 数组默认大小是 11，增加的方式是 old*2+1。在 HashMap 中，hash 数组的默认大小是 16，而且一定是 2 的指数。

7）hash 值的使用不同，HashTable 直接使用对象的 hashCode，而 HashMap 则在 key 的 hashCode 基础上重写计算了一个新的 hash 值。

以上三种类型中，使用最多的是 HashMap。HashMap 里面存入的键值对在取出的时候没有固定的顺序，是随机的。一般而言，在 Map 中插入、删除和定位元素，HashMap 是最好的选择。由于 TreeMap 实现了 SortMap 接口，能够把它保存的记录按照键排序，所以，取出来的是排序后的键值对，如果需要按自然顺序或自定义顺序遍历键，那么 TreeMap 会更好。LinkedHashMap 是 HashMap 的一个子类，如果需要输出的顺序和输入的相同，那么用 LinkedHashMap 可以实现，它还可以按读取顺序来排列。

WeakHashMap 与 HashMap 类似，不同之处在于 WeakHashMap 中 key 采用的是"弱引用"的方式，只要 WeakHashMap 中的 key 不再被外部引用，它就可以被垃圾回收器回收。而 HashMap 中 key 采用的是"强引用的方式"，当 HashMap 中的 key 没有被外部引用时，只有在这个 key 从 HashMap 中删除后，才可以被垃圾回收器回收。

↗3.3.11 用自定义类型作为 HashMap 或 Hashtable 的 key 需要注意的问题

HashMap 与 Hashtble 是用来存放键值对的一种容器，在使用这两个容器的时候有个限制：不能

用来存储重复的键，也就是说每个键只能唯一映射一个值，当有重复的键出现，则不会创建新的映射关系，而会使用先前的键。示例代码如下。

```java
import java.util.*;

public class Test
{
    public static void test1()
    {
        System.out.println("Use user defined class as key:");
        HashMap<String, String> hm = new HashMap<String, String>();
        hm.put("aaa", "bbb");
        hm.put("aaa", "ccc");

        Iterator iter = hm.entrySet().iterator();
        while (iter.hasNext())
        {
            Map.Entry entry = (Map.Entry) iter.next();
            String key = (String) entry.getKey();
            String val = (String) entry.getValue();
            System.out.println(key + "        " + val);
        }
    }

    public static void main(String args[]) {
        test1();
    }
}
```

程序运行结果为：

```
Use user defined class as key:
aaa        ccc
```

从上面的例子可以看出，首先向 HashMap 中添加<"aaa", "bbb">，接着添加<"aaa", "ccc">的时候由于与前面已经添加的数据有相同的 key："aaa"，因此会用新的值"ccc"替换"bbb"。

但是当用自定义的类的对象作为 HashMap 的 key 的时候，有时候会造成一种假象：key 是可以重复的。如下例所示。

```java
import java.util.*;
class Person
{
    String id;
    String name;
    public Person(String id, String name)
    {
        this.id=id;
        this.name=name;
    }
    public String toString()
    {
        return "id="+id+",name="+name;
    }
}

public class Test
{
    public static void test2()
    {
        System.out.println("Use String as key:");
        HashMap<Person,String> hm = new HashMap<Person,String>();
        Person p1=new Person("111","name1");
        Person p2=new Person("111","name1");
        hm.put(p1, "address1");
        hm.put(p2, "address1");
```

```
Iterator iter = hm.entrySet().iterator();
while (iter.hasNext())
{
        Map.Entry entry = (Map.Entry) iter.next();
        Person key = (Person)entry.getKey();
        String val = (String)entry.getValue();
        System.out.println("key="+key+        value="+val);
}
}
public static void main(String args[])
{
        test2();
}
}
```

程序运行结果为:

```
Use String as key:
key=id=111,name=name1        value=address1
key=id=111,name=name1        value=address1
```

从表面上看,向 HashMap 中添加的两个键值对的 key 值是相同的,可是为什么在后面添加的键值对没有覆盖前面的 value 呢?为了说明这个问题,下面首先介绍 HashMap 添加元素的操作过程。具体而言,在向 HashMap 中添加键值对<key,value>的时候,需要经过如下几个步骤:首先,调用 key 的 hashCode()方法生成一个哈希值 h1,如果这个 h1 在 HashMap 中不存在,那么直接将<key,value>添加到 HashMap 中,如果这个 h1 已经存在,那么找出 HashMap 中所有哈希值为 h1 的 key,然后分别调用 key 的 equls()方法判断当前添加的 key 值是否与已经存在的 key 值相同,如果 equals()方法返回 true,说明当前需要添加的 key 已经存在,那么 HashMap 会使用新的 value 值来覆盖掉旧的 value 值。如果 equals()方法返回 false,说明新增加的 key 在 HashMap 中不存在,因此会在 HashMap 中创建新的映射关系。当新增加的 key 的 hash 值已经在 HashMap 中存在的时候,就会产生冲突。一般而言,对于不同的 key 值可能会得到相同的 hash 值,因此就需要对冲突进行处理。一般而言,处理冲突的方法有开放地址法、再哈希法、链地址法等。HashMap 使用的是链地址法来解决冲突(为了容易理解,这里以 Java8 之前的实现方式为例),具体操作方法如图 3-8(一)所示。

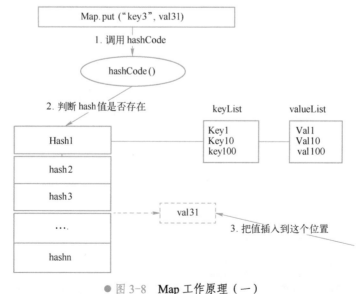

● 图 3-8　Map 工作原理(一)

向 HashMap 中添加元素时,当有冲突产生的时候,其实现方式如图 3-9(二)所示:

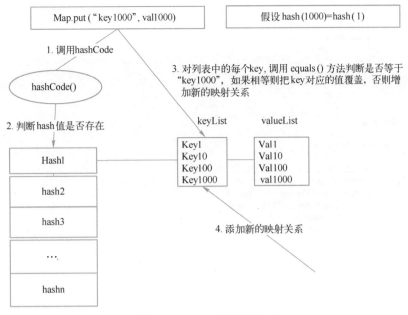

● 图 3-9　Map 工作原理（二）

　　从 HashMap 中通过 key 查找 value 的时候，首先调用的是 key 的 hashCode()方法来获取到 key 对应的 hash 值 h，这样就可以确定键为 key 的所有值存储的首地址。如果 h 对应的 key 值有多个，那么程序接着会遍历所有的 key，通过调用 key 的 equals()方法来判断 key 的内容是否相等。只有当 equals()方法的返回值为 true 时，对应的 value 才是正确的结果。

　　在上例中，由于使用自定义的类作为 HashMap 的 key，而没有重写 hashCode()方法和 equals()方法，默认使用的是 Object 类的 hashCode()方法和 equals()方法。Object 类的 equals()方法的比较规则为：当参数 obj 引用的对象与当前对象为同一个对象时，就返回 true，否则返回 false。hashCode()方法会返回对象存储的内存地址。由于在上例中创建了两个对象，虽然它们拥有相同的内容，但是存储在内存中不同的地址，因此在向 HashMap 中添加对象的时候，调用 equals()方法的返回值为 false，HashMap 会认为它们是两个不同的对象，会分别创建不同的映射关系。因此为了实现在向 HashMap 中添加键值对的时候，可以根据对象的内容来判断两个对象是否相等，就需要重写 hashCode()方法和 equals()方法。如下例所示。

```
import java.util.*;
class Person
{
    String id;
    String name;
    public int hashCode()
    {
            return id.hashCode();
    }

    public Person(String id, String name)
    {
            this.id=id;
            this.name=name;
    }
    public String toString()
    {
            return "id="+id+",name="+name;
    }

    public boolean equals(Object obj)
```

```
                    {
                        Person p=(Person)obj;
                        if(p.id.equals(this.id))
                                return true;
                        else
                                return false;
                    }
            }

    public class Test
    {
        public static void test2()
        {
                System.out.println("Use String as key:");
                HashMap<Person,String> hm = new HashMap<Person,String>();
                Person p1=new Person("111","name1");
                Person p2=new Person("111","name2");
                hm.put(p1, "address1");
                hm.put(p2, "address2");

                Iterator iter = hm.entrySet().iterator();
                while (iter.hasNext())
                {
                        Map.Entry entry = (Map.Entry) iter.next();
                        Person key = (Person)entry.getKey();
                        String val = (String)entry.getValue();
                        System.out.println("key="+key+"        value="+val);
                }
        }
        public static void main(String args[])
        {
                test2();
        }
    }
```

程序输出结果为：

```
    Use String as key:
    key=id=111,name=name1        value=address2
```

由此可以看出，在使用自定义类作为 HashMap 的 key 的时候需要注意以下几个问题：

1）如果想根据对象的相关属性来自定义对象是否相等的逻辑，此时就需要重写 equals()方法，一旦重写了 equals()方法，那么就必须重写 hashCode()方法。

2）当自定义类想作为 HashMap(HashTable)的 key 时，最好把这个类设计为不可变类。

3）从 hashMap 的工作原理可以看出，如果两个对象相等，那么这两个对象有着相同的 hashCode。反之则不成立。

↗3.3.12　ConcurrentHashMap

ConcurrentHashMap 是 HashMap 中支持高并发、高吞吐量的线程安全的版本。它由 Segment 数组结构和 HashEntry 数组结构组成。Segment 在 ConcurrentHashMap 里扮演锁的角色，HashEntry 则用于存储键值对数据。一个 ConcurrentHashMap 里包含一个 Segment 数组，Segment 的结构和 HashMap 类似，是一种数组和链表结构，一个 Segment 里包含一个 HashEntry 数组，每个 HashEntry 是一个链表结构的元素，每个 Segment 守护着一个 HashEntry 数组里的元素，当对 HashEntry 数组的数据进行修改时，必须首先获得它对应的 Segment 锁。

Hashtable 和 ConcurrentHashMap 存储的内容为键值对（key-value），且它们都是线程安全的容器，下面通过简要介绍它们的实现方式来对比它们的不同点。

Hashtable 所有的方法都是同步的，因此，它是线程安全的。它的定义如下所示：

```
    public class Hashtable<K,V> extends Dictionary<K,V> implements Map<K,V>, Cloneable, Serializable
```

Hashtable 是通过"拉链法"实现的哈希表，因此，它使用数组＋链表（或链表+二叉树）的方式来存储实际的元素。这里以"数组+链表"的实现方式为例，如图 3-10 所示。

在图 3-10 中，最顶部标数字的部分是一个 Entry 数组，而 Entry 又是一个链表。当向 Hashtable 中插入数据的时候，首先通过键的 hashcode 和 Entry 数组的长度来计算这个值应该存放在数组中的位置 index，如果 index 对应的位置没有存放值，那么直接存放到数组的

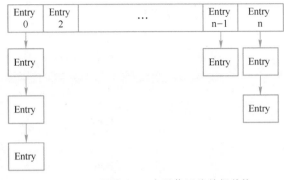

● 图 3-10　Hashtable 底层使用的数据结构

index 位置即可，当 index 有冲突的时候，则采用"拉链法"来解决冲突。假如想往 Hashtable 中插入"aaa"、"bbb"、"eee"、"fff"，如果"aaa"和"fff"所得到的 index 是相同的，那么插入后 Hashtable 的结构如图 3-11 所示。

Hashtable 的实现类图如图 3-12 所示。

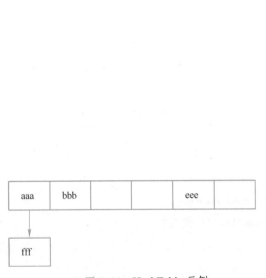

● 图 3-11　HashTable 示例

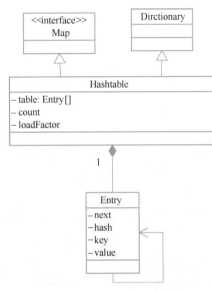

● 图 3-12　HashTable 实现类图

为了使 Hashtable 拥有比较好的性能，数组的大小也需要根据实际插入数据的多少来进行动态地调整，Hashtable 类中定义了一个 rehash 方法，该方法可以用来动态地扩充 Hashtable 的容量，该方法被调用的时机为：Hashtable 中的键值对超过某一阀值。默认情况下，该阀值等于 Hashtable 中 Entry 数组的长度*0.75。Hashtable 默认的大小为 11，当达到阀值后，每次按照下面的公式对容量进行扩充：newCapacity = oldCapacity * 2 + 1。

Hashtable 通过使用 synchronized 修饰方法的方式来实现多线程同步，因此，Hashtable 的同步会锁住整个数组，在高并发的情况下，性能会非常差，Java5 中引入 java.util.concurrent.ConcurrentHashMap 作为高吞吐量的线程安全 HashMap 实现，它采用了锁分离的技术允许多个修改操作并发进行。它们在多线程锁的使用方式如图 3-13 和图 3-14 所示。

ConcurrentHashMap 采用了更细粒度的锁来提高在高并发情况下的效率。ConcurrentHashMap 将 Hash 表默认分为 16 个桶（每一个桶可以被看作是一个 Hashtable），大部分操作都没有用到锁，而对应的 put、remove 等操作也只需要锁住当前线程需要用到的桶，而不需要锁住整个数据。采用这种设

计方式以后，在高并发的情况下，同时可以有 16 个线程来访问数据。显然，大大提高了并发性。

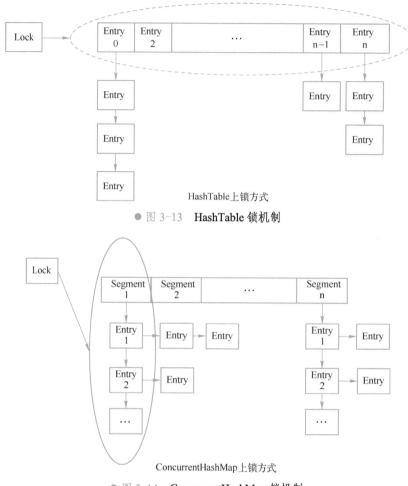

HashTable上锁方式

● 图 3-13　HashTable 锁机制

ConcurrentHashMap上锁方式

● 图 3-14　ConcurrentHashMap 锁机制

只有个别方法（例如：size()方法和 containsValue()方法）可能需要锁定整个表而不仅仅是某个桶，在实现的时候，需要"按顺序"锁定所有桶，操作完毕后，又"按顺序"释放所有桶，"按顺序"的好处是能防止死锁的发生。

假设一个线程在读取数据的时候，另外一个线程在 Hash 链的中间添加或删除元素或者修改某一个结点的值，此时必定会读取到不一致的数据。那么如何才能实现在读取的时候不加锁却又不会读取到不一致的数据呢？ConcurrentHashMap 使用不变量的方式实现，它通过把 Hash 链中的结点 HashEntry 设计成几乎不可变的方式来实现，HashEntry 的定义如下所示：

```
static final class HashEntry<K,V>
{
    final K key;
    final int hash;
    volatile V value;
    final HashEntry<K,V> next;
}
```

从以上这个定义可以看出，除了变量 value 以外，其他变量都被定义为 final 类型。因此，增加结点（put 方法）的操作只能在 Hash 链的头部增加。对于删除操作，则无法直接从 Hash 链的中间删除结点，因为 next 也被定义为不可变量。因此，remove 操作的实现方式如下所示：把需要删除的结点前面所有的结点都复制一遍，然后把复制后的 Hash 链的最后一个结点指向待删除结点的后继结点，由此可以看出，ConcurrentHashMap 删除操作是比较耗时的。此外，使用 volatile 修饰 value 的方式使这个值被修改后对所有线程都可见（编译器不会进行优化），采用这种方式的好处如下所示：一方面，避免了加锁；另一方面，如果把 value 也设计为不可变量（用 final 修饰），那么每次修改 value 的操作都必须删除已有结点，然后插入新的结点，显然，此时的效率会非常低下。

　　由于 volatile 只能保证变量所有的写操作都能立即反映到其他线程之中，也就是说 volatile 变量在各个线程中是一致的，但是由于 volatile 不能保证操作的原子性，因此它不是线程安全的。如下例所示：

```java
import java.util.concurrent.ConcurrentHashMap;
import java.util.concurrent.ExecutorService;
import java.util.concurrent.Executors;
import java.util.concurrent.TimeUnit;

class TestTask implements Runnable
{
    private ConcurrentHashMap<Integer, Integer> map;
    public TestTask(ConcurrentHashMap<Integer, Integer> map)
    {
        this.map = map;
    }

    @Override
    public void run()
    {
        for (int i = 0; i < 100; i++)
        {
            map.put(1, map.get(1) + 1);
        }
    }
}

public class Test
{
    public static void main(String[] args)
    {
        int threadNumber=1;
        System.out.println("单线程运行结果：");
        for (int i = 0; i < 5; i++)
        {
            System.out.println("第"+(i+1)+"次运行结果："+testAdd(threadNumber));
        }
        threadNumber=5;
        System.out.println("多线程运行结果：");
        for (int i = 0; i < 5; i++)
        {
            System.out.println("第"+(i+1)+"次运行结果："+testAdd(5));
        }
    }

    private static int testAdd(int threadNumber)
    {
        ConcurrentHashMap<Integer, Integer> map = new ConcurrentHashMap<Integer, Integer>();
        map.put(1, 0);
        ExecutorService pool = Executors.newCachedThreadPool();
        for (int i = 0; i < threadNumber; i++)
        {
            pool.execute(new TestTask(map));
        }
        pool.shutdown();
        try
        {
            pool.awaitTermination(20, TimeUnit.SECONDS);
        }
        catch (InterruptedException e)
        {
```

```
                        e.printStackTrace();
                    }
                    return map.get(1);
                }
            }
```

程序的运行结果如下。

```
单线程运行结果:
第 1 次运行结果: 100
第 2 次运行结果: 100
第 3 次运行结果: 100
第 4 次运行结果: 100
第 5 次运行结果: 100
多线程运行结果:
第 1 次运行结果: 500
第 2 次运行结果: 472
第 3 次运行结果: 500
第 4 次运行结果: 429
第 5 次运行结果: 433
```

从上述运行结果可以看出，单线程运行的时候 map.put(1, map.get(1) + 1);会被执行 100 次，因此运行结果是 100。当使用多线程运行的时候，在上述代码中使用了 5 个线程，也就是说 map.put(1, map.get(1) + 1);会被调用 500 次，如果这个容器是多线程安全的，那么运行结果应该是 500，但是实际的运行结果并不都是 500。说明在 ConcurrentHashMap 在某种情况下还是线程不安全的，这个例子中导致线程不安全的主要原因为：

map.put(1, map.get(1) + 1);不是一个原子操作，而是包含了下面三个操作：

1）map.get(1); 这一步是原子操作，由 CocurrentHashMap 来保证线程安全；

2）+1 操作；

3）map.put 操作。这一步也是原子操作，由 CocurrentHashMap 来保证线程安全。

假设 map 中的值为<1,5>。线程 1 在执行 map.put(1, map.get(1) + 1)的时候首先通过 get 操作读取到 map 中的值为 5，此时线程 2 也在执行 map.put(1, map.get(1) + 1)，从 map 中读取到的值也是 5，接着线程 1 执行+1 操作，然后把运算结果通过 put 操作放入 map 中，此时 map 中的值为<1,6>；接着线程 2 执行+1 操作，然后把运算结果通过 put 操作放入 map 中，此时 map 中的值还是<1,6>。由此可以看出，两个线程分别执行了一次 map.put(1, map.get(1) + 1)，map 中的值却值增加了 1。

因此在访问 ConcurrentHashMap 中 value 的时候，为了保证多线程安全，最好使用一些原子操作。如果要使用类似 map.put(1, map.get(1) + 1)的非原子操作，那么需要通过加锁来实现多线程安全。

在上例中，为了保证多线程安全，可以把 run 方法改为：

```
public void run()
{
    for (int i = 0; i < 100; i++)
    {
        synchronized(map)
        {
            map.put(1, map.get(1) + 1);
        }
    }
}
```

3.4　Set

Set 是一个接口，这个接口约定了在其中的数据是不能重复的，它有许多不同的实现类，图 3-15 给出了常用的 Set 的实现类。

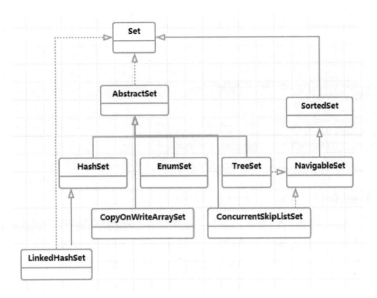

● 图 3-15　Set 类图

这一节重点介绍其中的三个：HashSet、LinkedHashSet 和 TreeSet。

↗3.4.1　**HashSet**

在介绍 HashSet 之前，首先需要理解 HashSet 的两个重要的特性：

1）HashSet 中不会有重复的元素；

2）HashSet 中最多只允许有一个 null。

显然 HashMap 也有着相同的特性：HashMap 的 key 不能有重复的元素，key 最多也只能有一个 null。正因为如此，HashSet 内部是通过 HashMap 来实现的。只不过对于 HashMap 来说，每个 key 可以有自己的 value；而在 HashSet 中，由于只关心 key 的值，因此所有的 key 都会使用相同的 value（PRESENT）。由于 PRESENT 被定义为 static，因此会被所有的对象共享，这样的实现显然会节约空间。

需要注意的是：

1）HashSet 不是线程安全的，如果想使用线程安全的 Set，那么可以使用 CopyOnWriteArraySet、Collections.synchronizedSet(Set set)、ConcurrentSkipListSet 和 Collections.newSetFromMap(NewConcurrentHashMap)。

2）HashSet 不会维护数据插入的顺序，如果想维护插入顺序，那么可以使用 LinkedHashSet。

3）HashSet 也不会对数据进行排序，如果想对数据进行排序，那么可以使用 TreeSet。

HashSet 的使用示例代码如下：

```
Set<String> hashSet = new HashSet<>();
hashSet.add("dog");
hashSet.add("cat");
hashSet.add("bird");
hashSet.add("tiger");
System.out.println(hashSet);        //[cat, bird, tiger, dog]
```

从运行结果可以看出，HashSet 中的数据是无序的。

↗3.4.2　**LinkedHashSet**

LinkedHashSet 是 HashSet 的扩展，HashSet 并不维护数据的顺序，而 LinkedHashSet 维护了数

据插入的顺序。HashSet 在内部是使用 HashMap 来实现的，而 LinkedHashSet 内部通过 LinkedHashMap 来实现。

示例代码如下：

```
Set<String> linkedHashSet = new LinkedHashSet<>();
linkedHashSet.add("dog");
linkedHashSet.add("cat");
linkedHashSet.add("bird");
linkedHashSet.add("tiger");
System.out.println(linkedHashSet);      //[dog, cat, bird, tiger]
```

从运行结果可以看出 LinkedHashSet 维护了数据插入的顺序。

↗3.4.3　TreeSet

TreeSet 不仅有 HashSet 所有的特性，而且它还增加了一个排序的特性。也就是说 TreeSet 中的数据是有序的，它默认使用的是数据的自然顺序，当然在创建 TreeSet 的时候也可以指定 Comparator 来对数据进行排序。那么 TreeSet 底层是如何实现数据排序的，下面给出 TreeSet 内部实现的部分源码：

```
public class TreeSet<E>    extends AbstractSet<E>    implements NavigableSet<E>, Cloneable, java.io.Serializable
{
    private transient NavigableMap<E,Object> map;

    //定义一个虚拟的 Object 对象作为 Map 的 value
    private static final Object PRESENT = new Object();

    public TreeSet() {
        this(new TreeMap<E,Object>());
    }
    public boolean add(E e) {
        return map.put(e, PRESENT)==null;
    }
    //其他的方法
}
```

通过源码可以发现，它的实现与 HashMap 类似，底层使用 TreeMap 来存储数据，因此把数据有序功能的实现交给了 TreeMap。这里重点介绍一下 add 方法。对于 TreeMap 而言，它的返回值有两种情况：

1）如果新增加的 key 是唯一的，那么它会返回 null；

2）如果新增加的 key 在 TreeMap 中已经存在了，那么它会返回 key 对应的 value 值。

因此 TreeSet 的 add 方法正是通过这个返回值来判断新的数据是否被加入进去：如果 put 方法返回 null，那么说明数据被插入到 TreeSet 中了，此时 map.put(e, PRESENT)==null 的值为 true，因此 add 方法返回 true。否则返回 false 表示数据已经在 TreeSet 中了，不需要再次插入了。

对于其他的方法而言，它们的实现与 HashSet 类似，交给底层 TreeMap 来实现了。

示例代码如下：

```
Set<String> treeSet = new TreeSet<>();
treeSet.add("dog");
treeSet.add("cat");
treeSet.add("bird");
treeSet.add("tiger");
System.out.println(treeSet);      //[bird, cat, dog, tiger]
```

从运行结果可以看出，TreeMap 维护了数据的顺序。

3.5　BlockingQueue

在多线程环境中，经常会用到"生产者-消费者"模式，负责生产的线程要把数据交给负责消费的线程，那么，自然需要一个数据共享容器，由生产者存入，消费者取出。这个容器就像是一个仓库，生产出来的货物堆积在里面，需要消费的时候再搬运出来，这个时候，就需要队列（Queue）来实现该仓库，一般而言，该队列有两种存取方式：

先进先出（FIFO，First In First Out）：先插入的元素先取出，也就是按顺序排队；

后进先出（LIFO，Last In First Out）：后插入的元素先取出，这是个栈结构（Stack），强调的是优先处理最新的物件。

设想这样一个问题，如果生产的线程太积极，消费线程来不及处理，仓库满了，又或者消费线程太迅速，生产线程能跟不上消费，那么要如何处理？

这就是**生产者-消费者**模型(Producer-Consumer)所解决的问题了。这个模型又称为有界缓存模型，它主要包括了三个基本部分：

1）产品仓库：用于存放产品；

2）生产者：负责生产产品，并把生产出来的产品存入仓库；

3）消费者：消费仓库里的产品。

这个模型的特性在于：仓库里没有产品的时候，消费者没法继续消费产品，只能等待新的产品产生；当仓库装满之后，生产者没有办法存放产品，只能等待消费者消耗掉产品之后，才能继续存放。

该特性应用在多线程环境中，可以表达为：**生产者线程在仓库装满之后会被阻塞，消费者线程则是在仓库清空后阻塞。**

在 Java Concurrent 包发布之前，该模型需要程序员自己维护阻塞队列，但自己实现的队列往往会在性能和安全性上有所缺陷，Java Concurrent 包提供了 BlockingQueue 接口及其实现类来实现生产者-消费者模型。

java.util.concurrent.BlockingQueue 是一个阻塞队列接口。当 BlockingQueue 操作无法立即响应时，有四种处理方式：

1）抛出异常；

2）返回特定的值，根据操作不同，可能是 null 或者 false 中的一个；

3）无限期的阻塞当前线程，直到操作可以成功为止；

4）根据阻塞超时设置来进行阻塞；

BlockingQueue 的核心方法和未响应处理方式的对应形式见表 3-2。

表 3-2　BlockingQueue 的核心方法

方法	抛出异常	返回特定值	无限阻塞	超时
插入	add(e)	offer(e)	put(e)	offer(e, time, unit)
移除	remove()	poll()	take()	poll(time, unit)
查询	element()	peek()		

BlockingQueue 有很多实现类，图 3-16 给出了部分常用的实现类。

↗3.5.1　**ArrayBlockingQueue**

ArrayBlockingQueue 是基于数组实现的有界 BlockingQueue，该队列满足先入先出（FIFO）的特性。它是一个典型的"有界缓存"，由一个固定大小的数组保存元素，一旦创建好以后，容量就不能改变了。

当队列满时，存数据的操作会被阻塞；队列空时，取数据的操作会被阻塞。

除了数组以外，它还维护了两个 int 变量，分别对应队头和队尾的下标，队头存放的是入队最早的元素，而队尾则是入队最晚的元素。

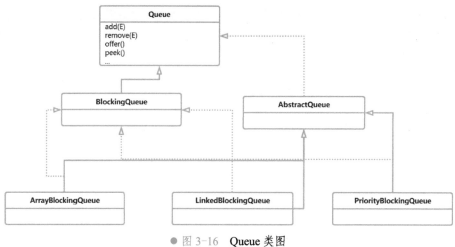

● 图 3-16　Queue 类图

下面给出一个使用 ArrayBlockingQueue 实现的生产者消费者模型的简单示例代码。

```java
import java.util.Random;
import java.util.concurrent.*;

/**
 * 生产者
 */
class Producer implements Runnable
{
    private BlockingQueue<String> bq;
    private int period = 1000;
    private Random r = new Random();
    private String name;

    Producer(BlockingQueue<String> bq, int period, String name)
    {
        this.bq = bq;
        this.period = period;
        this.name = name;
    }

    public void run()
    {
        try
        {
            while (true)
            {
                Thread.sleep(period);
                String product = String.valueOf(r.nextInt(100));
                //如果队列满了就等待
                bq.put(product);
                System.out.println("生产者["+this.name+"]生产"+product+",当前队列中产品为: "+bq);
            }
        }catch (Exception e)
        {
            e.printStackTrace();
        }
    }
}

/**
 * 消费者
 */
class Cusumer implements Runnable
{
    private BlockingQueue<String> bq;
    private int period = 1000;
```

```
        private String name;

        Cusumer(BlockingQueue<String> bq, int period, String name)
        {
            this.bq = bq;
            this.period = period;
            this.name = name;
        }

        public void run()
        {
            try
            {
                while (true)
                {
                    Thread.sleep(period);
                    String value = bq.take(); //获取队列头部元素，如果队列为空则阻塞
                    System.out.println("消费者["+ this.name+"]消费" + value + ",  当前队列中产品为: " + bq.toString());
                }
            }catch (InterruptedException e){
                e.printStackTrace();
            }
        }
    }

    public class Test
    {
        public static void main(String[] args)
        {
            BlockingQueue<String> abq = new ArrayBlockingQueue<String>(5);
            ExecutorService pool = Executors.newCachedThreadPool();
            pool.execute(new Producer(abq, 1000, "生产者"));
            pool.execute(new Cusumer(abq, 5000, "消费者 1"));
            pool.execute(new Cusumer(abq, 5000, "消费者 2"));
            pool.shutdown();
        }
    }
```

程序运行结果为：

```
生产者[生产者]生产 37,当前队列中产品为: [37]
生产者[生产者]生产 34,当前队列中产品为: [37, 34]
生产者[生产者]生产 65,当前队列中产品为: [37, 34, 65]
生产者[生产者]生产 75,当前队列中产品为: [37, 34, 65, 75]
消费者[消费者 2]消费 37, 当前队列中产品为: [34, 65, 75]
消费者[消费者 1]消费 34, 当前队列中产品为: [65, 75]
生产者[生产者]生产 9,当前队列中产品为: [65, 75, 9]
…
```

这段代码创建了一个生产者和两个消费者，生产者每隔 1s 中就会生产一件商品并放入到队列中，如果队列满了，那么生产者会一直等待，直到有消费者消费了商品后生产者才能把商品放入到队列中。而消费者则每隔 5s 消费一件。

↗3.5.2　LinkedBlockingQueue

链表阻塞队列，从命名可以看出它是基于链表实现的。同样这也是个先入先出队列(FIFO)，队头是队列里入队时间最长的元素，队尾则是入队时间最短的。理论上它的吞吐量要超出数组阻塞队列 ArrayBlockingQueue。LinkedBlockQueue 可以指定容量限制，在没有指定的情况下，默认为 Integer.MAX_VALUE。

与 ArrayBlockingQueue 相比，LinkedBlockingQueue 的重入锁被分成了两份，分别对应存值和取值。这种实现方法被称为双锁队列算法，这样做的好处在于，读写操作的 lock 操作是由两个锁来控制的，互不干涉，因此可以同时进行读操作和写操作，这也是 LinkedBlockingQueue 吞吐量超过 ArrayBlockingQueue 的主要原因。但是，使用两个锁要比一个锁复杂很多，需要考虑各种死锁的状况。

LinkedBlockQueue 的使用方式与 ArrayBlockingQueue 是相同的，示例代码如下：

```
BlockingQueue<String> abq = new LinkedBlockingQueue<String>(5);
ExecutorService pool = Executors.newCachedThreadPool();
pool.execute(new Producer(abq,1000, "生产者"));
pool.execute(new Cusumer(abq, 2000, "消费者"));
pool.shutdown();
```

↗3.5.3 PriorityBlockingQueue

优先级阻塞队列 PriorityBlockQueue 不是 FIFO（先入先出）队列，它要求使用者提供一个 Comparetor 比较器，或者队列内部元素实现 Comparable 接口，队头元素会是整个队列里的最小元素。

PriorityBlockQueue 是用数组实现的最小堆结构，利用的原理是：**在数组实现的完全二叉树中，根结点的下标为子结点下标除以 2。**

PriorityBlockQueue 是不定长的，会随着数据的增长逐步扩容，其最大容量为 Integer.MAX_VALUE - 8。如果容量超出这个值，那么会产生 OutOfMemoryError。

下面给出一个使用 PriorityBlockQueue 实现的"生产者–消费者"模型的代码，生产者会把生产的产品放入队列中，消费者会根据商品的优先级进行消费。

```
import java.util.Random;
import java.util.concurrent.*;

/**
 * 自定义在优先队列中使用的商品
 */
class PriorityProduct implements Comparable<PriorityProduct>
{
    private int priority;
    private String productName;
    PriorityProduct(int priority, String name)
    {
        this.priority = priority;
        this.productName = name;
    }

    /*
     * 自定义排序功能
     */
    public int compareTo(PriorityProduct o)
    {
        if(o == null) return -1;
        if(o == this) return 0;
        return o.priority - this.priority;
    }

    public String toString()
    {
        return "{priority: " + priority + ",name="+this.productName+"}";
    }
}

/**
 * 使用优先队列的生产者
 */
class MyPriorityBlockingQueuePro implements Runnable
{
    private PriorityBlockingQueue<PriorityProduct> pbq;
    private int period = 1000;
    private Random r = new Random();

    MyPriorityBlockingQueuePro(PriorityBlockingQueue<PriorityProduct> pbq, int period)
    {
        this.pbq = pbq;
```

```
                    this.period = period;
            }
            public void run()
            {
                try
                {
                    while (true)
                    {
                        Thread.sleep(period);
                        // 限制队列的大小
                        if(pbq.size() > 10){
                            continue;
                        }
                        PriorityProduct product = new PriorityProduct(r.nextInt(10),"testProduct");
                        pbq.offer(product);
                        System.out.println("生产产品: " + product + " 产品队列: " + pbq);
                    }
                }catch (Exception e){
                        e.printStackTrace();
                }
            }
}

/**
 * 优先队列消费者
 */
class MyPriorityBlockingQueueCus implements Runnable
{
    private PriorityBlockingQueue<PriorityProduct> pbq;
    private int period = 1000;

    MyPriorityBlockingQueueCus(PriorityBlockingQueue<PriorityProduct> pbq, int period)
    {
        this.pbq = pbq;
        this.period = period;
    }
    public void run()
    {
        try
        {
            while (true)
            {
                Thread.sleep(period);
                PriorityProduct product = pbq.take();
                System.out.println("消费产品: remove---" + product+",  产品队列: "+pbq);
            }
        }catch (Exception e){
                e.printStackTrace();
        }
    }
}

public class Test
{
    public static void main(String[] args)
    {
        PriorityBlockingQueue<PriorityProduct> pbq = new PriorityBlockingQueue<PriorityProduct>();
        ExecutorService es = Executors.newFixedThreadPool(2);
        es.execute(new MyPriorityBlockingQueuePro(pbq, 1000));
        es.execute(new MyPriorityBlockingQueueCus(pbq, 10000));
        es.shutdown();
    }
}
```

这个示例使用了一个生产者和消费者，也可以根据需求修改为多个生产者和消费者。

运行结果为：

```
生产产品: {priority: 9,name=testProduct} 产品队列: [{priority: 9,name=testProduct}]
```

生产产品: {priority: 2,name=testProduct} 产品队列: [{priority: 9,name=testProduct}, {priority: 2,name=testProduct}]

生产产品: {priority: 5,name=testProduct} 产品队列: [{priority: 9,name=testProduct}, {priority: 2,name=testProduct}, {priority: 5,name=testProduct}]

生产产品: {priority: 4,name=testProduct} 产品队列: [{priority: 9,name=testProduct}, {priority: 4,name=testProduct}, {priority: 5,name=testProduct}, {priority: 2,name=testProduct}]

…

↗3.5.4 ConcurrentLinkedQueue

ConcurrentLinkedQueue 是一种非阻塞的线程安全队列，与阻塞队列 LinkedBlockingQueue 相对应。在之前的章节里有过介绍，LinkedBlockingQueue 使用两个 ReentrantLock 分别控制入队和出队以达到线程安全。

ConcurrentLinkedQueue 同样也是使用链表实现的 FIFO 队列，但不同的是，它没有使用任何锁的机制，而是用 CAS 来实现的线程安全。下面以 offer 方法为例来介绍 ConcurrentLinkedQueue 是如何使用 CAS 实现的。

它是个单向链表，每个结点有一个当前结点的元素和下一个结点的指针，结点的定义如下

```
Node<E>
{
    volatile E item;
    volatile Node<E> next;
}
```

它采用先进先出的规则对结点进行排序，当添加一个元素的时候，它会添加到队列的尾部（tail），当获取一个元素时，它会返回队列头部(head)的元素。tail 结点和 head 结点方便快速定位最后一个和第一个元素。

下面给出一个 Node 类中实现了 CAS 的方法：

```
/**
 * 比较并交换后继结点，判断 next 和 cmp 是否一致，如果一致，那么设置 next 为 val，返回 true
 * 如果不一致，那么返回 false
 */
boolean casNext(Node<E> cmp, Node<E> val)
{
    return UNSAFE.compareAndSwapObject(this, nextOffset, cmp, val);
}

/**
 * 比较并交换尾结点，判断 tail 和 cmp 是否一致，如果一致，那么设置 tail 为 val，返回 true
 * 如果不一致，那么返回 false
 */
private boolean casTail(Node<E> cmp, Node<E> val)
{
    return UNSAFE.compareAndSwapObject(this, tailOffset, cmp, val);
}
```

offer 方法的实现如下：

```
public boolean offer(E e)
{
    checkNotNull(e);
    final Node<E> newNode = new Node<E>(e);

    for (Node<E> t = tail, p = t;;)
    {
        Node<E> q = p.next;
        if (q == null)
        {
            /*
             * p.next 为 null 说明 p 为最后一个结点,调用 casNext, 如果 p 依然是最后一个结点,
             * 那么设置 newNode 为 p 的 next 结点, newNode 也就是新的尾结点
             */
            if (p.casNext(null, newNode))
```

```
                    {
                        // p 不为 tail 时，设置 tail 结点为 newNode
                        if (p != t)
                            casTail(t, newNode);
                        return true;
                    }
                }
                else if (p == q)
                    // p 等于 q 是个特殊情况，说明该链表发生了闭合，如果 t 依然还是 tail，那么需要重新从 head 寻找尾结点
                    p = (t != (t = tail)) ? t : head;
                else
                    // 根据 p 结点的状态是否被其他线程改变，来决定 p 重新指向 tail 结点或 next 结点
                    p = (p != t && t != (t = tail)) ? t : q;
            }
        }
```

　　ConncurrentLinkedQueue 的同步非阻塞算法使用循环+CAS 来实现，这一类的源码阅读不能按照线性代码执行的思维去考虑，而是应该用类似于状态机的思路去理解。

　　只有把握以下原则，才能理解这种类型代码的编程思路：

　　1）在确认达到执行目的前，循环不会终止；

　　2）非线程安全的全局变量要用局部变量引用以保证初始状态；

　　3）由于全局变量可能被其他线程修改，在使用对应局部变量时，要验证是否合法；

　　4）最终赋值要用 CAS 方法以保证原子性，避免线程发生不期望的修改。

　　理解了上面的思路后，来具体分析 offer 方法的循环体的实现原理。

　　变量含义：

　　1）p 结点的期望值为最后一个结点；

　　2）newNode 是新结点，期望添加到 p 结点之后；

　　3）q 结点为 p 结点的后继结点，可能为 null，也可能因为多线程修改而不为空（指向新的结点）；

　　4）t 结点为代码执行开始时的 tail 结点（成员变量），也可能因为多线程修改了 tail 结点，从而和 tail 结点不一致；

　　执行目的：

　　1）newNode 作为新结点，需要插入到最后一个结点的 next 位置，如果它成为最后一个结点，那么把它设置为尾结点；

　　2）需要注意的是，多线程环境下，在多个插入同时进行时，不保证结点顺序与执行顺序的一致性，当然，这不影响执行成功。

　　状态解析：

　　1）该插入算法，是以 p 结点的状态判断为核心的；

　　2）当 p 结点的下一个结点为 null 时，说明没有后继结点，此时执行 p.casNext(null,newNode)，如果失败，那么说明其他线程在之前的瞬间修改了 p.next，此时就需要从头开始再找一次尾结点；如果成功，则执行目的达到，循环体可以结束了；

　　3）当 p 结点和 q 结点相等，这时链表发生了闭合(off)，这是一个特殊情况，产生的原因有多种，但本质上是因为保证效率导致的意外情况，tail 作为尾结点的引用可以在 O(1) 的时间复杂度内可以找到。但是，tail 是可变的，所以其 next 可能指向它自身（比如重新设置 casTail 代码可能还没执行）。所以，如果 t 不是 tail，那么使用 tail 重新计算，如果依然是 tail，那么需要重置 p 为 head，从头开始遍历链表，虽然复杂度为 O(n)，但是能保证以正确的方式找到队尾；

　　4）如果以上情况都不满足，那么判断 p 是否还是队尾，如果不是则设置为队尾，否则 p 重新指向 p.next，这里可能会产生疑惑，队尾 tail 结点的 next 不应该是 null 吗？

　　其实 tail 只是一个优化算法，不代表真正的队尾，它有三种状态：

1）初始化时，它是 head；

2）奇数次插入时，它是队尾；

3）偶数次插入时，它是队尾的前一个结点；

由此可知，p == q 一定发生在 q!=null 的时候。

4）这里需要特别注意下面代码：

```
if (p != t)
    casTail(t, newNode);
```

在 q==null 的时候，说明 p 应当为最后一个结点，如果 p !=t ，那么说明 tail 并不是尾结点，而是尾结点的前驱结点，此时需要重新设置 tail 为 newNode，之后，tail 会指向真正的尾结点。正是这句代码导致了奇数次插入时 tail 是队尾，偶数次是队尾的前一个结点。

↗3.5.5　DelayQueue

DelayQueue 是一种延迟队列，它所管理的对象必须实现 java.util.concurrent.Delayed 接口，该接口提供了一个 getDelay 方法，用于获取剩余的延迟时间，同时该接口继承自 Comparable，其 compareTo 的实现体一般用于比较延迟时间的大小。

DelayQueue 是阻塞的优先级队列。其线程安全由重入锁 ReentrantLock 实现，而优先级特性则完全由内部组合的 PriorityQueue 来提供。

PriorityQueue 内部使用“最小堆”实现的。下面给出一个 DelayQueue 的使用示例代码：

```java
import java.util.Random;
import java.util.concurrent.*;

/**
 * 延迟队列中存放的元素
 */
class MyDelayItem implements Delayed
{
    private long liveTime;
    private long leaveTime;

    MyDelayItem(long liveTime)
    {
        this.liveTime = liveTime;
        this.leaveTime = System.currentTimeMillis() + TimeUnit.MILLISECONDS.convert(liveTime, TimeUnit.MILLISECONDS) ;
    }

    public long getDelay(TimeUnit unit)
    {
        return unit.convert(leaveTime - System.currentTimeMillis(), unit);
    }

    /*
     * 用来决定出队列的优先顺序
     */
    public int compareTo(Delayed o)
    {
        if(o == null) return -1;
        if(o == this) return 0;
        long diff = getDelay(TimeUnit.MILLISECONDS) - o.getDelay(TimeUnit.MILLISECONDS);
        return diff > 0 ? 1 : diff == 0 ? 0 : -1;
    }

    public String toString()
    {
        return "{存活时间: " + String.valueOf(liveTime) + ", 出队列时间: " + String.valueOf(leaveTime) + "}";
    }
}
```

```
/**
 * 延迟队列测试生产者
 */
class MyDelayPro implements Runnable
{
    private DelayQueue<MyDelayItem> dq;
    private Random r = new Random();
    private int size; // 队列的大小，为了避免生产速度太快导致队列中有太多产品

    MyDelayPro(DelayQueue<MyDelayItem> dq, int size)
    {
        this.dq = dq;
        this.size = size;
    }

    public void run()
    {
        try
        {
            while (true)
            {
                Thread.sleep(1000);
                if(dq.size() >= size)
                {
                    System.out.println("队列以慢，生产者暂停生产");
                    continue;
                }
                MyDelayItem di = new MyDelayItem(r.nextInt(10));
                dq.offer(di);
                System.out.println("生产者把产品加入队列：" + di.toString() + " size: " + dq.size());
                System.out.println();
            }
        }
        catch (InterruptedException e)
        {
            e.printStackTrace();
        }
    }
}

/**
 * 延迟队列测试消费者
 */
class MyDelayCus implements Runnable
{
    private DelayQueue<MyDelayItem> dq;

    MyDelayCus(DelayQueue<MyDelayItem> dq)
    {
        this.dq = dq;
    }

    public void run()
    {
        try
        {
            while (true)
            {
                Thread.sleep(2000);
                MyDelayItem di = dq.take();
                System.out.println("消费者消费产品：" + di.toString());
                System.out.println("产品队列信息：" + dq.toString());
                System.out.println();
            }
        }
        catch (InterruptedException e)
        {
            e.printStackTrace();
        }
```

```
        }
    }

    public class Test
    {
        public static void main(String[] args)
        {
                try
                {
                DelayQueue<MyDelayItem> dq = new DelayQueue<MyDelayItem>();
                ExecutorService es = Executors.newFixedThreadPool(5);
                es.execute(new MyDelayPro(dq,6));
                es.execute(new MyDelayCus(dq));
                es.shutdown();
                        } catch (Exception e)
                {
                                e.printStackTrace();
                }
        }
    }
```

运行结果为：

> 生产者把产品加入队列：{存活时间: 4, 出队列时间: 1573459589571} size: 1
>
> 消费者消费产品：{存活时间: 4, 出队列时间: 1573459589571}
> 产品队列信息：[]
>
> 生产者把产品加入队列：{存活时间: 2, 出队列时间: 1573459590575} size: 1
>
> 生产者把产品加入队列：{存活时间: 6, 出队列时间: 1573459591584} size: 2
>
> 消费者消费产品：{存活时间: 2, 出队列时间: 1573459590575}
> 产品队列信息：[{存活时间: 6, 出队列时间: 1573459591584}]
>
> 生产者把产品加入队列：{存活时间: 7, 出队列时间: 1573459592585} size: 2
> …

3.6　Collection 和 Collections 的区别

Collection 是一个集合接口。它提供了对集合对象进行基本操作的通用接口方法。实现该接口的类主要有 List 和 Set，该接口的设计目标是为各种具体的集合提供最大化的统一的操作方式。

Collections 是针对集合类的一个包装类，它提供一系列静态方法实现对各种集合的搜索、排序、线程安全化等操作，其中的大多数方法都是用来处理线性表。Collections 类不能实例化，如同一个工具类，服务于 Collection 框架。如果在使用 Collections 类的方法的时候，对应的 collection 的对象 null，则这些方法都会抛出 NullPointerException。

下例为 Collections 使用的例子。

```
import java.util.*;

public class Test
{
    public static void main(String args[])
    {
            List<Integer> list = new LinkedList<Integer>();
            int array[] = { 1, 7, 3, 2};
            for (int i = 0; i < array.length; i++) {
                    list.add(Integer.valueOf(array[i]));
            }
            Collections.sort(list);
            for (int i = 0; i < array.length; i++)
```

```
                {
                        System.out.println(list.get(i));
                }
        }
}
```

程序运行结果为：

```
1
2
3
7
```

 3.7 迭代器

迭代器是一个对象，它的工作是遍历并选择序列中的对象，它提供了一种访问一个容器（container）对象中各个元素，而又不需暴露该对象内部细节的方法。通过迭代器，开发人员不需要了解容器底层的结构，就可以实现对容器的遍历。由于创建迭代器的代价小，因此迭代器通常被称为轻量级的容器。

迭代器的使用主要有以下几个方面的注意事项：

1）使用容器的 iterator()方法返回一个 Iterator，然后通过 Iterator 的 next()方法返回第一个元素。

2）使用 Iterator 的 hasNext()方法判断容器是否还有元素，如果有，可以使用 next()方法获取下一个元素。

3）可以通过 remove()方法删除迭代器返回的元素。

4）Iterator 支持派生的兄弟成员。ListIterator 只存在于 List 中，支持在迭代期间向 List 中添加或删除元素，并且可以在 List 中双向滚动。

Iterator 的使用方法如下例所示：

```java
import java.util.*;
public class IteratorTest
{
        public static void main(String[] args)
        {
                List<String> ll = new LinkedList<String>();
                ll.add("first");
                ll.add("second");
                ll.add("third");
                ll.add("fourth");
                for (Iterator<String> iter = ll.iterator(); iter.hasNext();)
                {
                        String str = (String)iter.next();
                        System.out.println(str);
                }
        }
}
```

程序的运行结果为：

```
first
second
third
fourth
```

在使用 iterator 的时候经常会遇到 ConcurrentModificationException 异常，这通常是由于在使用 Iterator 遍历容器的同时又对容器作增加或删除操作所导致的，或者由于多线程操作导致。下例主要介绍单线程抛出 ConcurrentModificationException 的情况：

```java
import java.util.*;
```

```
public class IteratorTest
{
    public static void main(String[] args)
    {
        List<String> ll = new LinkedList<String>();
        ll.add("first");
        ll.add("second");
        ll.add("third");
        ll.add("fourth");
        for (Iterator<String> iter = ll.iterator(); iter.hasNext();)
        {
            String str = (String)iter.next();
            System.out.println(str);
            if(str.equals("second"))
                ll.add("five");
        }
    }
}
```

程序的运行结果为：

```
first
second
Exception in thread "main" Java.util.ConcurrentModificationException
    at Java.util.LinkedList$ListItr.checkForComodification(Unknown Source)
    at Java.util.LinkedList$ListItr.next(Unknown Source)
    at IteratorTest.main(IteratorTest.Java:11)
```

抛出上述异常的主要原因是当调用容器的 Iterator()方法返回 Iterator 对象的时候，把容器中包含对象的个数赋值给了一个变量 expectedModCount，在调用 next()方法的时候会比较变量 expectedModCount 与容器中实际对象的个数 modCount 的值是否相等，如果二者不相等，则会抛出 ConcurrentModificationException 异常，因此在使用 Iterator 遍历容器的过程中，如果对容器进行增加或删除操作，就会改变容器中对象的数量，因此会导致抛出异常。解决方法为：在遍历的过程中把需要删除的对象保存到一个集合中，等遍历结束后再调用 removeAll 方法来删除，或者使用 iter.remove 方法。

以上主要介绍了单线程的解决方案，那么多线程访问容器的过程中抛出 ConcurrentModification-Exception 异常又该怎么解决呢？

1）在 JDK1.5 版本引入了线程安全的容器，比如 ConcurrentHashMap 和 CopyOnWriteArrayList 等。可以使用这些线程安全的容器来代替非线程安全的容器；

2）在使用迭代器遍历容器的时候对容器的操作放到 synchronized 代码块中，但是当引用程序并发程度比较高的时候，这会严重影响程序的性能。

引申：Iterator 与 ListIterator 有什么区别？

Iterator 只能正向遍历集合，适用于获取移除元素。ListIterator 继承自 Iterator，专门针对 List，可以从两个方向来遍历 List，同时支持元素的修改。

 ## 3.8　并行数组

Java8 增加了对数组并行处理的方法（parallelXxx），下面以排序为例介绍其用法。

```
import java.util.Arrays;
public class Test
{
    public static void main( String[] args )
    {
        int[] arr = {1,5,8,3,19,40,6};
        Arrays.parallelSort( arr );
        Arrays.stream( arr ).forEach(i -> System.out.print( i + " " ) );
```

```
                System.out.println();
        }
    }
```

程序运行结果为：

```
1 3 5 6 8 19 40
```

parallelSort 可以并行地对数组进行排序（用多个线程分别对多个子数组排序）。在数据量比较小的时候，这个方法的优势不是很明显，但是当数据量很大的时候，这个方法能显著提高执行效率。

 ## 3.9　常见面试笔试真题

（1）若线性表最常用的操作是存取第 i 个元素及其前趋的值，则采用（　　）存储方式节省时间。

A．单链表　　　　　B．双链表　　　　　C．单循环链表　　　　　D．顺序表

答案：D。顺序适合在随机访问的场合使用，访问时间复杂度为 O(1)，而链表的随机访问操作的时间复杂度为 O(n)。

（2）对于 import java.util 包，以下哪种说法是错误的？

A．Vector 类属于 java.util 包　　　　　　B．Vector 类放在… / java/util/目录下

C．Vector 类放在 java.util 文件中　　　　D．Vector 类是 Sun 公司的产品

答案：C。java.util 是包名，实质上是一个目录结构。

（3）如何实现一个 LinkedList？

答案：这是面试官非常喜欢问的问题，主要考查对 LinkedList 以及与之相关的数据结构的理解。为了解答这道题，就需要了解 LinkedList 底层是使用双向链表实现的，同时也需要掌握双向链表最基本的添加结点与删除结点的操作。为了能解答这道题，需要掌握链表的几个知识点：

1）链表的每个结点有三个数据域：指向前驱结点的引用（previous）、结点存储的数据（element）、指向后继结点（next）的引用。

2）向链表中插入新的结点时需要调整新结点的 previous 与 next 的指向，同时还要调整新添加结点的前驱结点的 next 的指向以及其后继结点的 previous 的指向。当链表为空的时候要特殊考虑。

3）当删除一个结点时，需要调整让它的前驱结点的 next 指向它的后继结点，让它的后继结点的 previous 指向它的前驱结点。当删除的结点是首结点或尾结点的时候需要特殊考虑。

双向链表核心的操作就是添加元素与删除元素。不同的程序员可能会给出不同的实现，下面给出一个实现的实例代码：

```
/*
 * 双向链表的结点
 */
class Node<E>
{
    Node<E> previous; //用来指向前驱结点
    E element;
    Node<E> next;       //指向后继结点

    public Node() {}

    public Node(Node<E> previous, E element, Node<E> next)
    {
        this.previous = previous;
        this.element = element;
        this.next = next;
    }
}
```

```
class MyLinkedList<E>
{
        private Node<E> first;  // 链表头结点
        private Node<E> last;   // 链表尾结点
        private int size;       // 链表长度

        /*
         * 向链表添加数据
         */
        public void add(E e)
        {
                Node<E> n = new Node<E>(null, e, null);
                /* 如果链表为空，这是添加的第一个结点 */
                if (first == null)
                {
                        first = n;
                        last = n;
                }
                else
                {
                        /* 把结点添加到 last 结点后面 */
                        n.previous = last;
                        last.next = n;
                        /* 新添加的结点变成了链表的组后一个结点 */
                        last = n;
                }
                size++;
        }

        /*
         * 获取链表的大小
         */
        public int size()
        {
                return size;
        }

        /*
         * 获取链表中第 index 个元素（下标从 0 开始）
         */
        public E get(int index)
        {
                Node<E> temp = find(index);
                return temp==null? null: temp.element;
        }

        private Node<E> find(int index)
        {
                Node<E> temp = null;
                if (first != null)
                {
                        temp = first;
                        for (int i = 0; i < index && temp != null; i++)
                        {
                                temp = temp.next;
                        }
                }
                /* 根据需求可以打印错误信息或者抛出异常 */
                if (temp == null)
                {
                        System.out.println("Invalid index");
                }
                return temp;
        }

        public void remove(int index)
        {
                Node<E> temp = find(index);
```

```
        if (temp != null)
        {
                Node<E> pre = temp.previous;
                Node<E> next = temp.next;

                /*
                 * 当被删除的结点没有前驱结点时，删除后，被删除结点的
                 * 后继结点就变成了链表的首结点
                 */
                if (pre == null)
                {
                        first = next;
                }
                else
                {
                        pre.next = next;
                }

                /*
                 * 当被删除的结点没有后继结点时，删除后，被删除结点的
                 * 前驱结点就变成了链表的最后一个结点
                 */
                if (next == null)
                {
                        last = pre;
                }
                else
                {
                        next.previous = pre;
                }
                size--;
        }

}

public void add(int index, E e)
{
        Node<E> temp = find(index);

        Node<E> newNode = new Node<E>();
        newNode.element = e;

        if (temp != null)
        {
                Node<E> pre = temp.previous;
                pre.next = newNode;
                newNode.previous = pre;

                newNode.next = temp;
                temp.previous = newNode;

                size++;
        }
}

public String toString()
{
        StringBuilder sb = new StringBuilder("[");
        Node<E> p = first;
        if (p != null)
        {
                sb.append(p.element);
                p = p.next;
        }

        while ( p != null)
        {
                sb.append(", "+p.element);
                p = p.next;
```

```
            }
            sb.append("]");
            return sb.toString();
        }
    }

    public class Test
    {
        public static void main(String[] args)
        {
                MyLinkedList<Integer> list = new MyLinkedList<Integer>();
                list.add(1);
                list.add(2);
                list.add(3);
                System.out.println(list);
                list.remove(1);
                System.out.println(list);
        }
    }
```

程序员运行结果为：

```
    [1, 2, 3]
    [1, 3]
```

（4）Java 8 中，执行以下程序后，该 list 进行了几次扩容？

```
    import java.util.ArrayList;
    import java.util.List;
    public class Test
    {
        public static void main(String[] args)
        {
                List<String> list = new ArrayList<>();
                for(int i=0;i<100;i++)
                {
                        list.add("a");
                }
        }
    }
```

A. 4　　　　　　　　B. 5　　　　　　　　C. 6　　　　　　　　D. 7

答案：C。

在没指定容量的情况下，ArrayList 的初始容量为 10，每次扩容的时候都会扩容为原来的 1.5 倍。扩容方法中用来计算新容量的代码为：

```
    int newCapacity = oldCapacity + (oldCapacity >> 1);
```

对于这道题而言，初始化容量为 10，接着会扩展到 15、22、33、49、73、109。因此总过扩容 6 次。

（5）如何实现一个 ArrayList？

在面试的时候，面试官非常喜欢让面试者自己动手实现一个 ArrayList，一方面可以考查对 ArrayList 原理的理解，另一方面还可以考查实践能力。ArrayList 内部使用数组来实现的，在具体实现的时候需要考虑异常处理以及扩容。下面给出一个实现的示例代码：

```
    class MyArrayList
    {
        /*
         * 用于存储数据,使用 transient 是不希望序列号这个属性，实际的序列化是通过
         * writeObject 方法来完成的，有兴趣的读者可以去查看源码的实现
         */
        private transient Object[] data = null;
        //集合中元素的个数
        private int size = 0;
```

```
//用来定义 List 的容量
private static final int DEFAULT_CAPACITY = 10;

/***
 * 有参构造函数
 * 指定数组的大小
 * @param length
 */
public MyArrayList(int capability)
{
    if(capability < 0)
    {
        throw new IllegalArgumentException("非法的集合初始容量值  Illegal Capacity: "+capability);
    }
    else
    {
        //实例化数组
        this.data = new Object[capability];
    }
}


public MyArrayList()
{
    this(DEFAULT_CAPACITY);
}


/***
 * 对数组就行扩容
 *1. 复制原数组，并扩容一倍
 *2. 复制原数组，并扩容一倍，并在指定位置插入对象
 * @param index
 * @param obj
 */
public void checkIncrease(int index,Object obj)
{
    if(size >= data.length)
    {
        //实例化一个新数组
        Object[] newData = new Object[size*2];

        if(index == -1 && obj == null)
        {
            System.arraycopy(data, 0, newData, 0, size);
        }
        else
        {
            //复制将要插入索引位置前面的对象
            System.arraycopy(data, index, newData, index+1, size-index);
        }

        //将 newData 数组赋值给 data 数组
        data = newData;
        newData = null;
    }
}

/***
 * 获取数组的大小
 */
public int getSize()
{
    return this.size;
}

/***
 * 根据元素获得在集合中的索引
 */
public int indexOf(Object o)
```

```
{
    if (o == null)
    {
        for (int i = 0; i < this.size; i++)
            if (data[i]==null)
                return i;
    }
    else
    {
        for (int i = 0; i < this.size; i++)
            if (o.equals(data[i]))
                return i;
    }
    return -1;
}

/***
 * 在尾部添加元素
 */
public boolean add(Object obj)
{
        //在插入操作前首先需要检查是否需要扩容
    checkIncrease(-1, null);
    data[size++] = obj;
    return true;
}

/**
 * 判断给定索引是否越界
 * @param index
 * @return
 */
public boolean checkIndexOut(int index)
{
    if(index > size || index < 0){
        throw new IndexOutOfBoundsException("指定的索引越界，集合大小为:"+size+",您指定的索引大小
为:"+index);
    }
    return true;
}

public boolean add(int index,Object obj)
{
    //如果给定索引长度刚好等于原数组长度，那么直接在尾部添加进去
    if(index == size)
    {
        add(obj);
    }
    //checkIndexOut()如果不抛异常，默认 index <=size,且 index > 0
    else if(checkIndexOut(index))
    {
        if(size < data.length)
        {
            System.arraycopy(data, index, data, index+1, size-index);
            data[index] = obj;
        }
        else
        {
            //需要扩容
            checkIncrease(index, obj);
        }
        size++;
    }
    return true;
}

/***
 * 根据索引获得元素
 * @param index
```

```
     * @return
     */
    public Object get(int index)
    {
        checkIndexOut(index);
        return data[index];
    }

    /***
     * 删除所有元素
     */
    public void removeAll()
    {
        for(int i = 0 ; i < this.size ; i++)
        {
            data[i] = null;
        }
    }

    /***
     * 根据索引删除元素
     * @param index
     * @return
     */
    public Object remove(int index)
    {
        if(index == size+1)
        {
            throw new IndexOutOfBoundsException("指定的索引越界，集合大小为:"+size+",您指定的索引大小
为:"+index);
        }
        else if(checkIndexOut(index))
        {
            //保存对象
            Object obj = data[index];
            if(index == size)
            {
                data[index] = null;
            }
            else
            {
                //将后边的数组向前移动一位
                System.arraycopy(data, index+1, data, index, size-index);
            }
            size--;
            return obj;
        }
        return null;
    }

    /***
     * 删除指定的元素，删除成功返回 true，失败返回 false
     * @param obj
     * @return
     */
    public boolean remove(Object obj)
    {
        for(int i = 0 ; i < this.size ; i++)
        {
            if(obj.equals(data[i]))
            {
                remove(i);
                return true;
            }
        }
        return false;
    }

    /***
```

```
 *  查看集合中是否包含某个元素，如果有，返回 true，没有返回 false
 * @param obj
 * @return
 */
public boolean contain(Object obj)
{
    for(int i = 0 ; i < this.size ; i++)
    {
        if(obj.equals(data[i]))
        {
            return true;
        }
    }
    return false;
}
}


public class Test
{
    public static void main(String [] args){

        MyArrayList list = new MyArrayList();
        list.add(1);
        list.add(2);
        list.add(3);
        System.out.println(list.indexOf(4));
        System.out.println(list.contain(2));
        for(int i = 0 ; i < list.getSize() ; i++)
        {
            System.out.println(list.get(i));
        }
    }
}
```

运行结果为：

```
-1
true
1
2
3
```

（6）在 Hashtable 上下文中，同步指的是什么？

同步意味着在一个时间点只能有一个线程可以修改哈希表，任何线程在执行 HashTable 的更新操作前都需要获取对象锁，其他线程只有等锁被释放后才能获取到锁从而可以访问哈希表。

（7）如何实现 Hashmap 的同步？

HashMap 可以通过 Map m = Collections.synchronizedMap（hashMap）来达到同步的效果。

第4章 多 线 程

随着数据和业务量的不断增长,单线程已经很难满足现在软件的需求。在实际开发的过程中会大量使用多线程来实现并发。在多线程编程中,对程序员的思维方式也有更多的要求,因为线性的思考问题的方式已经无法满足多线程编程的要求,更多地需要程序员能以并发的思路去思考问题。因此掌握多线程编程相关的知识点就显得尤为重要,而且这也是面试笔试过程中考查的重点内容。

4.1 线程与进程

线程是指程序在执行过程中,能够执行程序代码的一个执行单元。在 Java 语言中,线程有四种状态:运行、就绪、挂起、结束。

进程是指一段正在执行的程序。而线程有时候也被称为轻量级进程,是程序执行的最小单元,一个进程可以拥有多个线程,各个线程之间共享程序的内存空间(代码段、数据段和堆空间)及一些进程级的资源(例如打开的文件),但是各个线程拥有自己的栈空间,进程与线程的关系如图 4-1 所示。

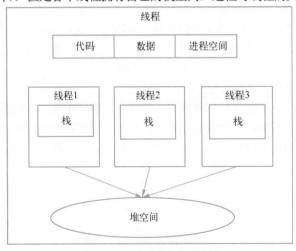

● 图 4-1 进程与线程的对比

在操作系统级别上,程序的执行都是以进程为单位,而每个进程中通常都会有多个线程互不影响地并发执行,那么为什么要使用多线程呢?其实,多线程的使用为程序研发带来了巨大的便利,具体而言,有以下几个方面的内容:

1)使用多线程可以减少程序的响应时间。在单线程(单线程指的是程序执行过程中只有一个有效操作的序列,不同操作之间都有明确的执行先后顺序)的情况下,如果某个操作很耗时,或者陷入长时间的等待(如等待网络响应),此时程序将不会响应鼠标和键盘等操作,使用多线程后,可以把这个耗时的线程分配到一个单独的线程去执行,使得程序具备了更好的交互性。

2)与进程相比,线程的创建和切换开销更小。由于启动一个新的线程必须给这个线程分配独立的地址空间，建立许多数据结构来维护线程代码段、数据段等信息，而运行于同一进程内的线程共享代码段、数据段、线程的启动或切换的开销比进程要少很多。同时多线程在数据共享方面效率非常高。

3）多 CPU 或多核计算机本身就具有执行多线程的能力，如果使用单个线程，将无法重复利用计算机资源，造成资源的巨大浪费。因此在多 CPU 计算机上使用多线程能提高 CPU 的利用率。

4）使用多线程能简化程序的结构，使程序便于理解和维护。一个非常复杂的进程可以分成多个线程来执行。

 同步和异步有什么区别

在多线程的环境中，经常会碰到数据的共享问题，即当多个线程需要访问同一个资源时，它们需要以某种顺序来确保该资源在某一时刻只能被一个线程使用，否则，程序的运行结果将会是不可预料的，在这种情况下就必须对数据进行同步。例如多个线程同时对同一数据进行写操作。即当线程 A 需要使用某个资源时，如果这个资源正在被线程 B 使用，同步机制就会使线程 A 一直等待下去，直到线程 B 结束对该资源的使用后，线程 A 才能使用这个资源。由此可见同步机制能够保证资源的安全。

要想实现同步操作，必须要获得每一个线程对象的锁。获得它可以保证在同一时刻只有一个线程能够进入临界区（访问互斥资源的代码块），并且在这个锁被释放之前，其他线程就不能再进入这个临界区，如果还有其他线程想要获得该对象的锁，只能进入等待队列等待。只有当拥有该对象锁的线程退出临界区时，锁才会被释放，等待队列中优先级最高的线程才能获得该锁，从而进入共享代码区。

Java 语言在同步机制中提供了语言级的支持，可以通过使用 synchronized 关键字来实现同步，但该方法并非万能，它是以很大的系统开销作为代价的，有时候甚至可能造成死锁，所以，同步控制并非越多越好，要尽量避免无谓的同步控制。实现同步的方式有两种，一种是利用同步代码块来实现同步，一种是利用同步方法来实现同步。

异步与非阻塞类似，由于每个线程都包含了运行时自身所需要的数据或方法，所以，在进行输入输出处理时，不必关心其他线程的状态或行为，也不必等到输入输出处理完毕才返回。当应用程序在对象上调用了一个需要花费很长时间来执行的方法，并且不希望让程序等待方法的返回时，就应该使用异步编程，异步能够提高程序的效率。

举个生活中的简单例子就可以区分同步与异步了。同步就相当于你叫我去吃饭，我听到了就和你去吃饭；如果没有听到，你就就需要继续呼叫，直到我告诉你听到了，才一起去吃饭。异步就是你叫我，然后自己去吃饭，我得到消息后可能立即走，也可能等到下班才去吃饭。

在多线程编程中还有另外一个很重要的概念：并发与并行。

并行指在同一时刻，有多条指令在多个处理器上同时执行。显然无论从微观还是从宏观来看，二者都是同时执行的。而并发指在同一时刻只能有一条指令执行，但多个指令可以被快速的轮换执行，显然在宏观看，多个进程是同时执行的，但在微观上，只是把时间分成若干段，使多个进程快速交替的执行。

 如何实现 Java 多线程

Java 虚拟机允许应用程序并发地运行多个线程。在 Java 语言中，多线程的实现一般有以下三种方法，其中前两种为最常用的方法。

（1）继承 Thread 类，重写 run 方法

Thread 本质上也是实现了 Runnable 接口的一个实例，它代表一个线程的实例，并且，启动线程的唯一方法就是通过 Thread 类的 start()方法。start()方法是一个 native（本地）方法，它将启动一个新线程，并执行 run()方法（Thread 中提供的 run()方法是一个空方法）。这种方式通过自定义直接继承 extend Thread，并重写 run()方法，就可以启动新线程并执行自己定义的 run()方法。需要注意的是，start()方法的调用后并不是立即执行多线程代码，而是使得该线程变为可运行态（Runnable），什么时候运行多线程代码是由操作系统决定的。下例给出 Thread 的使用方法。

```java
class MyThread extends Thread
{   //创建线程类
    public void run()
    {
            System.out.println("Thread body"); //线程的方法体
    }
}
public class Test
{
    public static void main(String[] args)
    {
            MyThread thread=new MyThread();
            thread.start();    //开启线程
    }
}
```

（2）实现 Runnable 接口，并实现该接口的 run()方法

以下是主要实现步骤：

1）自定义类并实现 Runnable 接口，实现 run()方法。

2）创建 Thread 对象，用实现 Runnable 接口的对象作为参数实例化该 Thread 对象。

3）调用 Thread 的 start()方法。

```java
class MyThread implements Runnable
{   //创建线程类
    public void run()
    {
            System.out.println("Thread body");
    }
}

public class Test
{
    public static void main(String[] args)
    {
            MyThread thread=new MyThread();
            Thread t=new Thread(thread);
            t.start();   //开启线程
    }
}
```

其实，不管是通过继承 Thread 类还是实现 Runnable 接口来实现多线程的方法，最终还是通过 Thread 的对象的 API 来控制线程的。

（3）实现 Callable 接口，重写 call()方法

Callable 对象实际是属于 Executor 框架中的功能类，Callable 接口与 Runnable 接口类似，但是它提供了比 Runnable 更强大的功能，主要表现为以下三点：

1）Callable 可以在任务结束后提供一个返回值，Runnable 无法提供这个功能。

2）Callable 中的 call()方法可以抛出异常，而 Runnable 的 run()方法不能抛出异常。

3）运行 Callable 可以获得一个 Future 对象，Future 对象表示异步计算的结果。它提供了检查计

算是否完成的方法。由于线程属于异步计算模型，所以无法从别的线程中得到函数的返回值，在这种情况下，就可以使用 Future 来监视目标线程调用 call()方法的情况，当调用 Future 的 get()方法以获取结果时，当前线程就会阻塞，直到 call()方法结束返回结果。

```java
import java.util.concurrent.*;

public class CallableAndFuture
{
    // 创建线程类
    public static class CallableTest implements Callable<String>
    {
        public String call() throws Exception
        {
            return "Hello World!";
        }
    }

    public static void main(String[] args)
    {
        ExecutorService threadPool = Executors.newSingleThreadExecutor();
        // 启动线程
        Future<String> future = threadPool.submit(new CallableTest());
        try
        {
            System.out.println("waiting thread to finish");
            System.out.println(future.get()); // 等待线程结束，并获取返回结果
        }
        catch (Exception e)
        {
            e.printStackTrace();
        }
    }
}
```

上述程序的输出结果为：

```
waiting thread to finish
Hello World!
```

以上三种方式中，前两种方式线程执行完后都没有返回值，只有最后一种是带返回值的。当需要实现多线程时，一般推荐使用实现 Runnable 接口的方式：首先，Thread 类定义了多种方法可以被派生类使用或重写。但是只有 run 方法是必须被重写的，在 run 方法中实现这个线程的主要功能。这当然是实现 Runnable 接口所需的同样的方法。而且，很多 Java 开发人员认为，一个类仅在它们需要被加强或修改时才会被继承。因此，如果没有必要重写 Thread 类中的其他方法，那么通过继承 Thread 的实现方式与实现 Runnable 接口的效果相同，在这种情况下最好通过实现 Runnable 接口的方式来创建线程。

（4）使用线程池，关于线程池的使用，将会在后面章节中介绍。

引申：一个类是否可以同时继承 Thread 与实现 Runnable 接口？

答案：可以。为了说明这个问题，首先给出一个示例如下：

```java
public class Test extends Thread implements Runnable
{
    public static void main(String args[])
    {
        Thread t = new Thread(new Test());
        t.start();
    }
}
```

从上例中可以看出，Test 类实现了 Runnable 接口，但是并没有实现接口的 run()方法，可能有些读者会认为这会导致编译错误，但实际它是能够通过编译并运行的，主要原因为 Test 类从 Thread

类中继承了 run()方法，这个继承的 run()方法可以被当作对 Runnable 接口的实现，因此这段代码能够通过编译，当然也可以不使用继承的 run()方法，通过在 Test 类中重写 run()方法来实现 Runnable 接口中的 run()方法，如下例所示：

```
public class Test extends Thread implements Runnable
{
    public void run()
    {
            System.out.println("this is run()");
    }

    public static void main(String args[])
    {
            Thread t = new Thread(new Test());
            t.start();
    }
}
```

程序的运行结果为：

```
this is run()
```

 ## 4.4　run 与 start 的区别

通常而言，系统通过调用线程类的 start()方法来启动一个线程，此时该线程就处于就绪状态而非运行状态，也就意味着这个线程可以被 JVM 来调度执行。在调度的过程中，JVM 通过调用线程类的 run()方法来完成实际的操作，当 run()方法结束后，此线程就会终止。

如果直接调用线程类的 run()方法，这会被当作是一个普通的函数调用，程序中仍然只有主线程这一个线程，也就是说 start 方法()能够异步地调用 run()方法，但是直接调用 run()方法却是同步的。因此也就无法达到多线程的目的。

由此可知，只有通过调用线程类的 start()方法才能真正达到多线程的目的。下面通过一个例子来说明说明 run()方法与 start()方法的区别。

```
class ThreadDemo extends Thread
{
    @Override
    public void run()
    {
            System.out.println("ThreadDemo:begin");
            try
            {
                    Thread.sleep(1000);
            }
            catch (InterruptedException e)
            {
            }
            System.out.println("ThreadDemo:end");
    }
}

public class Test
{
    public static void test1()
    {
            System.out.println("test1:begin");
            Thread t1 = new ThreadDemo();
            t1.start();
            System.out.println("test1:end");
    }
```

```
public static void test2()
{
        System.out.println("test2:begin");
        Thread t1 = new ThreadDemo();
        t1.run();
        System.out.println("test2:end");
}

public static void main(String[] args)
{
        test1();
        try
        {
                Thread.sleep(5000);
        }
        catch (InterruptedException e)
        {
        }
        System.out.println();
        test2();
}
}
```

运行结果如下：

```
test1:begin
test1:end
ThreadDemo:begin
ThreadDemo:end

test2:begin
ThreadDemo:begin
ThreadDemo:end
test2:end
```

从 test1 的运行结果可以看出线程 t1 是在 test1 方法结束后才的执行的，因此在 test1 中调用 start 方法是异步的，所以 main 线程与 t1 线程是异步执行的。从 test2 的运行结果可以看出，调用 t1.run()是同步的调用方法，即只有等 t1 的 run 方法运行结束后才可以接着运行 test2 方法中输出语句。

 ## 4.5　多线程同步

当使用多线程访问同一个资源时，非常容易出现线程安全的问题（例如，当多个线程同时对一个数据进行修改时，会导致某些线程对数据的修改丢失）。因此，需要采用同步机制来解决这种问题。Java 主要提供了三种实现同步机制的方法：

（1）synchronized 关键字

在 Java 语言中，每个对象都有一个对象锁与之相关联，该锁表明对象在任何时候只允许被一个线程所拥有，当一个线程调用对象的一段 synchronized 代码时，首先需要获取这个锁，然后去执行相应的代码，执行结束后，释放锁。

synchronized 关键字主要有两种用法（synchronized 方法和 synchronized 块），此外该关键字还可以作用于静态方法、类或某个实例，但这都对程序的执行效率有很大的影响。

1）synchronized 方法。

在方法的声明前加入 synchronized 关键字。例如：

```
public synchronized void mutiThreadAccess();
```

只要把需要同步到数据的操作放在 mutiThreadAccess 方法中，就能够保证这个方法在同一时刻只能被一个线程来访问，从而保证了多线程访问的安全性。然而，当一个方法的方法体规模非常大的时候，把该方法声明为 synchronized 会大大影响程序的执行效率。为了提高程序的效率，Java 提供了 synchronized 块。

2) synchronized 块。

可以把任意的代码段声明为 synchronized，也可以指定上锁的对象，有非常高的灵活性。用法如下：

```
synchronized（syncObject）{
    //访问 syncObject 的代码
}
```

（2）wait 与 notify

当使用 synchronized 来修饰某个共享资源的时候，如果线程 A1 在执行 synchronized 代码，另外一个线程 A2 也要同时执行同一对象的同一 synchronized 代码时，线程 A2 将要等到线程 A1 执行完成后，才能继续执行。

在 synchronized 代码被执行期间，线程可以调用对象的 wait 方法，释放对象锁，进入等待状态，并且可以调用 notify 方法或 notifyAll 方法通知正在等待的其他线程，notify 方法仅唤醒一个线程（等待队列中的第一个线程）并允许它去获得锁，而 notifyAll 方法唤醒所有等待这个对象的线程并允许它们去获得锁（并不是让所有唤醒线程都获取到锁，而是让它们去竞争）。

wait 和 notify 方法是 native 的方法，也就是说方法的具体实现是由虚拟机本地的 C 代码来实现的，这里重点介绍如何使用这两个方法进行线程间的通信。首先通过一个例子来介绍如何使用这两个方法：

```java
public class Test
{
    private Object lock = new Object();
    private boolean envReady = false;

    private class WorkerThread extends Thread
    {
        public void run()
        {
            System.out.println("线程 WorkerThread 等待拿锁");
            synchronized (lock)
            {
                try
                {
                    //执行一些费时的操作
                    // ……
                    System.out.println("线程 WorkerThread 拿到锁");
                    if (!envReady)
                    {
                        System.out.println("线程 WorkerThread 放弃锁");
                        lock.wait();
                    }
                    // 需要使用准备好的环境
                    // ……
                    System.out.println("线程 WorkerThread 收到通知后继续执行");
                }
                catch (InterruptedException e) {
                }
            }
        }
    }

    private class PrepareEnvThread extends Thread
    {
        public void run()
        {
            System.out.println("线程 PrepareEnvThread 等待拿锁");
            synchronized (lock)
            {
                System.out.println("线程 PrepareEnvThread 拿到锁");
                //这个线程做一些初始化环境的工作后通知 WorkerThread
                envReady = true;
```

```
                lock.notify();
                System.out.println("通知 WorkerThread");
            }
        }
    }

    public void prepareEnv()
    {
        new PrepareEnvThread().start();
    }

    public void work()
    {
        new WorkerThread().start();
    }

    public static void main(String[] args)
    {
        Test t = new Test();
        //模拟工作线程先开始执行的情形
        t.work();
        try {
            Thread.sleep(2000);
        } catch (InterruptedException e) {
            // TODO Auto-generated catch block
            e.printStackTrace();
        }
        t.prepareEnv();
    }
}
```

运行结果为：

```
线程 WorkerThread 等待拿锁
线程 WorkerThread 拿到锁
线程 WorkerThread 放弃锁
线程 PrepareEnvThread 等待拿锁
线程 PrepareEnvThread 拿到锁
通知 WorkerThread
线程 WorkerThread 收到通知后继续执行
```

这个例子使用了两个线程：工作线程 WorkerThread 和环境准备线程 PrepareEnvThread，这个例子的目的是要保证只有在 PrepareEnvThread 运行结束后也就是当环境准备好以后 WorkerThread 才能继续运行使用环境的代码。

从上面的例子可以发现，wait 与 notify 方法在 synchroized 块中被使用，这也就是 Java 文档中提到的非常重要的一点：wait/notify 方法的调用必须处在该对象的锁（Monitor）中，也就是说在调用这些方法时首先需要获得该对象的锁，否则会抛出 IllegalMonitorStateException 异常。另外一个需要注意的是在 PrepareEnvThread 线程调用完 notify 后，只有等代码退出 synchronized 块后，WorkerThread 才能获取到锁。需要注意的是当调用 wait()方法后，线程会进入 WAITING（等待状态），后续被 notify()后，并没有立即被执行，而是进入等待获取锁的阻塞队列。

通过上面的讲解可以总结出 wait 与 notify 的使用方式如下所示：

```
//等待线程
synchroize( 对象 )
{   //获取对象的锁
    while(条件不满足)
    {   //不满足条件的时候调用 wait 释放锁
        对象.wait();
    }
    对应的处理逻辑......    //条件满足以后继续执行
}
//通知线程
synchronized（对象）
{    //获取对象的锁
```

```
    改变条件              //改变条件，为了让等待线程能继续执行下去
    对象.notifyAll();     //通知等待线程
}
```

（3）Lock

JDK5 新增加了 Lock 接口以及它的一个实现类 ReentrantLock（重入锁），Lock 也可以用来实现多线程的同步，具体而言，它提供了如下的一些方法来实现多线程的同步：

1）lock()。以阻塞的方式来获取锁，也就是说，如果获取到了锁，则立即返回，如果别的线程持有锁，当前线程等待，直到获取锁后返回。

2）tryLock()。以非阻塞的方式获取锁。只是尝试性地去获取锁，如果获取到锁，则立即返回 true，否则，立即返回 false。

3）tryLock(long timeout, TimeUnit unit)。如果获取了锁定立即返回 true，否则会等待参数给定的时间 unit，在等待的过程中，如果获取了锁定，就返回 true，如果等待超时，则返回 false。

4）lockInterruptibly()。如果获取了锁，立即返回，如果没有获取锁，当前线程处于休眠状态，直到获得锁，或者当前线程被别的线程中断（会收到 InterruptedException 异常）。它与 lock() 方法最大的区别在于如果 lock() 方法获取不到锁，则会一直处于阻塞状态，且会忽略 interrupt()。如下例所示。

```java
import java.util.concurrent.locks.Lock;
import java.util.concurrent.locks.ReentrantLock;

public    class Test
{
    public static void main(String[] args) throws InterruptedException
    {
        final Lock lock=new ReentrantLock();
        lock.lock();
        Thread t1=new Thread(new Runnable()
        {
            public void run()
            {
                try
                {
                    lock.lockInterruptibly();
                    //lock.lock(); //编译器报错
                }
                catch (InterruptedException e)
                {
                    System.out.println(" interrupted.");
                }
            }
        });
        t1.start();
        t1.interrupt();
        Thread.sleep(1);
    }
}
```

程序运行结果如下：

```
interrupted.
```

4.6　Lock 的分类

上一节重点介绍了 Java 多线程同步的方法，其中 Lock 是一种更加灵活的方法，那么 Java 中有哪些 Lock 呢？这一节将重点介绍 ReentrantLock 与 ReentrantReadWriteLock。

（1）ReentrantLock（重入锁）

重入锁，又被叫作递归锁，是指在同一线程中，外部方法获得锁之后，内层递归方法依然可以

获取该锁。如果锁不具备重入性，那么当同一个线程两次获取锁的时候就会发生死锁。Java 提供了 java.util.concurrent.ReentrantLock 来解决重入锁问题。ReentrantLock 是唯一实现了 Lock 接口的类，并且 ReentrantLock 提供了更多的方法。示例代码如下：

```java
import java.util.concurrent.locks.Lock;
import java.util.concurrent.locks.ReentrantLock;

class Demo
{
    private Lock lock = new ReentrantLock();

    public void method1()
    {
        lock.lock();
        System.out.println("method1 is called" );
        method2();
        lock.unlock();
    }

    public void method2()
    {
        lock.lock();
        System.out.println("method2 is called" );
        lock.unlock();
    }
}

public class Test
{
    public static void main(String[] args)
    {
            Demo demo = new Demo();
            demo.method1();
    }
}
```

程序运行结果为：

```
method1 is called
method2 is called
```

从上的例子可以看出，在 method1 中已经通过 lock 方法获取到锁了。然后在调用 method2 的时候通过 lock 方法仍然能获取到锁，这就充分体现了重入锁的特性。下面在通过另外一个例子来说明 ReentrantLock 具备的锁的特性：

```java
import java.util.Date;
import java.util.concurrent.locks.Lock;
import java.util.concurrent.locks.ReentrantLock;

class Demo
{
    private Lock lock = new ReentrantLock();

    public void method1()
    {
        try
        {
            lock.lock();
            System.out.println("method1 is called, timestamp= " + new Date().toString());
            Thread.sleep(5000);
            System.out.println("method1 is called, timestamp= " + new Date().toString());
        }
        catch (InterruptedException e)
        {
            e.printStackTrace();
        }
        finally
```

```
            {
                lock.unlock();
            }
        }

        public void method2()
        {
            lock.lock();
            System.out.println("method2 is called, timestamp= " + new Date().toString());
            System.out.println("method2 is called, timestamp= " + new Date().toString());
            lock.unlock();
        }
    }

    class Thread1 extends Thread
    {
        private Demo td;

        public Thread1(Demo td) { this.td = td; }
        public void run() { td.method1();}
    }

    class Thread2 extends Thread
    {
        private Demo td;

        public Thread2(Demo td) {    this.td = td;    }
        public void run() { td.method2(); }
    }

    public class Test
    {
        public static void main(String[] args)
        {
            Demo demo = new Demo();

            Thread1 t1=new Thread1(demo);
            Thread2 t2=new Thread2(demo);
            t1.start();
            try
            {
                    Thread.sleep(2000);
            }
            catch (InterruptedException e) {
            }
            t2.start();
        }
    }
```

程序运行结果为:

```
method1 is called, timestamp= Thu Jul 04 11:37:23 CST 2019
method1 is called, timestamp= Thu Jul 04 11:37:28 CST 2019
method2 is called, timestamp= Thu Jul 04 11:37:28 CST 2019
method2 is called, timestamp= Thu Jul 04 11:37:28 CST 2019
```

　　从上面运行结果可以看出，线程 1 首先运行并获取到锁然后输出 method1 is called, timestamp= Thu Jul 04 11:37:23 CST 2019，接着线程 1 进入睡眠状态，当线程 2 在尝试去获取锁的时候无法获取到，因此线程 2 会被阻塞直到 11:37:28，此时线程 1 执行完成并释放了锁，然后线程 2 获取到了锁可以继续执行。由此可见，ReentrantLock 具有锁的特性。这个特性能保证两个线程中 lock/unlock 内的代码不会交替执行。

　　一般来讲锁都有对应的监视器，而 ReentrantLock 持有的是对象监视器。也就是说 ReentrantLock 的使用应该被限制在一个对象内，只有这样才能达到锁的效果。因为不同的对象拥有不同的监视器。如果把上面的示例代码中的 main 方法修改为:

```
public class Test
{
    public static void main(String[] args)
    {
        Demo demo = new Demo();
        Demo demo2 = new Demo();

        Thread1 t1=new Thread1(demo);
        Thread2 t2=new Thread2(demo2);
        t1.start();
        try
        {
            Thread.sleep(2000);
        }
        catch (InterruptedException e) {
        }
        t2.start();
    }
}
```

那么运行结果将变为：

```
method1 is called, timestamp= Thu Jul 04 11:38:56 CST 2019
method2 is called, timestamp= Thu Jul 04 11:38:58 CST 2019
method2 is called, timestamp= Thu Jul 04 11:38:58 CST 2019
method1 is called, timestamp= Thu Jul 04 11:39:01 CST 2019
```

从这个运行结果可以看出两个线程中 lock/unlock 内部的代码是交替执行的。由此可见 demo 与 demo2 两个对象的 Lock 的监对应视器是完全不同的。由此在使用 ReentrantLock 的时候一定要特别注意 ReentrantLock 持有的是对象监视器。

synchronized 与 wait()和 nitofy()/notifyAll()方法相结合可以实现等待/通知模型。同样的，ReentrantLock 借助 Condition 也可以实现相同的功能，使用 Condition 的 await()、signal()这种方式实现线程间协作，更加安全和高效。它主要有如下特点：

1）Condition 最常用的方法为 await()和 signal()，其中，await()对应 Object 类的 wait()方法，signal()对应 Object 类的 notify()方法。

2）Condition 依赖于 Lock 接口，生成一个 Condition 的代码为 lock.newCondition()。

3）调用 Condition 的 await()和 signal()方法必须在 Lock 保护之内。

4）一个 Lock 可以创建多个 Condition 实例，实现多路通知。

5）使用 notify()方法进行通知时，被通知的线程是在 Java 虚拟机中随机选择的，但是使用 ReentrantLock+Condition 的方式可以实现有选择性地通知。

下面给出一个利用 Condition 实现等待/通知模型的最简单用法，需要注意的是，在调用 await()和 signal()之前，必须要先调用 lock()获得锁，然后使用完毕后在 finally 中调用 unlock()释放锁，这和 wait()/notify()/notifyAll()使用前必须先获得对象锁是一样的。

下面给出一个使用示例，在这个示例中，将会创建 3 个生产者和 2 个消费者，生产者负责生产随机数，消费者获取到随机数后会打印出来。

```
import java.util.PriorityQueue;
import java.util.Random;
import java.util.concurrent.locks.Condition;
import java.util.concurrent.locks.Lock;
import java.util.concurrent.locks.ReentrantLock;

class Buffer
{
    private final Lock lock = new ReentrantLock();
    private final Condition notFull = lock.newCondition();
    private final Condition notEmpty = lock.newCondition();
    private final int BUFFERSIZE = 10;
```

```java
        private PriorityQueue<Integer> queue = new PriorityQueue<Integer>(BUFFERSIZE);

        public void put()
        {
                Random random = new Random();
                lock.lock();
                try
                {
                        // 对于生产者来说，如果队列满了，则需要被阻塞
                        while (queue.size() ==BUFFERSIZE )
                        {
                                System.out.println(Thread.currentThread().getName()+"队列已满，生产者被阻塞");;
                                notFull.await();//阻塞生产线程
                        }
                        queue.add(random.nextInt());    //继续生产
                        Thread.sleep(1000);
                        notEmpty.signalAll();//唤醒消费线程
                }
                catch (InterruptedException e)
                {
                        e.printStackTrace();
                }
                finally
                {
                        lock.unlock();
                }
        }

        public void take()
        {
                lock.lock();
                try
                {
                        // 对于消费者来说，如果队为空，则需要被阻塞
                        while (queue.size() ==0 )
                        {
                                System.out.println(Thread.currentThread().getName()+"队列为空，消费者被阻塞");;
                                notEmpty.await();//阻塞消费线程
                        }
                        int d=queue.poll();
                        System.out.println(Thread.currentThread().getName()+"消费的数字为："+d);
                        Thread.sleep(1000);
                        /*
                         * 唤醒生产线程，如果生产者因为队列满了
                         * 被阻塞，这个调用会唤醒生产者，从而生产者
                         * 可以继续生产数字
                         */
                        notFull.signalAll();
                }
                catch (InterruptedException e)
                {
                        e.printStackTrace();
                }finally
                {
                        lock.unlock();
                }
        }
}

class Producer implements Runnable
{
    private Buffer buffer;
    public Producer(Buffer b)
    {
            buffer=b;
    }
    @Override
    public void run()
    {
```

```
                    while(true)
                    {
                            buffer.put();
                    }
            }
    }

    class Consumer implements Runnable
    {
            private Buffer buffer;
            public Consumer(Buffer b)
            {
                    buffer=b;
            }
            @Override
            public void run()
            {
                    while(true){
                            buffer.take();
                    }
            }
    }
    public class Test
    {
            public static void main(String[] arg)
            {
                    Buffer buffer=new Buffer();
                    Producer producer=new Producer(buffer);
                    Consumer consumer=new Consumer(buffer);
                    // 创建 2 个生产者
                    for(int i=0;i<2;i++)
                    {
                            new Thread(producer,"生产者-"+i).start();
                    }
                    // 创建 3 个消费者
                    for(int i=0;i<3;i++)
                    {
                            new Thread(consumer,"消费者-"+i).start();
                    }
            }
    }
```

（2）ReentrantReadWriteLock

从上一节的介绍可以看出 ReentrantLock 是排他锁，排他锁表示在同一时刻仅有一个线程可以进行访问，这种方式虽然能实现多线程的同步，但是在一些情况下性能也不是特别好，比如对于有少量写操作和大量读操作的场景中，"读/读"、"读/写"、"写/写" 操作都不能同时发生。显然，读操作之间不存在数据竞争问题，是可以并发执行的。ReentrantReadWriteLock 的出现恰好可以解决这个问题。

ReentrantReadWriteLock 实现了接口 ReadWriteLock，而这个接口只有两个方法：

```
    public interface ReadWriteLock
    {
       Lock readLock();
       Lock writeLock();
    }
```

这个接口提供的两个方法把锁进一步细化为读锁和写锁来增加并发量。读锁可以在没有写锁的时候被多个线程同时持有，只有写锁是独占的。读锁和写锁分离从而提升程序性能，对于读多写少的场景，使用 ReentrantReadWriteLock 来提高性能，使用示例如下。

```
    import java.util.concurrent.locks.ReentrantReadWriteLock;

    class Demo
    {
```

```
        private ReentrantReadWriteLock rwl = new ReentrantReadWriteLock();

        public void read()
        {
            rwl.readLock().lock();

            int i = 0;
            while(i++<100)
            {
                System.out.println(Thread.currentThread().getName()+"正在进行读操作");
            }
            System.out.println(Thread.currentThread().getName()+"读操作完毕");
            rwl.readLock().unlock();

        }
    }

    class DemoThread extends Thread
    {
        private Demo demo;
        public DemoThread(Demo demo){this.demo = demo;}
        public void run(){ demo.read();          }
    }

    public class Test
    {
        public static void main(String[] args)
        {
            Demo demo = new Demo();
            DemoThread t1 = new DemoThread(demo);
            DemoThread t2 = new DemoThread(demo);
            t1.start();
            t2.start();
        }
    }
```

感兴趣的读者可以自己运行一下代码获取运行结果，从运行结果可以看出两个线程是可以同时获取读锁进行读操作。

 ## 4.7 synchronized 与 Lock 的异同

Java 语言提供了两种锁机制来实现对某个共享资源的同步：synchronized 和 Lock。其中，synchronized 使用 Object 对象本身的 notify、wait、notifyAll 调度机制，而 Lock 可以使用 Condition 进行线程之间的调度，完成 synchronized 实现的所有功能。

具体而言，二者的主要区别主要表现在以下几个方面：

（1）用法不一样

在需要同步的对象中加入 synchronized 控制，synchronized 既可以加在方法上，也可以加在特定代码块中，括号中表示需要锁的对象。而 Lock 需要显式地指定起始位置和终止位置。synchronized 是托管给 JVM 执行的，而 Lock 的锁定是通过代码实现的，它有比 synchronized 更精确的线程语义。

（2）性能不一样

在 JDK5 中增加了一个 Lock 接口的实现类 ReentrantLock。它不仅拥有和 synchronized 相同的并发性和内存语义，此外还多了锁投票、定时锁、等候和中断锁等特性。它们的性能在不同的情况下会有所不同：在资源竞争不是很激烈的情况下，synchronized 的性能要优于 ReetrantLock，但是在资源竞争很激烈的情况下，synchronized 的性能会下降的非常快，而 ReetrantLock 的性能基本保持不变。

（3）锁机制不一样

synchronized 获得锁和释放的方式都是在块结构中，当获取多个锁的时候必须以相反的顺序释放，并且是自动解锁，不会因为出了异常而导致锁没有被释放从而引发死锁。而 Lock 则需要开发人员手动去释放，并且必须在 finally 块中释放，否则会引起死锁问题的发生。此外 Lock 还提供了更强大的功能，它的 tryLock 方法可以采用非阻塞的方式去获取锁。

虽然 synchronized 与 Lock 都可以用来实现多线程的同步，但是，最好不要同时使用这两种同步机制，因为 ReetrantLock 与 synchronized 所使用的机制不同，因此它们的运行是独立的，相当于两种类型的锁，在使用的时候互不影响。如下例所示。

```java
import java.util.concurrent.locks.Lock;
import java.util.concurrent.locks.ReentrantLock;

class SyncTest
{
    private int value = 0;
    Lock lock = new ReentrantLock();

    public synchronized void addValueSync()
    {
        this.value++;
        System.out.println(Thread.currentThread().getName() + ":" + value);
    }

    public void addValueLock()
    {
        try
        {
            lock.lock();
            value++;
            System.out.println(Thread.currentThread().getName() + ":" + value);
        }
        finally
        {
            lock.unlock();
        }
    }
}

public class Test
{
    public static void main(String[] args)
    {
        final SyncTest st = new SyncTest(); // 测试 synchronized
        // final LockTest st=new LockTest(); //测试 Lock
        Thread t1 = new Thread(new Runnable()
        {
            public void run()
            {
                for (int i = 0; i < 5; i++)
                {
                    st.addValueSync();
                    try
                    {
                        Thread.sleep(20);
                    }
                    catch (InterruptedException e)
                    {
                        e.printStackTrace();
                    }
                }
            }
        });
        Thread t2 = new Thread(new Runnable()
        {
            public void run()
            {
                for (int i = 0; i < 5; i++)
```

```
                                      {
                                          st.addValueLock();
                                          try
                                          {
                                                  Thread.sleep(20);
                                          }
                                          catch (InterruptedException e)
                                          {
                                                  e.printStackTrace();
                                          }
                                      }
                                  }
                          });
                          t1.start();
                          t2.start();
                      }
                  }
```

程序运行结果如下：

```
Thread-0:1
Thread-1:2
Thread-0:4
Thread-1:4
Thread-0:5
Thread-1:6
Thread-0:8
Thread-1:8
Thread-0:10
Thread-1:10
```

　　当然，上例中，并不是每次运行的结果都是相同的，从运行结果可以看出，上例中的输出结果value 的值并不是连续的，这是由于两种上锁方法采用了不同的机制而造成的，因此在实际使用的时候，最好不要同时使用两种上锁机制。

　　1）当一个线程进入一个对象的一个 synchronized 方法后，其他线程是否可进入此对象？

　　当一个线程进入一个对象的一个 synchronized 方法后，其他线程是否可进入此对象取决于方法本身，如果该方法是非 synchronized 方法，那么是可以访问的。如下例所示。

```java
class Test
{
    public synchronized void synchronizedMethod()
    {
        System.out.println("begin calling synchronizedMethod") ;
        try {
            Thread.sleep(10000) ;
        } catch (InterruptedException e) {
            System.out.println(e.getMessage());
        }
        System.out.println("finish calling synchronizedMethod") ;
    }
    public void generalMethod()
    {
        System.out.println("call generalMethod ...") ;
    }
}

public class MutiThread{
    static final Test t=new Test();
    public static void main(String[] args)
    {
            Thread t1= new Thread() {
                    public void run() {
                            t.synchronizedMethod();
                    }
            };
```

```
                    Thread t2= new Thread() {
                        public void run() {
                                t.generalMethod();
                        }
                    };
                    t1.start();
                    t2.start();
                }
            }
```

上述程序运行结果为：

```
begin calling synchronizedMethod
call generalMethod ...
finish calling synchronizedMethod
```

从上例可以看出，线程 t1 在调用 sychronized 方法的过程中，线程 t2 仍然可以访问同一对象的非 sychronized 方法。

如果其他方法是静态方法（使用 static 修饰的方法），它用的同步锁是当前类的字节码，与非静态的方法不能同步，因为非静态的方法用的是 this。因此，静态方法可以被调用。如下例所示。

```
class Test
{
    public synchronized void synchronizedMethod()
    {
        System.out.println("begin calling synchronizedMethod") ;
        try {
            Thread.sleep(5000) ;
        } catch (InterruptedException e) {
            System.out.println(e.getMessage());
        }
        System.out.println("finish calling synchronizedMethod") ;
    }

    public synchronized static void generalMethod()
    {
        System.out.println("call generalMethod ...") ;
    }
}
public class MutiThread{
    static final Test t=new Test();
    public static void main(String[] args)
    {
            Thread t1= new Thread() {
                    public void run() {
                            t.synchronizedMethod();
                    }
            };
            Thread t2= new Thread() {
                    public void run() {
                            t.generalMethod();
                    }
            };
            t1.start();
            t2.start();
        }
    }
```

上述程序运行结果为：

```
begin calling synchronizedMethod
call generalMethod ...
finish calling synchronizedMethod
```

从上例可以看出，当线程 t1 在调用对象 t 的 sychronized 方法的时候，线程 t2 仍然可以调用这个对象的静态 sychronized 方法。

2）如果这个方法内部调用了 wait 方法，那么其他线程就可以访问同一对象的其他 sychronized 方法。如果这个方法内部没有调用 wait 方法，并且其他的方法都为 sychronized 方式的，那么其他线程将无法访问这个对象的其他方法。

3）假设有下面一段代码：

```
class A
{
    synchronized static void m1()
    {
        System.out.println("In m1 A");
    }
    synchronized void m2()
    {
        System.out.println("In m2 A");
    }
}
```

现在有两个线程 T1 和 T2，当 T1 正在调用方法 m1 的时候，线程 T2 是否可以在同一时间调用方法 m2 呢？

答案：可以，因为方法 m2 使用的是对象锁，但是方法一是用的是类锁。如果把方法 m1 修改为非 static 的方法，那么在这种情况下，m1 和 m2 是用的都是对象锁。此时 T2 就无法进入 m2 方法了。

 4.8　sleep 与 wait 的区别

sleep()是使线程暂停执行一段时间的方法。wait()也是一种使线程暂停执行的方法，例如，当多线程进行交互时，如果线程对一个同步对象 x 发出一个 wait()调用请求，那么该线程会暂停执行，被调对象进入等待状态，直到被唤醒或等待时间超时。

具体而言，sleep 与 wait 的区别主要表现在以下几个方面的内容：

1）原理不同。sleep 是 Thread 类的静态方法，是线程用来控制自身流程的，它会使此线程暂停执行指定时间，而把执行机会让给其他线程，等到计时时间到时，此线程会自动苏醒。例如，当线程执行报时功能时，每一秒钟打印出一个时间，那么此时就需要在打印方法前面加上一个 sleep 方法，以便让自己每隔一秒执行一次，该过程如同闹钟一样。而 wait 是 Object 类的方法，用于线程间的通信，这个方法会使当前拥有该对象锁的进程等待，直到其他线程调用 notify 方法（或 notifyAll 方法）时才醒来，不过开发人员也可以给它指定一个时间，自动醒来。与 wait 配套的方法还有 notify 和 notifyAll。

2）对锁的处理机制不同。由于 sleep 方法的主要作用是让线程休眠指定的一段时间，在时间到时自动恢复，不涉及线程间的通信，因此，调用 sleep 方法并不会释放锁。而 wait 方法则不同，当调用 wait 方法后，线程会释放掉它所占用的锁，从而使线程所在对象中的其他 synchronized 数据可被别的线程使用。举个简单例子，如果一个人拿遥控器的期间，可以用自己的 sleep 方法每隔十分钟调一次电视台，而在他调台休息的十分钟期间，遥控器还在他的手上，其他人是无法使用的。

3）使用区域不同。由于 wait 方法的特殊意义，所以它必须放在同步控制方法或者同步语句块中使用，而 sleep 方法则可以放在任何地方使用。

4）sleep 方法必须捕获异常，而 wait、notify 以及 notifyall 不需要捕获异常。在 sleep 的过程中，有可能被其他对象调用它的 interrupt()，产生 InterruptedException 异常。

由于 sleep 不会释放"锁标志"，容易导致死锁问题的发生，所以，一般情况下，不推荐使用 sleep 方法，而推荐使用 wait 方法。

引申：sleep()方法与 yield()方法的区别是什么？

sleep()方法与 yield()方法的区别主要表现在以下几个方面：

1）sleep()方法给其他线程运行机会时不考虑线程的优先级，因此会给低优先级的线程以运行的机会，而 yield()方法只会给相同优先级或更高优先级的线程以运行的机会。

2）线程执行 sleep()方法后会转入阻塞（blocked）状态，所以，执行 sleep()方法的线程在指定的时间内肯定不会被执行，而 yield()方法只是使当前线程重新回到可执行状态，所以执行 yield()方法的线程有可能在进入到可执行状态后马上又被执行。

3）sleep()方法声明抛出 InterruptedException，而 yield()方法没有声明任何异常。

4）sleep()方法比 yield()方法（跟操作系统相关）具有更好的可移植性。

4.9 终止线程的方法

在 Java 语言中，可以使用 stop 方法与 suspend 方法来终止线程的执行。当用 Thread.stop()来终止线程时，它会释放线程已经锁定的所有的监视资源。如果当前任何一个受这些监视资源保护的对象处于一个不一致的状态，其他线程将会看到这个不一致的状态，这可能会导致程序执行的不确定性。并且这种问题很难被定位。suspend 方法的使用容易发生死锁（死锁指的是两个或两个以上的进程在执行过程中，因争夺资源而造成的一种互相等待的现象，若无外力作用，它们都将无法推进下去）。主要原因是由于调用 suspend 方法不会释放锁，只有 resume 被调用后才能继续执行。例如：线程 B 已经获取到了互斥资源 M 的锁，此时线程 A 通过 suspend 方法挂起线程 A 的执行，接着线程 B 也去访问互斥资源 M，这时候就造成了死锁。鉴于以上两种方法的不安全性，Java 语言已经不建议使用以上两种方法来终止线程了。

那么，如何才能终止线程呢？一般建议采用的方法是让线程自行结束进入 Dead 状态。一个线程要进入 Dead 状态，就是执行完 run 方法，也就是说，如果想要停止一个线程的执行，就要提供某种方式让线程能够自动结束 run 方法的执行。在实现的时候，可以通过设置一个 flag 标志来控制循环是否执行，通过这种方法来让线程离开 run 方法从而终止线程。下例给出了结束线程的方法。

```java
public class MyThread  implements  Runnable
{
    private volatile Boolean flag;
    public void stop()
    {
        flag = false;
    }

    public void run()
    {
        while(flag)
            ;//do something
    }
}
```

上例中，通过调用 MyThread 的 stop 方法虽然能够终止线程，但同样也存在问题：当线程处于非运行状态时（当 sleep 方法被调用或当 wait 方法被调用或当被 I/O 阻塞），上面介绍的方法就不可用了。此时可以使用 interrupt 方法来打破阻塞的情况，当 interrupt 被调用的时候，会抛出 InterruptedException 异常，可以通过在 run 方法中捕获这个异常来让线程安全退出，具体实现方式如下：

```java
public class MyThread
{
    public static void main(String[] args)
    {
        Thread thread = new Thread(new Runnable()
        {
            public void run()
            {
                System.out.println("thread go to sleep");
```

```
                                    try
                                    {
                                            // 用休眠来模拟线程被阻塞
                                            Thread.sleep(5000);
                                            System.out.println("thread finish");
                                    }
                                    catch (InterruptedException e)
                                    {
                                            System.out.println("thread is interupted!");
                                    }
                            }
                    });
                    thread.start();
                    thread.interrupt();
            }
    }
```

程序运行结果为：

```
    thread go to sleep
    thread is interupted!
```

　　如果程序因为 I/O 而停滞，进入非运行状态，那么就必须要等到 I/O 完成才能离开这个状态，在这种情况下，无法使用 interrupt 来使程序离开 run 方法。因此，需要使用一个替代的方法，基本思路也是触发一个异常，而这个异常与所使用的 I/O 相关，例如，如果使用 readLine 方法在等待网络上的一个信息，此时线程处于阻塞状态。让程序离开 run 的方法就是使用 close 方法来关闭流，在这种情况下会引发 IOException 异常，run 方法可以通过捕获这个异常来安全结束线程。

4.10　死锁

　　死锁指的是两个或两个以上的进程在执行过程中，因争夺资源而造成的一种互相等待的现象，若无外力作用，它们都将无法推进下去。

　　具体而言：一个线程 t1 持有锁 L1 并且尝试去申请锁 L2，而另一个线程 t2 已经持有锁 L2 并且尝试去申请获得锁 L1，因为默认情况下的锁申请操作都是阻塞的，所以线程 T1 和 T2 永远被阻塞了。在这种情况下两个线程都无法继续执行下去了从而导致了死锁。

　　那么在什么情况下才会出现死锁呢？死锁的发生必须具备以下四个必要条件。

　　1）互斥条件：指进程对所分配到的资源具有排他性，也就是说在一段时间内某资源只由一个进程占用。如果此时还有其他进程请求资源，则请求者只能等待，直到占有资源的进程用毕释放。

　　2）请求和保持条件：指进程已经保持至少一个资源，但又提出了新的资源请求，而该资源已被其他进程占有，此时请求进程阻塞，但又对自己已获得的其他资源保持不放。

　　3）不剥夺条件：指进程已获得的资源，在未释放之前是不能被其他进程剥夺占用的。

　　4）环路等待条件：指在发生死锁时，必然存在一个进程——资源的环形链，即进程集合{P0，P1，P2，…，Pn}中的 P0 正在等待一个 P1 占用的资源；P1 正在等待 P2 占用的资源，……，Pn 正在等待已被 P0 占用的资源。

4.11　守护线程

　　Java 提供了两种线程：守护线程与用户线程。守护线程又被称为"服务线程"、"精灵线程"或"后台线程"，是指在程序运行的时候在后台提供一种通用服务的线程，这种线程并不属于程序中不可或缺的部分。通俗点讲，任何一个守护线程都是整个 JVM 中所有非守护线程的"保姆"。

　　用户线程和守护线程几乎一样，唯一的不同之处就在于如果用户线程已经全部退出运行了，只剩下守护线程存在了，虚拟机也就退出了。因为当所有的非守护线程结束时，没有了被守护者，守护线程也就没有工作可做了，也就没有继续运行程序的必要了，程序也就终止了，同时会终止所有守护线程。也就是说，只要有任何非守护线程还在运行，程序就不会终止。

在 Java 语言中，守护线程一般具有较低的优先级，它并非只由 JVM 内部提供，用户在编写程序时也可以自己设置守护线程。例如，将一个用户线程设置为守护线程的方法就是在调用 start 启动线程之前调用对象的 setDaemon(true)方法，如果将以上参数设置为 false，则表示的是用户线程模式。需要注意的是，当在一个守护线程中产生了其他线程，那么这些新产生的线程默认还是守护线程，用户线程也是如此。

以如下程序为例。

```java
class ThreadDemo extends Thread
{
    public void run()
    {
        System.out.println(Thread.currentThread().getName() + ":begin");
        try
        {
            Thread.sleep(1000);
        }
        catch (InterruptedException e)
        {
            e.printStackTrace();
        }
        System.out.println(Thread.currentThread().getName() + ":end");
    }
}

public class Test
{
    public static void main(String[] args)
    {
        System.out.println("test3:begin");
        Thread t1 = new ThreadDemo();
        t1.setDaemon(true);
        t1.start();
        System.out.println("test3:end");
    }
}
```

程序输出结果为：

```
test3:begin
test3:end
Thread-0:begin
```

从运行结果中可以发现，没有输出 Thread-0:end。之所以结果是这样，是因为在启动线程前将其设置为守护线程了，当程序中只有守护线程存在的时候，是可以退出的。也就是说当 JVM 中有守护线程在运行的时候，JVM 会自动关闭。因此当 test3 方法调用结束后，main 线程将退出，此时线程 t1 还处于休眠状态没有运行结束，但是由于此时只有这个守护线程在运行，JVM 将会关闭，因此不会输出 Thread-0:end。

守护线程的一个典型的例子就是垃圾回收器。只要 JVM 启动，它始终在运行，实时监控和管理系统中可以被回收的资源。

 4.12　join 方法的作用

在 Java 语言中，join 方法的作用是让调用该方法的线程在执行完 run()方法后，再执行 join 方法后面的代码。简单点说，就是将两个线程合并，用于实现同步功能。具体而言，可以通过线程 A 的 join()方法来等待线程 A 的结束，或者使用线程 A 的 join(2000)方法来等待线程 A 的结束，但最多只等待 2s。以如下程序为例。

```
public class JoinTest
{
    public static void main(String[] args)
    {
        Thread t = new Thread( new    ThreadImp());
        t.start();
        try
        {
                t.join(1000) ; //主线程等待 t 结束，只等 1s
                if(t.isAlive()) //t 已经结束
                        System.out.println("t has not finished");
                else
                        System.out.println("t has    finished");
                System.out.println("joinFinish");
        }
        catch    (InterruptedException e)
        {
                e.printStackTrace();
        }
    }
}

class ThreadImp implements Runnable
{
    public void run()
    {
        try
        {
                System.out.println("Begin ThreadImp");
                Thread.sleep(5000);
                System.out.println("End ThreadImp");
        }
        catch    (InterruptedException e)
        {
                e.printStackTrace();
        }
    }
}
```

程序运行结果为：

```
Begin ThreadImp
t has not finished
joinFinish
End ThreadImp
```

4.13　如何捕获一个线程抛出的异常

　　Thread 的 run 方法是不抛出任何检查型异常(checked exception)的，但是它可能会抛出一些运行时异常，从而导致这个线程的终结。一旦这个异常无法被线程中的 try/catch 捕获，因此可能导致一些问题出现，比如异常出现的时候无法回收一些系统资源，或者没有关闭当前的连接等。例如在下面的例子中，ThreadException 类中的 run 方法模拟抛出了一个运行时异常。

```
class ThreadException extends Thread
{
    public void run()
    {
            int i= 1/0;
    }
    public void similateCleanup()
    {
            System.out.println("Simulate clean up");
    }
```

```
    }
    public class Test
    {
        public static void main(String[] args)
        {
            Thread thread = new ThreadException();
            try
            {
                    thread.start();
            }
            catch(Exception e)
            {
                System.out.println("There is exception:"+e.getMessage());
            }
        }
    }
```

运行结果为：

```
Exception in thread "Thread-0" java.lang.ArithmeticException: / by zero
    at aaa.ThreadException.run(Test.java:8)
```

从运行结果可以看出在对于线程抛出的异常，是无法通过 try/catch 进行捕获的。这是因为线程本身是一个独立的执行代码的片段。那么如何捕获这种线程抛出的异常从而能在异常处理方法中做一些清理的工作（例如关闭连接等）。Java 在 JDK5 中引入了 Thread.UncaughtExceptionHandler 接口，可以通过这个接口给每一个 Thread 对象上添加一个 UncaughtExceptionHandler。当然也可以为所有 Thread 设置一个默认的 UncaughtExceptionHandler。Thread.UncaughtExceptionHandler.uncaughtException()方法会在线程因未捕获的异常而面临死亡时被调用。

定义一个 Handler 类必须实现 Thread.UncaughtExceptionHandler 接口的 void uncaughtException (Thread t, Throwable e)方法。如果不设置一个 Handler，那么单个 Thread 的 Handler 是 null。但是，如果这个单个线程是 ThreadGroup 中的一个 Thread，那么这个线程将使用 ThreadGroup 的 UncaughtExceptionHandler。ThreadGroup 自身已经实现了 Thread.UncaughtExceptionHandler 接口。uncaughtException(Thread a, Throwable e)可以拿到 Thread，所以在 uncaughtException 释放相关资源是最好的办法。示例代码如下：

```
    import java.lang.Thread.UncaughtExceptionHandler;

    class ThreadException extends Thread
    {
        public void run()
        {
                int i= 1/0;
        }
        public void similateCleanup()
        {
                System.out.println("Simulate clean up");
        }
    }

    class ErrHandler implements UncaughtExceptionHandler
    {
        /**
         * 这里可以做异常处理，例如可以释放系统资源
         * 或者通过日志记录错误或者唤醒其他线程等
         */
        public void uncaughtException(Thread a, Throwable e)
        {
            System.out.println("This is:" + a.getName() + ",Message:" + e.getMessage());
            e.printStackTrace();
            ((ThreadException)a).similateCleanup();
        }
    }
    public class Test
```

```
{
    public static void main(String[] args)
    {
        Thread thread = new ThreadException();
        try
        {
            UncaughtExceptionHandler handle = new ErrHandler();
            thread.setUncaughtExceptionHandler(handle);// 加入定义的 ErrHandler
            thread.start();
        }
        catch(Exception e)
        {
            System.out.println("There is exception:"+e.getMessage());
        }
    }
}
```

运行结果为：

```
This is:Thread-0,Message:/ by zero
java.lang.ArithmeticException: / by zero
Simulate clean up
        at aaa.ThreadException.run(Test.java:8)
```

从运行结果可以看出，当线程抛出运行时异常的时候会调用自定义的异常处理方法 uncaughtException，可以根据具体的应用场景来决定是否需要做一些清理工作。

 # 4.14 线程池

在 Java 语言中，可以通过 new Thread 的方法来创建一个新的线程执行任务，但是线程的创建是非常耗时的，而且创建出来的新的线程都是各自运行的，缺乏统一的管理，这样做的后果是可能导致创建过多的线程从而过度消耗系统的资源，最终导致性能急剧下降，线程池的引入就是为了解决这些问题。线程池可以预先创建给定数量的线程，这些线程可以被复用从而极大节省了系统资源，当线程一段时间不再有任务处理时它也会自动销毁，而不会长驻内存中。

↗4.14.1 Executor 接口

Executor 框架集对线程的调度进行了封装，它把任务的提交与执行进行了解耦，同时还提供了线程生命周期管理的所有方法，大大简化了线程调度和同步的门槛。这一节将重点介绍 Executor 的实现原理。

java.util.concurrent.Executor 是一个接口，这个接口只定义了一个方法（execute）用于执行已经提交的 Runnable 任务。其源码如下所示：

```
public interface Executor {
    void execute(Runnable command);
}
```

java.lang.Runnable 通常用于封装一段可执行代码，从 Java8 开始，它甚至可以被一段 lambda 表达式代替。

为什么要提供 Executor#execute 来调用 Runnable 呢？直接使用 Runnable#run 不能满足需求吗？

这是因为，Runnable 可以被认为是业务规定好的一段执行逻辑，但是它究竟要如何执行，在什么情况下执行，还未确定。Executor#execute 提供了很好的灵活性，比如：

```
class Before implements Executor
{
    @Override
    public void execute(Runnable command)
    {
        // 执行 runnable 前，做一些通用的事情
```

```
            doSamething();
            command.run();
        }
    }
    class After implements Executor {
        @Override
        public void execute(Runnable command)
        {
            // 执行 runnable 后，做一些通用的事情
            command.run();
            doSamething();
        }
    }
    class Async implements Executor
    {
        @Override
        public void execute(Runnable command) {
            // 异步执行 runnable
            new Thread(command).start();
        }
    }
```

利用这个接口的各种实现，可以实现类似于 JS 编程中的回调、链式调用等编码风格。

↗4.14.2　**ExecutorService**

java.util.concurrent.ExecutorService 接口继承自 Executor，作为一个 Service（服务），它提供了一系列对 Executor 的生命周期管理。

它提供了一系列的方法来生成和管理 Future，Future 则用于跟踪异步任务的处理流程。

ExecutorService 包含的方法见表 4-1。

表 4-1　**ExecutorService** 的方法

方　　法	功　　能
shutdown()	有序完成所有提交的任务，不再接受新的任务； 如果 ExecutorService 已经关闭，那么调用该方法不会起任何效果； 这个方法只是将线程池的状态设置为 SHUTWDOWN 状态，同时会尝试执行完等待队列中剩下的任务
shutdownNow()	立刻尝试关闭所有正在执行的任务，停止等待中的任务的处理，返回等待任务任务列表； 这个方法将线程池的状态设置为 STOP，正在执行的任务则被停止，没被执行任务的则返回
isShutDown()	返回 true 说明已经关闭
isTerminated()	返回 true 说明执行关闭后，所有任务都已完成
awaitTermination(long,TimeUnit);	阻塞指定的时长，以在关闭后，等待所有任务完成
submit(Callable):Future	提交一个带返回值的任务（Callable)用于执行； 返回一个代表该任务未来结果的 Future 对象； Future 的 get 方法，在任务成功完成后会返回结果； 注意：submit 不会阻塞当前线程，但是 Future#get 会阻塞
submit(Runnable,T): Future	提交一个不需要返回值的任务(Runnable)并且返回 Future； 如果执行成功，那么 Future#get 会返回参数 T
submit(Runnable):Future	提交一个不需要返回值的任务(Runnable)并且返回 Future； 如果执行成功，那么 Future#get 会返回 null
invokeAll(Collection<Callable>):List<Futrue>	执行提供的任务集合，全部任务完成后返回 Future 列表； Future#isDone 为 true 时表示对应的任务完成
invokeAll(Collection<Callable>,long,TimeUnit): List <Futrue>	执行提供的任务集合，全部任务完成或超时后返回 Future 列表； Future#isDone 为 true 时表示对应的任务完成或超时
invokeAny(Collection<Callable>)	执行给定的任务集合，返回第一个执行完成的结果； 注意：该方法的处理过程中，集合不建议修改，否则返回结果会是 null
invokeAny(Collection<Callable>,long,TimeUnit)	执行给定的任务集合，直到有任意任务完成，或者超时。 注意：该方法的处理过程中，集合不建议修改，否则返回结果会是 null

ExecutorService 最常见的实现类是 ThreadPoolExecuter，也就是常说的线程池。下一节将重点介绍这个类的实现方法。

↗4.14.3　ThreadPoolExecutor

java.util.concurrent.ThreadPoolExecutor 是 ExecutorService 的一个实现，也是最常见的线程池之一。线程池的意义在于它可以最大化的利用线程空闲时间以及节约系统资源。例如有 10000 个任务需要异步执行，一般的 CPU 并没有这么大的吞吐量，而线程创建的本身又要占用额外的内存。所以，利用线程池，如果有空闲的线程，那么执行任务，如果没有，那么等待执行中的线程空闲；同时，用户对线程最大数量的合理控制，能够取得执行时间和内存消耗的平衡。下面重点介绍 ExecutorService 类的内部实现原理。

首先给出 ThreadPoolExecutor 内部的几个重要的属性以及构造方法以及工作原理：

（1）重要的属性

```
/* 线程工厂，用于生成线程池中的工作线程   */
private volatile ThreadFactory threadFactory;
/* 工作线程超出 maximumPoolSize 时，被拒绝的任务的处理策略   */
private volatile RejectedExecutionHandler handler;
/* 决定线程多长时间没有接到任务后可以结束 */
private volatile long keepAliveTime;
/**
 * 线程池的基本大小，就算没有任务执行，线程池至少也要保持这个 size。
 * 不过如果 allowCoreThreadTimeOut 为 true，那么 corePoolSize 可能会为 0
 */
private volatile int corePoolSize;
/* 线程池最大容量，线程数不能超过这个数量。  */
private volatile int maximumPoolSize;
/* 曾经同时运行过线程的最大数量 */
private int largestPoolSize;
/* 队列中等待处理的工作线程 */
private final BlockingQueue<Runnable> workQueue;
/* 所有的工作线程，只有在持有 lock 时才会处理  */
private final HashSet<Worker> workers = new HashSet<Worker>();
```

（2）构造方法

```
public ThreadPoolExecutor(int corePoolSize,
                int maximumPoolSize,
                long keepAliveTime,
                TimeUnit unit,
                BlockingQueue<Runnable> workQueue,
                ThreadFactory threadFactory,
                RejectedExecutionHandler handler) {
    if (corePoolSize < 0 ||
        maximumPoolSize <= 0 ||
        maximumPoolSize < corePoolSize ||
        keepAliveTime < 0)
        throw new IllegalArgumentException();
    if (workQueue == null || threadFactory == null || handler == null)
        throw new NullPointerException();
    this.acc = System.getSecurityManager() == null ?
            null :
            AccessController.getContext();
    this.corePoolSize = corePoolSize;
    this.maximumPoolSize = maximumPoolSize;
    this.workQueue = workQueue;
    this.keepAliveTime = unit.toNanos(keepAliveTime);
    this.threadFactory = threadFactory;
    this.handler = handler;
}
```

（3）线程池工作流程

当有新任务的时候会按照下面的流程来执行：

1）如果线程池中的线程小于 corePoolSize，那么就会创建新线程直接执行任务。

2）如果线程池中的线程大于 corePoolSize，那么会暂时把任务存储到工作队列 workQueue 中等待执行。

3）如果工作队列 workQueue 也满，如果线程数小于最大线程池数 maximumPoolSize，那么就会创建新线程来处理，而如果线程数大于或等于最大线程池数 maximumPoolSize 时就会执行拒绝策略。具体执行流程如图 4-2 所示。

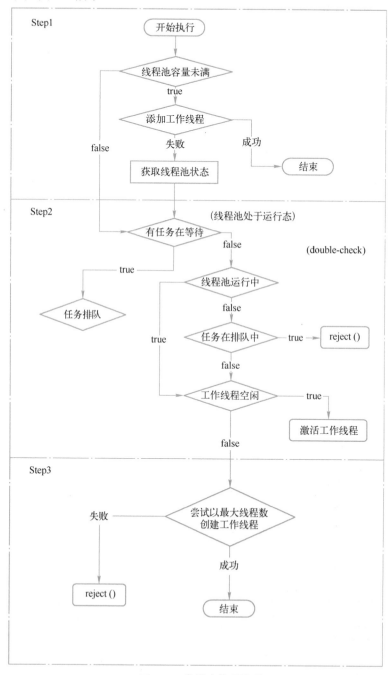

● 图 4-2　线程池执行流程

Executors 是 JDK 里面提供的创建线程池的工厂类，它默认提供了 4 种常用的线程池应用，而不必程序员去重复构造。这四种线程池在大部分情况下都能满足用户的需求。下面简要介绍这四种线程池的主要功能。

（1）newFixedThreadPool

通过名字就可以看出，线程池的大小是固定的，用户在创建的时候可以指定线程池的大小。在向线程池提交任务的时候，如果没有空闲线程就会把任务放到工作队列中，一旦队列满就执行默认的拒绝策略。它内部是通过 ThreadPoolExecutor 来实现的，实现代码如下所示：

```
public static ExecutorService newFixedThreadPool(int nThreads, ThreadFactory threadFactory) {
    return new ThreadPoolExecutor(nThreads, nThreads,
                                  0L, TimeUnit.MILLISECONDS,
                                  new LinkedBlockingQueue<Runnable>(),
                                  threadFactory);
```

（2）newCachedThreadPool

带缓冲的线程池，这个线程池创建的代码如下：

```
public static ExecutorService newCachedThreadPool() {
    return new ThreadPoolExecutor(0, Integer.MAX_VALUE,
                                  60L, TimeUnit.SECONDS,
                                  new SynchronousQueue<Runnable>());
}
```

从这个代码可以看出，线程池的基本大小为 0（核心线程数为 0），最大值为最大整数，空闲线程将会在 60s 后自动销毁。SynchronousQueue 是一个直接提交的队列，表示每个新任务都会有线程来执行，如果线程池有空闲线程则直接执行任务，否则就创建一个线程来执行，由此可见线程池中的线程数是不确定的，所以建议在执行速度较快及较小的线程的场景中使用这个线程池。

（3）newSingleThreadExecutor

这是一个单线程的线程池，核心线程数和最大线程数均为 1，空闲线程存活 0ms 没有意义（表示这个线程将会永久存在），这个线程池每次只能执行一个任务，其他任务先存储到工作队列，等线程空闲的时候才能继续执行。其内部实现代码如下：

```
public static ExecutorService newSingleThreadExecutor() {
    return new FinalizableDelegatedExecutorService
           (new ThreadPoolExecutor(1, 1,
                                    0L, TimeUnit.MILLISECONDS,
                                    new LinkedBlockingQueue<Runnable>()));
```

（4）newScheduledThreadPool

调度线程池，这个线程池可以按照一定的周期执行任务，即定时任务。其内部实现代码如下：

```
public static ScheduledExecutorService newScheduledThreadPool(int corePoolSize) {
    return new ScheduledThreadPoolExecutor(corePoolSize);
}
```

↗4.14.4　线程池的使用方法

上一节介绍过，目前 Java 语言主要提供了 4 个线程池的实现类，下面将介绍它们的使用方法。

1）newSingleThreadExecutor：创建一个单线程的线程池，它只会用唯一的工作线程来执行任务，也就是相当于单线程串行执行所有任务，如果这个唯一的线程因为异常结束，那么会有一个新的线程来替代它。使用方法如下所示：

```
import java.util.concurrent.ExecutorService;
import java.util.concurrent.Executors;
class MyThread extends Thread
{
    public void run()
```

```
        {
            System.out.println(Thread.currentThread().getId()+" run");
        }
    }

    public class TestSingleThreadExecutor
    {
        public static void main(String[] args)
        {
            ExecutorService pool = Executors.newSingleThreadExecutor();
            // 将线程放入池中进行执行
            pool.execute(new MyThread());
            pool.execute(new MyThread());
            pool.execute(new MyThread());
            pool.execute(new MyThread());
            // 关闭线程池
            pool.shutdown();
        }
    }
```

程序的运行结果为:

```
    15 run
    15 run
    15 run
    15 run
```

2）newFixedThreadPool：创建一个定长线程池，可控制线程的最大并发数，超出的线程会在队列中等待。使用这个线程池的时候，必须根据实际情况估算出线程的数量。

示例代码如下所示:

```
    import java.util.concurrent.ExecutorService;
    import java.util.concurrent.Executors;

    class MyThread extends Thread
    {
        public void run()
        {
            System.out.println(Thread.currentThread().getId()+" run");
        }
    }

    public class TestNewFixedThreadPool
    {
        public static void main(String[] args)
        {
            ExecutorService pool = Executors.newFixedThreadPool(2);
            // 将线程放入池中进行执行
            pool.execute(new MyThread());
            pool.execute(new MyThread());
            pool.execute(new MyThread());
            pool.execute(new MyThread());
            // 关闭线程池
            pool.shutdown();
        }
    }
```

程序的运行结果为:

```
    15 run
    15 run
    15 run
    17 run
```

3）newCachedThreadPool：创建一个可缓存线程池，如果线程池的长度超过处理需要，那么可灵活回收空闲线程，如果不可回收，那么新建线程。此线程池不会对线程池的大小做限制，线程池的大小完全依赖于操作系统（或者说 JVM）能够创建的最大线程大小。使用这种方式需要在代码运行的过程中通过控制并发任务的数量来控制线程的数量。

示例代码如下所示：

```
import java.util.concurrent.ExecutorService;
import java.util.concurrent.Executors;
class MyThread extends Thread
{
    public void run()
    {
        System.out.println(Thread.currentThread().getId()+" run");
    }
}

public class TestNewCachedThreadPool
{
    public static void main(String[] args)
    {
        ExecutorService pool = Executors.newCachedThreadPool();
        // 将线程放入池中进行执行
        pool.execute(new MyThread());
        pool.execute(new MyThread());
        pool.execute(new MyThread());
        pool.execute(new MyThread());
        // 关闭线程池
        pool.shutdown();
    }
}
```

程序的运行结果为：

```
15 run
17 run
19 run
21 run
```

4）newScheduledThreadPool：创建一个定长线程池。此线程池支持定时以及周期性执行任务的需求。示例代码如下所示：

```
import java.util.concurrent.ScheduledThreadPoolExecutor;
import java.util.concurrent.TimeUnit;
class MyThread extends Thread
{
    public void run()
    {
        System.out.println(Thread.currentThread().getId()+" timestamp:"+System.currentTimeMillis());
    }
}

public class TestScheduledThreadPoolExecutor
{
    public static void main(String[] args)
    {
        ScheduledThreadPoolExecutor exec = new ScheduledThreadPoolExecutor(2);
        //每隔一段时间执行一次
        exec.scheduleAtFixedRate(new MyThread(), 0, 3000, TimeUnit.MILLISECONDS);
        exec.scheduleAtFixedRate(new MyThread(), 0, 2000, TimeUnit.MILLISECONDS);
    }
}
```

程序的运行结果为：

```
15 timestamp:1443421326105
17 timestamp:1443421326105
15 timestamp:1443421328105
17 timestamp:1443421329105
……
```

4.15 ThreadLocal

java.lang.ThreadLocal 是自 JDK1.2 版本起提供的线程成员操作类。

在多线程环境下开发工作中，经常需要区分不同的线程，而且在一个线程的执行过程中能够一直访问某一个数据，而 ThreadLocal 就可以很好地解决这个问题

4.15.1 应用实例

比如下面这个实例，依赖主线程的特定参数 arg，来完成后续任务：

```java
public static void main(String[] args)
{
    // 参数定义
    final int arg = 0;
    Thread t1 = new Thread(new Runnable()
    {
        @Override
        public void run()
        {
            // 需要传递参数
            task1(arg);
        }
    });
    t1.start();
}

public static void task1(int arg)
{
    // 如果之后的方法里使用到参数，那么需要继续传递
    task2(arg);
}

private static void task2(int arg)
{
}
```

可以注意到，在线程执行的任意阶段，arg 如果不被传递，那么 arg 就丢失了，用户无法再拾回。同理，如果有多个参数 arg2、arg3 等，那么每个参数都必须跟随调用过程传递。这无疑造成了代码的冗余。

下面介绍 ThreadLocal 提供的解决方案：

```java
// 定义一个参数 arg
static ThreadLocal<Integer> arg = new ThreadLocal<>();

public static void main(String[] args)
{
    Thread t1 = new Thread(new Runnable()
    {
        @Override
        public void run()
        {
            // 初始化参数
            arg.set(0);
            // 参数无需再次传递
            task1();
        }
    });
    t1.start();

    Thread t2 = new Thread(new Runnable()
    {

        @Override
```

```
                public void run()
                {
                    // 初始化另外一个参数
                    arg.set(1);
                    task1();
                }
        });
        t2.start();
    }

    public static void task1()
    {
        task2();
    }

    private static void task2()
    {
        System.out.println(arg.get());
    }
```

在利用 ThreadLocal 实现的代码里中，只要能访问到 ThreadLocal 变量的地方，都可以获取到指定的值。但是，如果仅仅是为了传递值，那么定义一个 static 变量不都可以做到吗？

这里的重点在于：ThreadLocal#get 获取到的值，对每一个线程是唯一的。

也就是说，线程 t1 的执行输出为 0，线程 t2 的执行输出为 1。

↗4.15.2　原理解析

图 4-3 给出了 ThreadLocal 的实现原理。

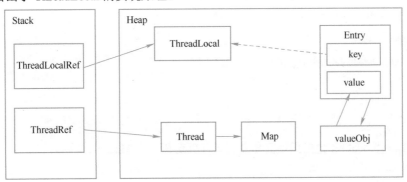

● 图 4-3　ThreadLocal 实现原理

每个 Thread 内部都维护列一个 ThreadLocalMap（它本质上是一个 Map）。这个 Map 的 key 是一个弱引用，其实就是 ThreadLocal 本身，value 存储了真正的 object。下面结合图 4-3 来说明 ThreadLocal 的工作原理：

1）在线程被创建时，线程的对象会被存储在堆中（Thread），但是在栈中存储了这个线程对象的引用（ThreadRef）；

2）当 TheadLocal 对象被初始化时，存储在堆中（ThreadLocal），同时在栈中保存了它的引用（ThreadLocalRef）；

3）当 ThreadLocal 的 set/get 被调用时，JVM 会根据线程的引用（ThreadRef）找到其对应在堆区的实例（Thread），然后查看其对用的 TheadLocalMap 实例是否被创建，如果没有，则创建并初始化。一旦初始化后，就可以使用当前 ThreadLocal 对象作为 key，进行存取操作。

需要注意的是：图中的虚线，表示 key 对 ThreadLocal 实例的引用是个弱引用。

下面从源码的角度出发介绍 ThreadLocal 是如何实现存值和取值的。

（1）ThreadLocal 如何存值

源码如下所示：

```
public void set(T value)
{
    Thread t = Thread.currentThread();
    // 获取线程内部 ThreadLocalMap
    ThreadLocalMap map = getMap(t);
    // 以当前 ThreadLocal 为 key，存值
    if (map != null)
        map.set(this, value);
    else
        createMap(t, value);
}
ThreadLocalMap getMap(Thread t)
{
    return t.threadLocals;
}
```

ThreadLocalMap 是一个弱引用集合，它的存值、取值实现类似于 HashMap，使用了一个数组来存放数据，使用混淆压缩后的 ThreadLocalHashCode 作为数组下标。

弱引用特性由父类 WeakReference 的 Entry 提供，如果熟悉 Java Collection，那么应当知道 Entry 一般用于 Map 的存值，WeakReference 的特性在于，如果遇到了垃圾回收，那么弱引用对应实例将立刻变为不可达。

使用弱引用的目的在于节约资源，ThreadLocal 的使用范围被局限在单个线程内部，线程内的方法都是顺序执行的，如果在执行过程中执行了 gc，那么可以认为该变量不会再被使用。

```
static class Entry extends WeakReference<ThreadLocal<?>>
{
    Object value;

    Entry(ThreadLocal<?> k, Object v)
    {
        super(k);
        value = v;
    }
}
```

总结：ThreadLocal.set 会把指定值和当前线程绑定在一个 Map 里。

（2）ThreadLocal 如何取值

源码如下所示：

```
public T get()
{
    Thread t = Thread.currentThread();
    ThreadLocalMap map = getMap(t);
    if (map != null)
    {
        ThreadLocalMap.Entry e = map.getEntry(this);
        if (e != null)
        {
            @SuppressWarnings("unchecked")
            T result = (T)e.value;
            return result;
        }
    }
    return setInitialValue();
}
```

get 的源码和 set 非常类似，也是通过获取当前线程，然后获取指定的 ThreadLocalMap 内容。

总结：ThreadLocal.get 会根据当前线程，找到 map 中绑定的值。如果 map 或者值尚未初始化，那么会调用 setInitialValue 进行初始化。

↗4.15.3　改进

在 Java8 中，ThreadLocal 提供了一种新的使用方式：

```
public static <S> ThreadLocal<S> withInitial(Supplier<? extends S> supplier)
{
    return new SuppliedThreadLocal<>(supplier);
}
```

SuppledThreadLocal 是 ThreadLocal 的子类，它的出现是为了动态产生初始化值，supplier 是动态产生值的方法。SuppliedThreadLocal 源码如下所示，它仅重写了 initialValue 方法，将其实现委托给了 supplier。源码如下所示：

```
static final class SuppliedThreadLocal<T> extends ThreadLocal<T>
{
    private final Supplier<? extends T> supplier;

    SuppliedThreadLocal(Supplier<? extends T> supplier)
    {
        this.supplier = Objects.requireNonNull(supplier);
    }

    @Override
    protected T initialValue()
    {
        return supplier.get();
    }
}
```

下面的示例代码展示了使用随机数作为参数的一种使用方式：

```
ThreadLocal<Double> arg = ThreadLocal.withInitial(() -> {
    return Math.random();
});

new Thread(() -> {
    System.out.println("线程一：");

    System.out.println("获取数据");
    System.out.println(arg.get());

    System.out.println("再次获取数据");
    System.out.println(arg.get());
}).start();
```

运行结果如下所示：

```
线程一：
获取数据
0.3814622034228643
再次获取数据
0.3814622034228643
```

4.16　Latch

java.util.concurrent.CountDownLatch 经常被称为闭锁，它能够使指定线程等待计数线程完成各自工作后再执行。使用示例如下所示：

```
CountDownLatch latch=new CountDownLatch(2);

new Thread(()->
{
    System.out.println("第一个线程开始工作");
    try
    {
        Thread.sleep(2000);
    }
    catch (InterruptedException e)
```

```
        {
                e.printStackTrace();
        }
        System.out.println("第一个线程工作结束");
        latch.countDown();
}).start();

new Thread(()->
{
        System.out.println("第二个线程开始工作");
        try
        {
                Thread.sleep(3000);
        }
        catch (InterruptedException e)
        {
                e.printStackTrace();
        }
        System.out.println("第二个线程工作结束");
        latch.countDown();
}).start();

try
{
        latch.await();
}
catch (InterruptedException e)
{
        e.printStackTrace();
}
System.out.println("所有任务都已经完成");
```

在上面的示例代码中，提供了一个计数为 2 的 CountDownLatch，每执行完一个线程就调用 latch 的 countDown 方法把计数减 1。等全部任务执行完成后，latch.await()之后的代码才会执行。

CountDownLatch 提供了对一组线程任务进行约束的能力，也就是说可以在任务中灵活的根据条件来调用 latch#countDown()方法，从而决定是否中断 CountDownLatch#await 造成的阻塞。

需要注意的是，一个 CountDownLatch 被使用后，它的计数不会再回归原处，而是始终为 0，所以，CountDownLatch 不可以重用。图 4-4 展示了 CountDownLatch 的工作模式。

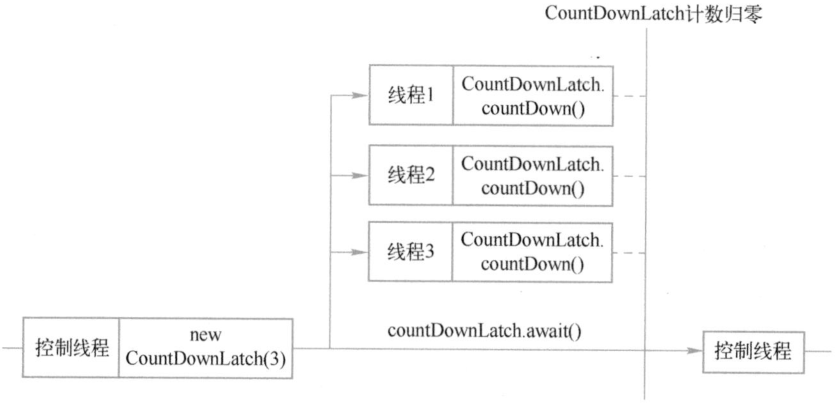

CountDownLatch计数归零

线程1	CountDownLatch.countDown()
线程2	CountDownLatch.countDown()
线程3	CountDownLatch.countDown()

控制线程 | new CountDownLatch(3) | countDownLatch.await() | 控制线程

● 图 4-4　CountDownLatch 工作模式

由此可见，门闩（Latch）很形象地描述了它的工作模式，用户必须一道一道地解开，才能打开门（继续执行）。

4.17　Barrier

CyclicBarrier（回环栅栏），它反映了等待一组线程完成某个条件后再全部一起执行后续功能的能力。之所以称之为回环，是因为与 CountDownLatch 一次性使用方式不同，它可以被反复使用。

CyicicBarrier 有多种使用方式，最基本的使用方式如下，使用计数器来约束线程：

```
CyclicBarrier barrier=new CyclicBarrier(2);

new Thread(()->
{
    System.out.println("第一个线程开始工作");
    try {
        Thread.sleep(2000);
    } catch (InterruptedException e) {
        e.printStackTrace();
    }
    try {
        System.out.println("第一个线程等待其他线程完成工作");
        barrier.await();
    } catch (InterruptedException | BrokenBarrierException e) {
        e.printStackTrace();
    }
    System.out.println("第一个线程继续工作");
}).start();

new Thread(()->
{
    System.out.println("第二个线程开始工作");
    try {
        Thread.sleep(3000);
    } catch (InterruptedException e) {
        e.printStackTrace();
    }
    try {
        System.out.println("第二个线程等待其他线程完成工作");
        barrier.await();
    } catch (InterruptedException | BrokenBarrierException e) {
        e.printStackTrace();
    }
    System.out.println("第二个线程继续工作");
}).start();
```

在该示例中，线程一在 2s 后完成了它工作的第一阶段，开始等待其他线程完成工作，线程二则比线程一工作多了 1s，等它工作完后，两个线程都不再阻塞，继续自己的工作。

4.18 Java 中的 Fork/Join 框架

Fork/Join 是 JDK7 中出现的一个高效的工具。它是一个可以将大任务分割成小的任务后并行运行，然后将小任务的最终结果合并成为大任务的结果的框架。被分割后的子任务还可以继续分割，从而满足实际的需求，与 MapReduce 的思想非常类似。使用 Fork/Join 的一个前提条件是：任务的分割必须保证子任务独立，也就是说子任务之间没有相互的依赖关系。例如：要计算 1+2+⋯+100。可以把这个任务分成两个子任务分别计算 1+2+⋯+50 和 51+52+⋯+100，最终只需要把两个子任务的结果相加即可（合并子任务）。对于每个子任务，还可以继续划分为更小的子任务。Fork/Join 的运行流程图如图 4-5 所示。

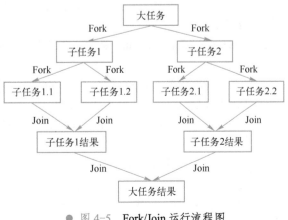

● 图 4-5 Fork/Join 运行流程图

这种模型内部使用了线程池来执行各个子任务，它的工作原理为：线程池中的每个线程都有自己的工作队列，当自己队列中的任务都完成以后，会从其他线程的工作队列中"偷"一个任务执行，这样可以充分利用资源，这种思想被称为工作窃取算法（work-stealing）。执行流程如图 4-6 所示：

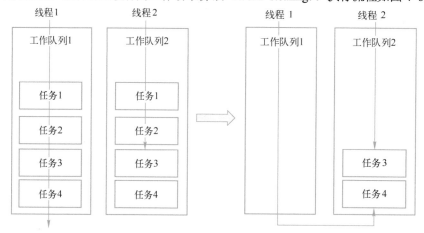

● 图 4-6　Fork/Join 工作流程图

在上图中，线程 1 一旦执行完其任务队列中所有的任务后，它就会从线程 2 的任务队列中获取任务继续执行。为什么要使用窃取算法呢？显然还是为了提高任务的执行效率。例如：在一些特殊场景中，线程 1 的任务耗时比较短可以很快执行完，而线程 2 对应的任务比较耗时。那么即使线程 1 执行完其任务队列中的全部任务，对于大任务来讲，它还是需要等线程 2 执行完全部的子任务后才能进行合并得到最终结果。如果在这种情况下，线程 1 能帮助线程 2 完成一些子任务，显然会缩短整个任务的执行时间。

从上面的分析可以发现多个线程会访问同一个队列，所以为了减少窃取任务线程和被窃取任务线程之间的竞争，通常会使用双端队列，被窃取任务线程只从队列的头部获取任务执行，而窃取任务的线程只能从队列的尾部获取任务执行。但是如果队列里只有一个任务时。还是会产生竞争（两个线程同时去尝试访问队列中相同的元素）。

下面重点介绍与 Fork/Join 相关的类与接口：

1）ForkJoinPool：用于执行调度分割的任务的一个线程池，它实现了 ExecutorService 接口并提供三种执行任务的方式：

① execute：异步的方式执行任务，并且没有返回结果；

② submit：异步的方式执行，且返回结果，返回结果是封装后的 Future 对象，可以通过 get 方法获取结果；

③ invoke 和 invokeAll：调用线程直到任务执行完成才会返回，也就是说这是一个同步方法，且有返回结果。

2）ForkJoinTask：表示运行在 ForkJoinPool 中的任务，实现了 Future 接口，是一个异步任务。提供以分叉的方式执行，并合并执行结果。它主要有以下几种方法：

① fork()　在当前任务正在运行的池中异步执行此任务，简单的理解就是再创建一个子任务。

② join()　当任务完成的时候返回计算结果。

③ invoke()　开始执行此任务，如有必要，等待完成，并返回其结果。

这个类有两个子类：

RecursiveAction：异步任务，无返回结果。通常自定义的任务需要继承该类并重写 compute 方法，任务执行的值通过 compute 方法来实现的。

RecursiveTask：异步任务，有返回结果。通常自定义的任务需要继承该类并重写 compute 方法，任务执行的是通过 compute 方法来实现的。

下面通过一个例子来说明如何使用 Fork/Join 框架：这个例子用来计算 1+2+3+10 的结果。在使用 Fork/Join 的时候一定要定义好子任务的大小，也就是说在任务被划为到多大的时候就不需要继续划分了。对于这个任务，可以设置阈值为 3（也就是说每个子任务最多负责 3 个整数的相加）。示例代码如下：

```java
import java.util.concurrent.*;

public class SumTask extends RecursiveTask<Integer>
{
    private static final int THRESHOLD = 3; //Fork 任务的阈值

    private int start;     //加法运算的起始值
    private int end;       //加法运算的结束值

    public SumTask(int start, int end)
    {
        this.start = start;
        this.end = end;
    }

    @Override
    protected Integer compute()
    {
        int sum = 0;
        boolean smallEnough = (end - start) <= THRESHOLD;
        // 如果小于或等于阈值，则直接计算结果
        if (smallEnough)
        {
            System.out.println("计算加法区间为："+start+"~"+end);
            for (int i = start; i <= end; i++)
                sum += i;
        }
        else
        {
            // 如果任务大于阀值，就分裂成多个子任务计算（这里以 2 为例）
            int mid = (start + end) / 2;
            SumTask task1 = new SumTask(start, mid);
            SumTask task2 = new SumTask(mid + 1, end);

            //分别执行子任务
            task1.fork();
            task2.fork();

            // 判断 task1 在执行过程中是否碰到异常
            if (task1.isCompletedAbnormally())
            {
                System.out.println(task1.getException());
            }

            // 判断 task2 在执行过程中是否碰到异常
            if (task2.isCompletedAbnormally())
            {
                System.out.println(task2.getException());
            }
            // 等待子任务执行完并得到执行结果
            int task1Result = (int) task1.join();
            int task2Result = (int) task2.join();

            //合并子任务的结果
            sum = task1Result + task2Result;
        }
        return sum;
    }
}
```

```
public static void main(String[] args)
{
    ForkJoinPool forkJoinPool = new ForkJoinPool();

    // 生成一个计算资格，负责计算 1+2+3+4
    SumTask task = new SumTask(1, 10);
    Future<Integer> result = forkJoinPool.submit(task);
    try
    {
        System.out.println(result.get());
    } catch (Exception e)
    {
    }
}
```

运行结果为：

```
计算加法区间为： 1~3
计算加法区间为： 6~8
计算加法区间为： 9~10
计算加法区间为： 4~5
55
```

上面的代码中使用了 new ForkJoinPool();实例化了一个 ForkJoinPools 的对象。其实 ForkJoinPools 类有一个静态方法 commonPool()，通过这个静态方法所获得的 ForkJoinPools 实例是由整个应用进程共享的，并且它适合绝大多数的应用系统场景。使用 commonPool 通常可以帮助应用程序中多种需要进行归并计算的任务共享计算资源，从而使后者发挥最大作用（ForkJoinPools 中的工作线程在闲置时会被缓慢回收，并在随后需要使用时被恢复）。因此，建议使用这种方式来使用 ForkJoinPools。

下面简要介绍 Fork/Join 的内部实现原理，有兴趣的读者可以通过阅读源码来理解内部的具体实现。

ForkJoinPool 由任务队列（WorkQueue）和工作线程（ForkJoinWorkerThread）数组组成。其中工作队列是一个双端队列，内部存放的是任务对象（ForkJoinTask）；而 ForkJoinWorkerThread 数组负责执行这些任务。下面分别介绍不同的模块：

ForkJoinPool

ForkJoinPool 支持两种模式：同步和异步。同步是指对于工作线程（Worker）自身队列中的任务，采用后进先出（LIFO）的方式执行；异步是指对于工作线程（Worker）自身队列中的任务，采用先进先出（FIFO）的方式执行。

它的主要工作如下：

1）接收外部任务，主要通过调用 ForkJoinPool 的 invoke/execute/submit 方法来提交任务。

2）接收 ForkJoinTask 自身 fork 出的子任务。

3）管理工作线程，也就是管理 ForkJoinWorkerThread 数组。

4）管理任务队列。

ForkJoinWorkerThread

在 Fork/Join 框架中，每个工作线程都有一个自己的任务队列（WorkerQueue），从 ForkJoinWorkerThread 的实现源码中可以看出这一点，工作线程会优先处理自身任务队列中的任务（LIFO 或 FIFO 顺序，由线程池构造时的参数 mode 决定），只有当自身的任务队列为空时，才会以 FIFO 的顺序窃取其他队列中的任务。

```
public class ForkJoinWorkerThread extends Thread
{
    final ForkJoinPool pool;                              // 该工作线程归属的线程池
```

```
    final ForkJoinPool.WorkQueue workQueue;        // 该工作线程对应的任务队列
    // ...
}
```

WorkQueue

WorkQueue 是一个双端队列，用来存放任务对象。默认情况下工作线程对 WorkQueue 的操作总是以栈操作（LIFO）的方式从栈顶取任务；当工作线程尝试窃取其他任务队列中的任务时，则属于 FIFO 的方式。ForkJoinPool 中的工作队列可以分为两类：

1）有工作线程绑定的任务队列。这类任务队列在数组中的下标始终奇数，这个队列中的任务均由工作线程调用产生，也就是说当工作线程调用 ForkJoinTask.fork() 的时候，它会产生新的任务，并把这个新的任务添加到与工作线程绑定的任务队列中；

2）没有工作线程绑定的任务队列。这类任务队列的下标始终是偶数，它是由非工作线程调用 execute/submit/invoke 来生成的，例如调用 ForkJoinPool.submit 方法。

在 ForkJoinPool 内部，维护了一个 WorkQueue[]数组，这个数组会在外部首次提交任务时进行初始化：

```
volatile WorkQueue[] workQueues; // main registry
```

为了更好地理解工作线程、有线程绑定的任务队列和无线程绑定的任务队列是怎么合作执行的，下面通过一个简单的示意图来介绍整个执行过程。

1）初始状态下没有任何任务，因此任务队列数组为空。

2）使用 ForkJoinPool 的 invoke/execute/submit 从外部提交一个任务（假设这个任务为 T0），这时候会初始化任务队列数组，初始化的原则为：队列的大小必须是 2 的幂次方；然后在下标为偶数的数组中初始化一个任务队列（由于这个任务队列没有与之对应的工作线程），并把这个任务添加到这个队列中初始化后如图 4-7 所示。

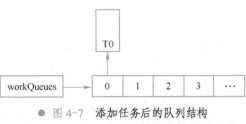

● 图 4-7　添加任务后的队列结构

3）接着需要创建工作线程来执行这个任务，从前面的讲解可知，与工作线程绑定的工作对应一定位于下标为奇数的位置，因此在这一步中会首先创建一个工作线程，然后在下标为奇数的位置创建一个任务队列与之进行绑定，如图 4-8 所示。

WorkThread1 发现与之绑定的工作队列为空，因此，它会扫描 workQueues，从中找到一个可以窃取的队列，在这个例子中，它最终会找到 workQueues[0]，因此 WorkThread1 会执行 T0，如果 T0 需要继续 Fork 为更小的任务，例如在上面的示例代码中通过下面两行代码创建两个新的任务（假设这两个任务分别为 T1、T2）：

```
task1.fork();
task2.fork();
```

工作线程通过 Fork 方法产生新的任务会放到与之绑定的队列中，如图 4-9 所示。

● 图 4-8　创建工作线程后的队列结构　　　● 图 4-9　工作线程与任务队列绑定

此外，在这个过程中还会创建新的 WorkThread（例如 WorkThread2），同时还会在其他下标为偶数的位置创建一个空的任务队列与这个 WorkThread 绑定。接着 WorkThread2 就可以继续从其他的任务队列中窃取任务来执行了。

对于执行的任务，如果任务已经足够小了，就会直接执行这个任务，否则可以使用相同的方式继续 Fork 出来更小的任务。

 ## 4.19　CAS

Compare And Swap（简称 CAS）从字面上理解是"比较并交换"的意思，它的作用是：对指定内存地址的数据，校验它的值是否为期望值，如果是，那么修改为新值，返回值表示是否修改成功。CAS 的操作过程伪代码如下：

```
int value;
int compareAndSwap(int oldValue,int newValue)
{
    int old_reg_value =value;
    if (old_reg_value==oldvalue)
        value=newValue;
    return old_reg_value;
}
```

在通常的开发流程中，Java 代码会被编译为 class 字节码，字节码在 JVM 中解释执行，最终会作为一个一个的指令集交由 CPU 处理，同一句 Java 语句可能产生多条指令集，由于 CPU 的优化策略和多线程同时执行，指令集可能不会顺序执行，这就产生了操作原子性问题。

CAS 和代码级的比较交换相比，其特殊之处在于，CAS 保证它的操作是原子性的。也就是说一个序列的指令必定会连续执行，不会被其他的指令所妨碍。

既然原子操作问题发生在 CPU 指令顺序问题中，Java 代码能直接控制到这个级别吗？

答案是部分可以。通常而言，Java 是不建议直接操作底层的，但事实上，Java 有提供一个非公开的类 sun.misc.Unsafe，来专门做较为底层的操作，它提供的方法都是 native 本地方法，它封装了一系列的原子化操作。

需要注意的是，该类原则上是禁止被使用的。

native 方法没有方法体，不需要 Java 代码实现，它的真正方法体来自于底层的动态链接库 (dll,so)，是由 C\C++来实现的。

sun.misc.Unsafe 有一个方法 getAndAddInt，可以利用这个方法实现多个线程同时对一个数执行加 1 操作，使其执行结果始终为 10000。

代码如下所示：

```
for (int i = 0; i < 10; i++)
{
    new Thread(() ->
    {
        for (int j = 0; j < 1000; j++)
        {
            unsafe.getAndAddInt(ReentrantLockVolatileSample.class,intValOffset, 1);
        }
    }).start();
}
```

unsafe.getAndAddInt(Object,offset,i)，该方法的意义是获取 Object 对象在内存偏移量 offset 位置的数值，增加 i 并返回。

通过下面的源码，可以发现 getAndAddInt 方法是由 compareAddSwapInt（操作整型的 CAS 方法）实现的：

```
public final int getAndAddInt(Object o, long offset, int delta)
{
    int v;
    do
    {
        v = getIntVolatile(o, offset); //根据 o 的内存地址和地址偏移量获取对应的 int 值
    }
    while (!compareAndSwapInt(o, offset, v, v + delta));//执行 v=v+delta
    return v;
}
```

unsafe.compareAndSwapInt(Object,offset,expect,newValue)，用于比较 Object 对象在内存偏移量 offset 位置的数值是否为期望值 expect，如果是，那么修改为 newValue。修改成功则返回 true，失败则返回 false。

通过这种方式就达到了原子化的 intVal++的效果，最终计算出来的结果恒为 10000。

在 AQS 里，Unsafe 作用主要体现在以下方法：

```
protected final boolean compareAndSetState(int expect, int update)
{
    return unsafe.compareAndSwapInt(this, stateOffset, expect, update);
}
private final boolean compareAndSetHead(Node update)
{
    return unsafe.compareAndSwapObject(this, headOffset, null, update);
}
private final boolean compareAndSetTail(Node expect, Node update)
{
    return unsafe.compareAndSwapObject(this, tailOffset, expect, update);
}
```

至此，"如何在多线程环境下保证结点交换时的线程安全"这个问题，就得到了解答。

AQS 使用了 volatile 以保证 head 和 tail 结点执行中的有序性和可见性，又使用了 unsafe/CAS 来保障了操作过程中的原子性。AQS 的结点操作满足线程安全的三要素。所以，可以认为相关操作是线程安全的。而且，CAS 的执行方式是自旋锁，与 synchronized 相比，更加充分利用了资源，效率更高。

虽然 CAS 看起来很完美，但是从语义上来说它并不是完美的，存在这样一个被称为"ABA 问题"的逻辑漏洞：

如果一个变量 V 初次读取的时候是 A 值，并且在准备赋值的时候检查到它依然是 A 值，那么就认定它没有改变过。如果在这期 x 间它的值被改为 B，后来又改为 A，那么 CAS 就会误认为它从来没有被改变过。如图 4-10 所示。

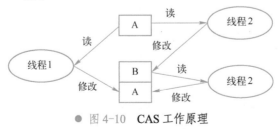

● 图 4-10　CAS 工作原理

由上图可见，线程 1 在执行的过程中会忽略线程 2 的执行。线程 1 尽管执行 CAS 成功了，但可能存在潜藏的问题。例如：有一个用单链表实现的栈，栈顶为 A，而且此时线程 1 已经知道 A.next 为 B，然后希望用 CAS 将栈顶替换为 B（通过调用 head.compareAndSet(A,B)来实现），但是在线程 1 compareAndSet 执行的过程中，线程 2 介入，将 A、B 出栈，再将 D、C、A 压栈。而对象

B 此时将处于游离状态。然后线程 1 继续执行 CAS 操作，检测发现栈顶仍为 A，所以 CAS 成功，栈顶变为 B，但此时对象 B 已经不存在了（或者 B.next=null），显然，这将会导致栈中数据的错误。常见的 ABA 问题解决方式，就是在更新的时候增加一个版本号，每次更新之后版本号+1，从而保证数据一致。在 Java 中，可以使用 AtomicStampedReference 来解决 ABA 问题。解决思路为：在对象之中添加了 stamp 时间戳属性来发现其他线程修改了多次并变回修改前的 value 值的情况，通过对比 stamp 是否想到便可知道对象是被修改过的，只有提供属性值和 stamp 时间戳相等才能成功执行 CAS 修改操作，这个类内部定义了一个键值对对象 AtomicStampedReference.Pair<V>pair 类型，pair 中值为属性值，value 为 stamp 时间戳，在执行 CAS 操作时需要提供原值的 value 和时间戳都相等的情况才能成功执行 CAS 操作。使用 AtomicStampdReference 的示例代码如下：

```java
import java.util.concurrent.atomic.AtomicInteger;
import java.util.concurrent.atomic.AtomicStampedReference;

public class Test {

    private static AtomicInteger atomicInt = new AtomicInteger(1);
    private static AtomicStampedReference<Integer> asRef =
            new AtomicStampedReference<Integer>(100, 0);

    public static void testABA() throws InterruptedException
    {
        Thread t1 = new Thread(new Runnable()
        {
            @Override
            public void run()
            {
                atomicInt.compareAndSet(1, 2);
                atomicInt.compareAndSet(2, 1);
            }
        });

        Thread t2 = new Thread(new Runnable()
        {
            @Override
            public void run()
            {
                try {
                            Thread.sleep(1000);
                        } catch (InterruptedException e) {
                            e.printStackTrace();
                        };
                boolean c3 = atomicInt.compareAndSet(1, 2);
                System.out.println(c3);
            }
        });

        t1.start();
        t2.start();
        t1.join();
        t2.join();
    }

    public static void testFixABA() throws InterruptedException
    {
        Thread t1 = new Thread(new Runnable()
        {
            @Override
            public void run()
            {
                asRef.compareAndSet(1, 2,
                    asRef.getStamp(), asRef.getStamp()+1);
                asRef.compareAndSet(2, 1,
```

```
                    asRef.getStamp(), asRef.getStamp()+1);
        }
    });

    Thread t2 = new Thread(new Runnable()
    {
        @Override
        public void run()
        {
            int stamp = asRef.getStamp();
            System.out.println("Before sleep : stamp = " + stamp);        // stamp = 0
            try
            {
                Thread.sleep(1000);
            } catch (InterruptedException e)
            {
                e.printStackTrace();
            }
            System.out.println("After sleep : stamp = " + asRef.getStamp());//stamp = 1
            boolean c3 = asRef.compareAndSet(1, 2, stamp, stamp+1);
            System.out.println(c3);              //false
        }
    });

    t1.start();
    t2.start();
    t2.join();
    t2.join();
    }

    public static void main(String[] args) throws InterruptedException
    {
        testABA();
        testFixABA();
    }
}
```

运行结果为：

```
true
Before sleep : stamp = 0
After sleep : stamp = 0
False
```

4.20　线程调度与优先级

在 Java 中，线程主要有 5 个状态，它们分别为：新建状态（New）、可运行状态（Runnable）、运行状态（Running）、阻塞状态（Blocked）和死亡状态（Dead）。

1）New：当一个线程被创建出来后就进入了这个状态。

2）Runnable：当一个线程的 start 方法被调用后，这个线程就进入了可运行状态。可运行状态表示这个线程已经准备好了。

3）Running：线程在获取到了 CPU 的使用权后就进入运行状态。

4）Blocked：线程由于某种原因放弃了 CPU 从而进入这个状态。例如执行 IO 操作，调用 sleep，无法获取到锁等。

5）Dead：线程结束，这包括线程执行完后正常退出，也包括异常退出。

图 4-11 给出了这几种状态的转换图：

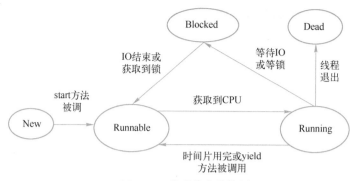

● 图 4-11 线程状态转换图

这里需要特别注意阻塞状态，阻塞是指由于某种原因，线程放弃了 CPU 的使用权从而暂停线程的执行，阻塞主要分为下面三种情况：

1）同步阻塞：线程尝试获取锁失败（已经被别的线程获取），在这种情况下，JVM 会把这个线程放到锁池中；

2）等待阻塞：当线程的 wait 方法被调用后线程会把锁让出。在这种情况下，JVM 会把这个线程放入等待队列中；

3）其他阻塞：当线程去执行 IO 操作，或者调用了 sleep、join 方法，在这种情况下线程也会由运行状态转换为阻塞状态。只有当 IO 操作执行完成或者 sleep 时间超时，或者 join 调用等待的线程完成后，线程的状态才会转变为可运行状态，然后由操作系统来决定什么时候让这个线程获取 CPU 的使用权从而进入运行状态。

上面介绍了线程的状态转换，而从 Runnable 到 Running 状态是由操作系统来决定的，那么操作系统如何决定给哪个线程 CUP 的使用权呢，这就涉及了线程的优先级，在操作系统中，线程可以有不同的优先级，而优先级较高的线程得到的 CPU 资源较多，也就是说操作系统会优先把 CUP 的使用权交给优先级高的线程。在 Java 中，线程的优先级分为 1～10 共 10 个等级，并且可以使用方法 setPriority 来设置线程的优先级。在 JDK 中有 3 个变量来预置定义优先级的值，代码如下：

```
public final static int MIN_PRIORITY =1;    //最低优先级
public final static int NORM_PRIORITY =5;   //默认优先级
public final static int MAX_PRIORITY =10;   //最高优先级
```

 4.21 **常见面试笔试真题**

（1）利用 Thread.wait()同步线程，可以设置超时时间吗？

A．可以 　　　　　　　　　　　　B．不可以

答案：A。可以设置超时，函数原型为 wait(long timeout)和 wait(long timeout, int nanos) timeout 代表最大的等待 ms 数，nanos 代表额外的等待时间，单位为 ns（纳秒）。

（2）在一个线程中 sleep(1000)方法，将使得该线程在多少时间后获得对 CPU 的控制（假设睡眠过程中不会有其他事件唤醒该线程）？

A．正好 1000ms　　 B．1000ms 不到　　 C．=>1000ms　　　 D．不一定

答案：C。sleep()方法指定的时间为线程不会运行的最短时间。当线程休眠时间结束后，会返回到可运行状态，不是运行状态，还需要等待 CPU 调度执行。因此，sleep()方法不能保证该线程睡眠到期后就开始执行。

（3）请实现一个可以产生死锁的代码。

```
class T1 implements Runnable
```

```
    {
        @Override
        public void run()
        {
            try
            {
                System.out.println("Thread t1 is started");
                synchronized(Test.obj1)
                {
                    System.out.println("Thread t1 lock obj1");
                    Thread.sleep(5000);//获取 obj1 后先等一会儿，让 T2 有足够的时间锁住 obj2
                    synchronized(Test.obj2)
                    {
                        System.out.println("Thread t1 lock obj2");
                    }
                }
                System.out.println("Thread t1 is stopped");
            }
            catch(Exception e)
            {
                e.printStackTrace();
            }
        }
    }
    class T2 implements Runnable
    {
        @Override
        public void run()
        {
            try
            {
                System.out.println("Thread t2 is started");
                synchronized(Test.obj2)
                {
                    System.out.println("Thread t2    lock obj2");
                    Thread.sleep(3000);
                    synchronized(Test.obj1)
                    {
                        System.out.println("Thread t2    lock obj1");
                    }
                }
                System.out.println("Thread t2 is stopped");
            }
            catch(Exception e)
            {
                e.printStackTrace();
            }
        }
    }


    public class Test
    {
        public static Object obj1 = new Object();
        public static Object obj2 = new Object();

        public static void main(String[] args)
        {
            Thread t1 = new Thread(new T1());
            Thread t2 = new Thread(new T2());
            t1.start();
            t2.start();
        }
    }
```

运行结果为:

```
Thread t1 is started
Thread t1 lock obj1
```

```
Thread t2 is started
Thread t2    lock obj2
```

（4）**Java 的 Daemon 线程，setDaemon 设置必须要（　　）**

A．在 start 之前

B．在 start 之后

C．前后都可以

答案：A。

（5）**关于守护线程的说法，正确的是（　　）**

A．所有非守护线程终止，即使存在守护线程，进程运行终止

B．所有守护线程终止，即使存在非守护线程，进程运行终止

C．只要有守护线程或者非守护进程其中之一存在，进程就不会终止

D．只有所有的守护线程和非守护线程终止运行之后，进程才会终止

答案：A。

（6）**ExecutorService 的 submit 和 execute 分别有什么区别呢？**

答案：1）execute 没有返回值，如果不需要知道线程的结果就使用 execute 方法，性能会好很多。

2）submit 返回一个 Future 对象，如果想知道线程结果就需要使用 submit 提交，而且它能在主线程中通过 Future 的 get 方法捕获线程中的异常。

（7）**线程池 executor 在空闲状态下的线程个数是？**

```
import java.util.concurrent.ArrayBlockingQueue;
import java.util.concurrent.ThreadPoolExecutor;
import java.util.concurrent.TimeUnit;
public class Test
{
    public static void main(String[] args)
    {
        ThreadPoolExecutor executor = new ThreadPoolExecutor(5, 10, 15, TimeUnit.SECONDS,
            new ArrayBlockingQueue<Runnable>(5), new ThreadPoolExecutor.CallerRunsPolicy());
    }
}
```

A．0　　　　　　　　B．5　　　　　　　　C．10　　　　　　　　D．不确定

解析：B

第一个参数表示核心线程有 5 个；第二个参数表示最大线程数是 15 个；第三个参数表示 keepAliveTime 是 15s，也就是说只要线程池中的线程大于 5，那么多出来的线程在超 15s 的空闲线程后就会被结束。由此可见，在不执行任何任务的时候也需要保证有 5 个线程。

（8）**使用 ThreadLocal 为什么会导致内存泄漏？**

答案：从图 4-3 可以看出，key 用的是弱引用，而弱引用在 GC 的时候可能会被回收。这样就会导致在 ThreadLocalMap 中会存在一些 key 为 null 的键值对（Entry）。因为 key 变成 null 了，所以它对应的 value 也就无法被访问了，但是这些 Entry 本身是无法被回收的，因为还存在一条强引用链。Thread->ThreadLocalMap->Entry。这个 Entry 在线程退出之前是无法被回收的。当线程池被使用的时候，很多线程会长期存在，从而导致内存的泄漏。

那么如何避免内存泄漏呢？建议在使用完后调用 ThreadLocal.remove 方法来解除这个引用关系，从而让 GC 可以回收这个不再被使用的 Entry。

（9）**yield 方法的作用是什么？**

答：Thread.yield()方法作用是：暂停当前正在执行的线程对象，并执行其他线程。也就是说 yield 方法会让出 CPU 的使用权让线程从运行状态变成可运行状态从而让让相同优先级的其他线程获得执行机会。当然操作系统也可能会马上让这个线程继续获取 CPU 的使用权从而转换到运行状态。

第 5 章 内 存 分 配

JVM（Java 虚拟机）是 JRE（Java 运行环境）中最核心的部分，它被用来分析和执行 Java 字节码的工作，而虽然 Java 程序员在不需要了解 JVM 运行原理的情况下也可以开发出应用程序。但是，对 JVM 的了解有助于更加深入地理解 Java，而且有助于解决一些比较复杂的问题。本章将重点介绍 JVM 中内存的划分、垃圾回收以及 Java 平台与内存管理等的实现原理。

5.1 JVM 内存划分

为了便于管理，JVM 在执行 Java 程序的时候，会把它所管理的内存划分为多个不同区域，如图 5-1 所示。

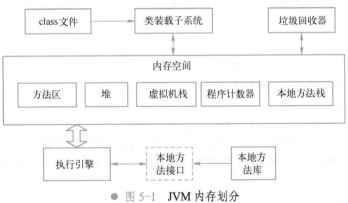

● 图 5-1　JVM 内存划分

以下将分别对这些区域进行介绍。

（1）class 文件

class 文件是 Java 程序编译后生成的中间代码，这些中间代码将会被 JVM 解释执行。

（2）类装载器子系统

类装载器子系统负责把 class 文件装载到内存中，供虚拟机执行。

JVM 有两种类装载器，分别是启动类装载器和用户自定义类装载器。其中，启动类装载器是 JVM 实现的一部分；用户自定义类装载器则是 Java 程序的一部分，必须是 ClassLoader 类的子类。常见的类加载器主要有如下几种：

1）Bootstrap ClassLoader。这是 JVM 的根 ClassLoader，它是用 C++语言实现的，当 JVM 启动时，初始化此 ClassLoader，并由此 ClassLoader 完成$JAVA_HOME 中 jre/lib/rt.jar（Sun JDK 的实现）中所有 class 文件的加载，这个 jar 中包含了 Java 规范定义的所有接口以及实现。

2）Extension ClassLoader。JVM 用此 ClassLoader 来加载扩展功能的一些 jar 包。

3）System ClassLoader。JVM 用此 ClassLoader 来加载启动参数中指定的 Classpath 中的 jar 包

以及目录，在 Sun JDK 中，ClassLoader 对应的类名为 AppClassLoader。

4）User-Defined ClassLoader。User-Defined ClassLoader 是 Java 开发人员继承 ClassLoader 抽象类自行实现的 ClassLoader，基于自定义的 ClassLoader 可用于加载非 Classpath 中的 jar 以及目录。

（3）方法区

方法区用来存储被虚拟机加载的类信息、常量、静态变量、编译器编译后的代码等数据。在类加载器加载 class 文件的时候，这些信息将会被提取出来，并存储到方法区中。由于这个区域是所有线程共享的区域，因此，它被设计为线程安全的。方法区可以被看成 JVM 的一个规范，在 HotSpot 中，方法区是用 Perm 区来实现的方法区。

在 JDK1.6 及以下的版本中，方法区中还存放了运行时的常量池，最典型的应用就是字符串常量，例如，定义了如下语句：String s="Hello"，String s1="Hello"，其中，"Hello"就是字符串常量，存储在常量池中，两个字符串引用 s 和 s1 都指向常量池中的"Hello"。从 JDK1.7 开始，字符串常量池已经被移到堆区了。

（4）堆

堆是虚拟机启动的时候创建的被所有线程共享的区域。这块区域主要用来存放对象的实例，通过 new 操作创建出来的对象的实例都存储在堆空间中，因此，堆就成为垃圾回收器管理的重点区域。

（5）虚拟机栈

栈是线程私有的区域，每当有新的线程创建时，就会给它分配一个栈空间，当线程结束后，栈空间就被回收，因此，栈与线程拥有相同的生命周期。栈主要用来实现 Java 语言中方法的调用与执行，每个方法在被执行的时候，都会创建一个栈帧用来存储这个方法的局部变量、操作栈、动态链接和方法出口等信息。当进行方法调用时，通过压栈与弹栈操作进行栈空间的分配与释放。当一个方法被调用的时候，会压入一个新的栈帧到这个线程的栈中，当方法调用结束后，就会弹出这个栈帧，从而回收掉调用这个方法使用的栈空间。

（6）程序计数器

程序计数器也是线程私有的资源，JVM 会给每个线程创建单独的程序计数器。它可以被看作是当前线程执行的字节码的行号指示器，解释器的工作原理就是通过改变这个计数器的值来确定下一条需要被执行的字节码指令，程序控制的流程（循环、分支、异常处理、线程恢复）都是通过这个计数器来完成的。

（7）本地方法栈

本地方法栈与虚拟机栈的作用是相似的，唯一不同的是虚拟机栈为虚拟机执行 Java 方法（也就是字节码）服务，而本地方法栈则是为虚拟机使用到的 Native（本地）方法服务。Native（本地）方法接口都会使用某种本地方法栈，当线程调用 Java 方法时，JVM 会创建一个新的栈帧并压入虚拟机栈。然而当它调用的是本地方法时，虚拟机栈保持不变，不会在线程的虚拟机栈中压入新的帧，而是简单地动态链接并直接调用指定的本地方法。如果某个虚拟机实现的本地方法接口使用的是 C++连接模型，那么它的本地方法栈就是 C++栈。

（8）执行引擎

执行引擎主要负责执行字节码。方法的字节码是由 Java 虚拟机的指令序列构成的，每一条指令包含一个单字节的操作码，后面跟随 0 个或多个操作数。当执行引擎执行字节码时，首先会取一个操作码，如果这个操作码有操作数，那么会接着取得它的操作数。然后执行这个操作，执行完成后会继续取得下一个操作码执行。

在执行方法时，JVM 提供了四种指令来执行：

1）invokestatic：调用类的 static 方法。

2）invokevirtual：调用对象实例的方法。

3）invokeinterface：将属性定义为接口来进行调用。

4）invokespecial：调用一个初始化方法，私有方法或者父类的方法。

（9）垃圾回收器

主要作用是回收程序中不再使用的内存。

5.2　运行时内存划分

↗5.2.1　年轻代、老年代与永久代

根据对象的生命周期的长短把对象分成不同的种类（年轻代、老年代和永久代），并分别进行内存回收，这就是分代垃圾回收。

分代垃圾回收算法的主要思路如下所示：把堆分成两个或者多个子堆，每一个子堆被视为一代。在运行的过程中，优先收集那些年幼的对象，如果一个对象经过多次收集仍然存活，那么就可以把这个对象转移到高一级的堆里，减少对其的扫描次数。

目前最常用的 JVM 是 SUN 公司（现被 Oracle 公司收购）的 HotSpot，它采用的算法为分代回收。

HotSpot 把 JVM 中堆空间划分为三个代：年轻代（Young Generation）、老年代（Old Generation）和永久代（Permanent Generation）。以下将分别对这三个代进行分析。

1）年轻代（Young Generation）：被分成 3 个部分，一个 Eden 区和两个相同的 Survivor 区。Eden 区主要用来存储新建的对象，Survivor 区也被称为 from 和 to 区，Survivor 区是大小相等的两块区域，在使用"复制"回收算法时，作为双缓存，起到内存整理的作用，因此，Survivor 区始终都保持一个是空的。

2）老年代（Old Generation）：主要存储生命周期较长的对象、超大的对象（无法在年轻代分配的对象）。

3）永久代（Permanent Generation）：存放代码、字符串常量池、静态变量等可以持久化的数据。SunJDK 把方法区实现在了永久代。

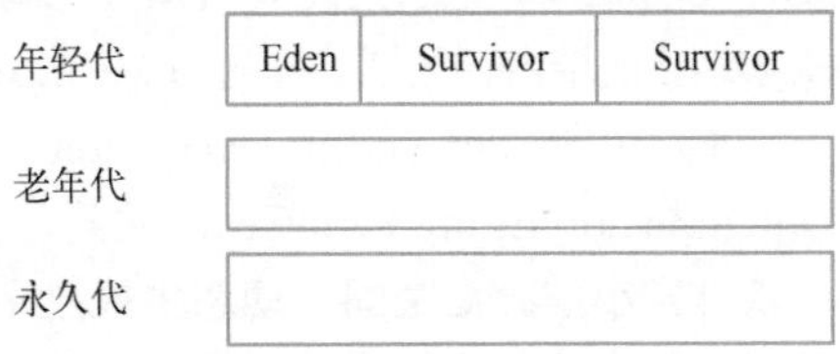

年轻代	Eden	Survivor	Survivor
老年代			
永久代			

● 图 5-2　内存代的划分关系

它们的划分关系如图 5-2 所示。

因为永久代基本不参与垃圾回收，所以，这里重点介绍的是年轻代和老年代的垃圾回收方法。

新建对象优先在 Eden 区分配内存，如果 Eden 区已满，那么在创建对象的时候，会因为无法申请到空间而触发 minorGc 操作，minorGc 主要用来对年轻代垃圾进行回收：把 Eden 区中不能被回收的对象放入到空的 Survivor 区，另一个 Survivor 区里不能被垃圾回收器回收的对象也会被放入到这个 Survivor 区，这样能保证有一个 Survivor 区是空的。如果在这个过程中发现 Survivor 区也满了，那么就会把这些对象复制到老年代（Old Generation），或者 Survivor 区并没有满，但是有些对象已经存在了非常长的时间，这些对象也将被放到老年代中，如果当老年代也被放满了，那么就会触发 fullGC。

引申 1：什么情况下会触发 fullGC，如何避免？

因为 fullGC 是用来清理整个堆空间—包括年轻代和永久代的，所以 fullGC 会造成很大的系统资源开销。因此，通常需要尽量避免 fullGC 操作。

下面介绍几种常见的 fullGC 产生的原因以及避免的方法。

（1）调用 System.gc()方法会触发 fullGC

因此，在编码的时候尽量避免调用这个方法。

（2）老年代（Old Generation）空间不足

由于老年代主要用来存储从年轻代转入的对象、大对象和大数组，因此，为了避免触发 fullGC，应尽量做到让对象在 Minor GC 阶段被回收、不要创建过大的对象及数组。由于在 Minor GC 时，只有 Survivor 区放不下的对象才会被放入老年代，而此时只有老年代也放不下才会触发 fullGC，因此，另外一种避免 fullGC 的方法如下所示：根据实际情况增大 Survivor 区、老年代空间或调低触发并发 GC（并发垃圾回收）的比率。

（3）永久代（Permanent Generation）满

永久代主要存放 class 相关的信息，当永久代满的时候，也会触发 fullGC。为了避免这种情况的发生，可以增大永久代的空间（例如-XX:MaxPermSize=16m:设置永久代大小为 16M）。为了避免 Perm 区满引起的 fullGC，也可以开启 CMS 回收永久代选项（开启的选项为：-XX:+CMSPermGenSweepingEnabled -XX:+CMSClassUnloadingEnabled）。CMS 利用和应用程序线程并发的垃圾回收线程来进行垃圾回收操作。

需要注意的是，Java8 中已经移除了永久代，新加了一个称为元数据区的 native 内存区，所以，大部分类的元数据都在本地内存中分配。

↗5.2.2　元空间 MetaSpace

在 JDK1.8 以前的版本中，由于类大多是"static"的，很少被卸载或收集，因此这部分数据被称为"永久的(Permanent)"。同时，因为类 class 是 JVM 实现的一部分，而不是由应用创建的，所以又被认为是"非堆(non-heap)"内存。在 JDK1.8 之前的 HotSpot JVM 中，存放这些"永久的"的区域被称为"永久代(Permanent Generation)"。"永久代"是一片连续的堆空间。

从 JDK1.7 开始，HopSpot JVM 已经逐步开始把永久代的数据向其他存储空间转移了，例如在 JDK1.7 中把字符串常量池从永久代转移到了 JVM 的堆空间中，但是永久代并没有完全被移除。从 JDK1.8 开始彻底把永久代从 JVM 中移除了，而把类的元数据放到本地化的堆内存(native heap)中，这一块本地化的堆内存区域被称为叫 Metaspace（元空间）。为什么要移除永久代呢？主要有以下几个原因：

1）由于 Permanent Generation 内存经常不够用或发生内存泄漏，而抛出异常：java.lang. OutOfMemoryError: PermGen。尤其是在 Java Web 开发的时候经常需要动态生成类，而永久代又是一块非常小的存储空间，动态生成过多的类会导致永久代的空间被用完而导致上述异常的出现。显然元空间有非常大的存储空间，因此从一定程度上可以避免这个问题。当然，永久代的移除并不意味着内存泄漏的问题就没有了。因此，仍然需要监控内存的消耗，因为内存泄漏仍然会耗尽整个本地内存。

2）移除永久代可以促进 HotSpot JVM 与 JRockit VM 的融合，因为 JRockit 没有永久代。

3）在 HotSpot 中，每个垃圾回收器都需要专门的代码来处理存储在 PermGen 中的类的元数据信息。从把类的元数据从永久代转移到 Metaspace 后，由于 Metaspace 的分配具有和 Java Heap 相同的地址空间，因此可以实现 Metaspace 和 Java Heap 的无缝化管理，而且简化了 FullGC 的过程，以至将来可以并行的对元数据信息进行垃圾收集，而没有 GC 暂停。

Metaspace 是如何进行内存分配的呢？

Metaspace VM 通过借鉴内存管理的方式来管理 Metaspace，把原来由多个垃圾回收器完成的工作全部移到 Metaspace VM（由 C++实现的）上了。Metaspace VM 实现垃圾回收的思想非常简单：类与类加载器有着相同的生命周期，也就是说，只要类加载器还存活，在 Metaspace 中存储的类的元数据就不能被释放。

Metaspace VM 通过一个块分配器来管理 Metaspace 内存的分配。块的大小取决于类加载器的类型。Metaspace VM 维护着一个全局的可使用的块列表。当一个类加载器需要一个块的时候，它会从这个全局块列表中取走一个块，然后添加到它自己维护的块列表中。当类加载器的生命周期结束的时候，它的块将会被释放，从而把申请的块归还给全局的块列表。每个块又被分成多个 block，每个 block 存储一个元数据单元。

由于类的大小不是固定的，当一个类加载器需要一个块的时候，有可能空闲的块太小了不足以容纳当前的类，就会出现内存碎片，目前 Metaspace VM 还没有使用压缩算法或者其他方法来解决这个碎片问题。

MetaSpace 主要新增加了如下几个参数：
● –XX:MetaspaceSize：分配给类元数据的内存（单位是字节）。
● –XX:MaxMetaspaceSize：分配给类元数据空间的最大值，一旦超过此值就会触发 Full GC。
● **–XX：MinMetaspaceFreeRatio**：垃圾收集后需要可用的 Metaspace 内存区域的最小百分比。如果剩余的内存量低于阈值，则将调整元空间区域的大小。
● **–XX：MaxMetaspaceFreeRatio**：垃圾收集后需要可用的 Metaspace 内存区域的最大百分比。如果剩余的内存量高于阈值，则将调整元空间区域的大小。

MetaSpace 的引入主要有如下几个优点：
● 充分利用了 Java 语言规范中的好处：类及相关的元数据与类加载器有相同的生命周期。
● 每个加载器有专门的存储空间。
● 只进行线性分配。
● 不会单独回收某个类。
● 省掉了 GC 扫描及压缩的时间。

 ## 5.3　垃圾回收

在 C/C++语言中，程序员需要自己管理内存的申请与释放，而在 Java 语言中，程序员从来不需要关心内存的管理，只管去申请内存而不用担心内存是否被释放，因为 JVM 提供了垃圾回收器来实现内存的回收。不同的虚拟机会提供不同的垃圾回收器。并且提供一系列参数供用户根据自己的应用需求来使用不同的类型的回收器。本节重点介绍四种类型的垃圾回收器。

下面首先介绍 Java 垃圾回收器的发展历史，然后在后面的小节中详细介绍每种垃圾回收器的工作原理：

第一阶段，串行垃圾回收器
在 JDK1.3.1 之前，Java 虚拟机仅仅只支持 Serial 收集器。
第二阶段，并行垃圾回收器
随着多核的出现，Java 引入了并行垃圾回收器，它可以充分利用多核的特性，提升垃圾回收的效率。
第三阶段，并发标记清理回收器（CMS）
垃圾回收器可以与应用程序同时运行，从而能降低暂停用户线程执行的时间。
第四阶段，G1（并发）回收器
G1 垃圾回收器的主要设计初衷是在清理非常大的堆空间的时候能够满足特定的暂停应用程序的时间。与 CMS 相比，仅产生更少的内存碎片。

↗5.3.1　垃圾回收算法

在 Java 语言中，GC（Garbage Collection，垃圾回收）是一个非常重要的概念，它的主要作用是回收程序中不再使用的内存。在使用 C/C++语言进行程序开发的时候，开发人员必须非常仔细地管理好内存的分配与释放，如果忘记或者错误地释放内存，那么往往会导致程序运行不正确甚至是程序的崩溃。为了减轻开发人员的工作，同时增加系统的安全性与稳定性，Java 语言提供了垃圾回收器来自动检测对象的作用域，把不再被使用的存储空间自动释放掉。具体而言，垃圾回收器要负责完成 3 项任务：分配内存、确保被引用对象的内存不被错误地回收以及回收不再被引用的对象的内存空间。

垃圾回收器的存在，一方面把开发人员从释放内存的复杂的工作中解脱出来，提高了开发人员的生产效率，另一方面，对开发人员屏蔽了释放内存的方法，可以避免因为开发人员错误地操作内存从而导致应用程序的崩溃，保证了程序的稳定性。但是，垃圾回收也带来了问题，为了实现垃圾回收，垃圾回收器必须跟踪内存的使用情况，释放没用的对象，在完成内存的释放后，还需要处理堆中的碎片，这些操作必定会增加 JVM 的负担，从而降低程序的执行效率。

对于对象而言，如果没有任何变量去引用它，那么该对象将不可能被程序访问，因此，可以认为它是垃圾信息，可以被回收。只要有一个以上的变量引用该对象，该对象就不会被垃圾回收。

对于垃圾回收器来说，它使用有向图来记录和管理堆内存中的所有对象，通过这个有向图就可以识别哪些对象是"可达的"（有引用变量引用它就是可达的），哪些对象是"不可达的"（没有引用变量引用它就是不可达的），所有"不可达的"对象都是可被垃圾回收的。如下所示：

```
public class Test
{
    public static void main(String[] a)
    {
        Integer i1=new Integer(1);
        Integer i2=new Integer(2);
        i2=i1;
         //some other code
    }
}
```

上述代码在执行到语句 i2=i1 后，内存的引用关系图 5-3 所示。

此时，如果垃圾回收器正在进行垃圾回收操作，那么在遍历上述有向图的时候，资源 2 所占的内存是不可达的，垃圾回收器就会认为这块内存已经不会再被使用了，因此，就会回收该块内存空间。

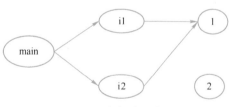

● 图 5-3　内存引用关系图

由于垃圾回收器的存在，Java 语言本身没有给开发人员提供显式释放已分配内存的方法，也就是说，开发人员不能实时地调用垃圾回收器对某个对象或所有对象进行垃圾回收。但开发人员却可以通过调用 System.gc()方法来通知垃圾回收器运行，当然，JVM 也并不会保证垃圾回收器马上就会运行。由于 GC 方法的执行会停止所有的响应，去检查内存中是否有可回收的对象，这会对程序的正常运行以及性能造成极大的威胁，所以，在实际编程中，不推荐频繁使用 GC 方法。

垃圾回收都是依据一定的算法进行的，下面介绍其中几种常用的垃圾回收算法。

（1）引用计数算法（Reference Counting Collector）

引用计数作为一种简单但是效率较低的方法，其主要原理如下所示：在堆中对每个对象都有一个引用计数器，当对象被引用时，引用计数器加 1，当引用被置为空或离开作用域的时候，其引用计数减 1，由于这种方法无法解决相互引用的问题，因此 JVM 没有采用这个算法。

（2）追踪回收算法（Tracing Collector）

这个算法利用 JVM 维护的对象引用图，从根结点开始遍历对象的应用图，同时标记遍历到的对象。当遍历结束后，未被标记的对象就是目前已不被使用的对象，可以被回收了。

（3）压缩回收算法（Compacting Collector）

这个算法的主要思路如下所示：把堆中活动的对象移动到堆中一端，这样就会在堆中另外一端留出了很大的一块空闲区域，相当于对堆中的碎片进行了处理。虽然这种方法可以大大简化消除堆碎片的工作，但是每次处理都会带来性能的损失。

（4）拷贝回收算法（Coping Collector）

拷贝回收算法的主要思路如下所示：把堆分成两个大小相同的区域，在任何时刻，只有其中的一个区域被使用，直到这个区域的被消耗完为止，此时垃圾回收器会中断程序的执行，通过遍历的方式把所有活动的对象复制到另外一个区域中，在复制的过程中它们是紧挨着布置的，从而可以消除内存碎片。当复制过程结束后程序会接着运行，直到这块区域被使用完然后再采用上面的方法继续进行垃圾回收。

这个算法的优点是在进行垃圾回收的同时对对象的布置也进行了安排从而消除了内存碎片。但是这也带来了很高的代价：对于指定大小的堆来说，需要两倍大小的内存空间；同时由于在内存调整的过程中要中断当前执行的程序，从而降低了程序的执行效率。

（5）按代回收算法（Generational Collector）

拷贝回收算法主要的缺点如下所示：每次算法执行的时候，所有处于活动状态的对象都要被复制，这样效率很低。由于程序有"程序创建的大部分对象的生命周期都很短，只有一部分对象有较长的生命周期"的特点。因此可以根据这个特点对算法进行优化。

按代回收算法的主要思路如下所示：把堆分成两个或者多个子堆，每一个子堆被视为一代。算法在运行的过程中优先回收那些年幼的对象，如果一个对象经过多次回收仍然存活，那么就可以把这个对象转移到高一级的堆里，减少对其的扫描次数。

↗5.3.2　串行垃圾回收

串行垃圾回收器是一种单线程的垃圾回收器，它主要为单线程环境设计的。它在运行的时候会暂停所有的应用线程，正因为如此，这种回收方法被称为 Stop The World(STW)。由此可见，这种垃圾回收器不适合被用在服务器环境中。但是对于某些客户端程序而言，年轻代占用的内存空间往往很小，此时暂停引用线程的时间非常短，因此对于运行在 client 模式下的虚拟机，串行垃圾回收器是一个不错的选择。

可以使用 JVM 参数-XX:+UseSerialGC 来指定使用串行垃圾回收器。

串行垃圾回收器是最简单的回收器，也是使用最少的回收器，在年轻代和老年代中都使用了一个单独的线程来实现垃圾的回收。

在年轻代中使用的是拷贝算法。这种算法的主要思路为：把内存分成大小相等的两部分，每次只会使用其中的一块内存进行内存的分配，当内存使用完以后就会触发 GC（Garbage Collection）。GC 的工作方式为：把所有存活的对象复制到另外一块内存中，然后清除当前使用的内存块，之后所有的内存的分配都会在另一块内存上进行。这种方法虽然比较简单高效，但是它浪费了一半的内存（有一半的内存一直处于空闲状态）。

而在老年代或永久代中使用的是"标记→清扫→压缩"算法。这种算法的原理如下所示：在标记阶段，垃圾回收器首先识别哪些对象仍然活着；扫描阶段，垃圾回收器会扫描整个代，然后识别哪些是垃圾。然后在压缩阶段，垃圾回收器会执行平移压缩，它会把所有存活的对象移动到代的最前端，从而使尾部有一块连续的空闲的空间。之后的分配就可以在老年代和永久代使用空闲指针（bump-the-pointer）算法。这种算法的主要思路为：JVM 内部维护两个指针（allocatedTail 指向已经分配的对象的尾部，geneTail 指向代尾），每当需要新分配内存空间的时候，它会首先检查剩余的空闲空间是否够用（通过 geneTail 与 geneTail 可以确定代中还剩余多少空间）。如果空间够用，那么通过更新 allocatedTail 来把内存分配给请求的对象。

5.3.3　并行垃圾回收

并行垃圾回收器与串行垃圾回收器唯一的区别就是并行垃圾回收器使用多线程进行垃圾回收。二者的区别如图 5-4 所示。

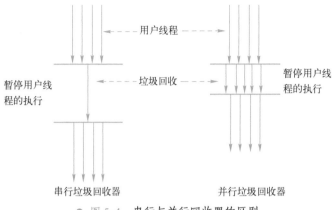

● 图 5-4　串行与并行回收器的区别

从上图可以看出，当并行垃圾回收器在运行的时候，它仍然会暂停所有的应用程序，但是由于使用了多线程进行垃圾回收，因此能够缩短垃圾回收的时间。

可以用命令行参数 -XX:+UseParallelGC 明确指定使用这种垃圾回收算法。

需要注意的是，在一台有 N 个 CPU 的主机上，并行垃圾回收器会使用 N 个垃圾回收器线程进行垃圾回收。当然可以使用如下的命令行来设置垃圾回收器线程的个数：

-XX:ParallelGCThreads = <垃圾回收器线程的个数>。

但在单核的 CPU 上，即使设置使用并行垃圾回收器，但 JVM 还是会使用默认的串行垃圾回收器。

5.3.4　并发标记清理回收

这种回收算法官方的名字其实是"最大并发量的标记清除垃圾回收器"（Concurrent Mark Sweep CM）。它在年轻代中使用的是拷贝算法（这种算法会暂停用户线程），而在老年代中使用的是"最大并发量的标记清除算法"。

在老年代中使用的这种算法的目的就是为了避免在清理老年代的内存的时候，让用户线程暂停太长的时间。在一些对响应时间有很高要求的应用或网站中，用户程序不能有长时间的停顿，CMS 可以用于此场景。它主要通过下面的方法来实现这个目的：

它不是通过压缩老年代的内存空间来实现的，而是通过一个空闲链表来管理回收的空间。

这种回收算法花费了大量的时间在"标记→清理"阶段，而这个阶段的任务是可以与用户线程并发执行的，也就是说在这个阶段垃圾回收器不会暂停用户线程的执行。需要注意的是，它仍然与应用程序线程竞争 CPU 时间。默认情况下，这个 GC 算法使用的线程数等于机器物理内核数量的 1/4。

可以用命令行参数 -XX:+UseConcMarkSweepGC 显示指定使用这种算法。

这种算法到底是如何执行的呢？总体而言，CMS 的执行可以分成如下几个阶段。

1）初始标记：这一步的主要作用是标记在老年代中可以从 root 集直接可达或者被年轻代中结点引用的对象。这一步的操作会暂停用户线程的执行。如图 5-5 所示。

2）并发标记：这一步垃圾回收器会遍历老年代，从上一步标记的结点开始，标记所有被引用的对象。由于这一步操作是与用户线程并发执行的，因此这一步并不一定会标记所有被引用的对象，因为应用程序在这个运行过程中还会修改对象的引用。如图 5-6 所示，有可能在这一步运行的时候，当前对象引用关系被删除了。

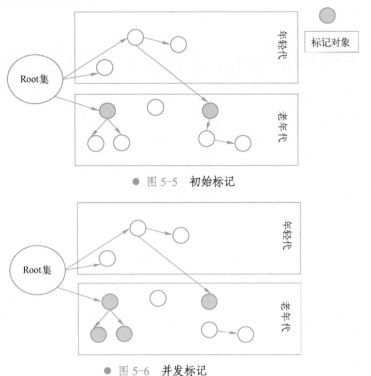

● 图 5-5　初始标记

● 图 5-6　并发标记

3）并发预清理：这一步也是与应用程序并发执行的。由于在上一步执行的过程中，有些对象的引用关系发生了变化，会导致标记的不准确。这一步将会考虑这些结点，在上一步中发生引用变化的结点被标记为"dirty"。在这一步中，对从这些"dirty"结点出发可以到达的结点进行标记。如图 5-7 所示，"dirty"结点引用了一个对象。

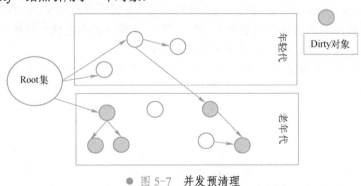

● 图 5-7　并发预清理

4）并行的可被终止的预清理（CMS-concurrent-abortable-preclean）阶段。这个阶段的主要目的是使这种垃圾回收算法更加可控一些，也执行一些预清理，以减少最终标记阶段对应用暂停的时间。这一步也是与应用程序并发执行的。

5）重标记：这个阶段垃圾回收器的运行会暂停用户线程的执行。这个阶段的作用是最终确定并标记老年代中所有存活的对象。由于前面几个阶段垃圾回收器都是与应用程序并发执行的，因此对于引用变化的对象可能不能准确地进行标记。因此才需要这一步暂停应用程序的执行并标记所有存活的对象。

6）并行清理：这个阶段的主要作用是删除不再被使用的对象从而回收被它们占用的内存空间。这一步也是与应用程序并发执行的。如图 5-8 所示。

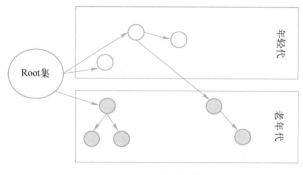

● 图 5-8　并行清理

7）并发重置：重置数据结构为下一次运行做准备。

总而言之，这种回收算法通过与应用程序的并发执行大大减少了暂停应用程序的时间。如果应用程序把延迟作为一个主要的指标，那么在多核机器上使用这种垃圾回收算法将会是一个不错的选择，因为这种算法会降低单次 GC 执行时暂停用户线程的时间，从而让用户感觉不到有暂停发生。但是由于在大部分时间里至少有一些 CPU 资源会被 GC 消耗，因此与并行垃圾回收器相比，CMS 通常在 CPU 密集型的应用程序中有更低的吞吐量。

↗5.3.5　**G1**

由于前面介绍的所有垃圾回收器都会或多或少地暂停应用程序，因此在一些特定的情况下，垃圾回收器有可能会对应用程序的影响非常大。比如：垃圾回收器不可预测的暂停用户程序的时间极有可能超出应用程序要求的最长响应时间。

G1（Garbage-First）的出现可以很好地解决了垃圾回收器暂停用户线程时间的不确定性的问题，它是一款面向服务器的垃圾回收器，主要针对配备多核处理器及大容量内存的机器。在以极高的概率满足 GC 暂停用户线程时间要求的同时，还具有很高的吞吐量。这种垃圾回收算法是从 Oracle JDK 7 update 4 开始支持的，它主要有以下几个特点：

1）可预测性：可以预测 GC 暂停用户线程的时间，提供了设置暂停时间的选项。

2）压缩特性：在满足暂停时间要求的基础上，尽可能多地消除碎片。

3）并发性：与 CMS 算法一样，GC 操作也可以与应用的线程一起并发执行。

4）节约：这种回收算法不需要请求更大的 Java 堆。

与前面介绍的垃圾回收器相比，G1 GC 可以被看作是一种增量式的并行压缩 GC 算法，它提供了可以预测暂停时间的功能。通过并行、并发和多阶段标记循环，G1 GC 可以被应用在堆空间很大的场景，同时还能够在最坏的情况下提供合理的暂停时间。它的基本思想是在 GC 工作前设置堆范围（-Xms 用来设置堆的最小值，-Xmx 用来设置堆的最大值）和实际暂停目标时间（使用-XX：MaxGCPauseMillis 来设置）。

G1 GC 将年轻代、老年代的物理空间划分取消了，取而代之的是，G1 算法将堆划分为若干个区域（Region）。一段连续的堆空间被划分为固定大小的区域，然后用一个空闲链表来维护这些区域。每个区域要么对应老年代，要么对应年轻代。根据实际堆空间的大小，这些区域可以被划分为 1～32M 大小，从而保持总的区域的个数维持在 2048 左右。G1 GC 最主要的一条原则是：在标记阶段完成后，G1 就可以知道哪些 heap 区的 empty 空间最大。它会在满足暂停时间要求的基础上，优先回收这些空闲空间最大的区域。正因为此，这种算法也被称为 Garbage-First（垃圾优先）的垃圾回收器。

虽然引入了区域的概念，但是 G1 GC 从本质上来讲仍然属于分代回收器。年轻代的垃圾回收依然会暂停所有应用线程的执行，它会把存活对象复制到 Survivor 或者老年代。在老年代中，G1 GC 通过把对象从一个区域复制到另外一个区域来实现垃圾清理的工作。使用这种方式的好处是：在垃圾清理的过程中实现了堆内存的压缩，也就避免了 CMS 方法中内存碎片的问题。而且在 G1 GC 中这些区域可以是不连续的，G1 GC 的内存区域划分如图 5-9 所示。

● 图 5-9　G1 GC 内存区域划分

在图 5-9 中，E、S 和 O 在前面的章节中已经介绍过了。在 G1 中，还有引入了一种特殊的区域：Humongous 区域（H 区）。这些区域被设计成为存放占用超过分区容量 50%以上的那些对象。它们被保存在一个连续的区域集合里。对于这些很大的对象而言，在默认情况下，它们会被分配到老年代中，但是如果把一个生命周期比较短的大对象存放在老年代中，那么会对垃圾回收器的性能造成极大的影响。Humongous 区域的出现就是为了解决这个问题。如果一个 H 区无法容纳一个大的对象，那么 G1 会寻找连续的 H 区来存储这个大对象。

G1 的收集过程可以分为以下 4 个阶段：

1）新生代 GC；

2）并发标记周期；

3）混合回收；

4）必要时进行 Full GC。

下面简要介绍各个阶段的工作原理。

（1）新生代 GC

在年轻代中，当年轻代占用达到一定比例的时候，开始出发收集。存活的对象会被拷贝到一个新的 S 区或者 O 区里面。经过 Young GC 后存活的对象被复制到一个或者多个区域空闲中，这些被填充的区域将是新的年轻代；当年轻代对象的年龄达到某个阈值的时候，这些对象也会被复制到老年代的区域中。这个回收过程是并发多线程执行的，也是 STW（Stop-The-Word）的。回收结束后会重新计算 E 区和 S 区的大小，这样有助于合理利用内存，提高回收效率。

（2）并发标记周期

并发标记周期主要分为如下几个步骤：

1）初始标记。在此阶段，G1 GC 对根进行标记。主要用来标记那些可能有引用对象的 O 区。这个阶段会暂停应用程序的执行。

2）根区域扫描。G1 GC 在上一步标记的基础上扫描对老年代的引用，并标记被引用的对象。该阶段不会暂停应用程序的执行。但是只有完成该阶段后，才能开始下一次 STW 年轻代垃圾回收。

3）并发标记。G1 GC 在整个堆中查找可访问的（存活的）对象。该阶段不会暂停应用程序的执行，而且该阶段可以被 STW 年轻代垃圾回收中断。

4）重新标记阶段。G1 GC 在这个阶段会清空 SATB（Snapshot-At-The-Beginning）缓冲区，跟踪未被访问的存活对象，并执行引用处理。如果发现某个 region 上所有的对象都不再被引用（不存活）了，那么它们将会在被直接移除。该阶段的执行会暂停应用程序的执行。

5）清理阶段。G1 GC 在这个阶段会执行统计和 RSet（Remembered Sets：用来跟踪指向某个 heap 区内的对象引用。堆内存中的每个区都会有一个 RSet）净化的操作。在统计的过程中，G1 GC 会识别出那些完全空闲的区域和可以进行混合垃圾回收的区域。在这个阶段中，只有把空白区域重置并返回到空闲列表时的这部分操作作为并发操作。这个阶段也会暂停应用程序的执行。

（3）混合回收

在并发标记周期中，虽然也回收了部分对象，但只回收了少量的对象。但是在并发标记周期中已经标记出了那些垃圾对象较多的区域。因此，在混合回收阶段就可以回收这些垃圾了。G1 使用的回收策略为：优先回收垃圾比例高的区域，因为这样会有更高的回收效率，这也正是 G1 名字由来，G1 的全程为 Garbage First Garbage Collector（垃圾优先的垃圾回收器）。

这个阶段不仅会回收被标记的老年代的垃圾，而且也会回收年轻代的垃圾。为了回收足够多的内存空间，混合回收可能会被执行多次。它可能会触发新生代 GC，然后接着执行并发标记周期，然后又触发混合回收。从而进行循环的回收。

（4）Full GC

虽然 G1 想尽量避免 Full GC，但是在一些情况下还会触发 Full GC，例如在混合回收之前老年代空间已经被占满了，或者巨型对象无法找到合适的空间等，都会触发 Full GC。

从 Java9 开始，把 G1 作为了默认的垃圾回收器。

而 Java10 对 G1 进行更进一步的优来改善 G1 最坏情况的等待时间。其中一个重要的优化就是把 full GC 的执行由串行改为并行。

在 Java 后面的版本中对 G1 进行了更进一步的优化，由于篇幅原因，这里就不进行深入介绍了。感兴趣的读者可以自行去研究。

⤴5.3.6　Shenandoah

Shenandoah 是 Java12 引入的一个新的垃圾回收算法。它可以与应用程序同时运行来降低 GC 带来的暂停时间，同时使用 Shenandoah 的暂停时间与堆大小无关，也就是说无论堆是 100MB 还是 10GB，都能得到一致的暂停时间。

这个垃圾回收算法在这个版本中只是作为一个实验性的功能，默认情况下并没有被启用。可以通过下面的 JVM 选项来启用这个算法：-XX:+UnlockExperimentalVMOptions -XX:+UseShenandoahGC。

在 Java 的后续版本中，对垃圾回收算法进行了进一步的优化，有兴趣的读者可以关注各个版本的新特性。

⑤.④　**Java 平台与内存管理**

⤴5.4.1　为什么说 Java 是平台独立性语言

平台独立性是指可以在一个平台上编写和编译程序，而在其他平台上运行。保证 Java 具有平台独立性的机制为"中间码"和"JVM（Java Virtual Machine，Java 虚拟机）"。Java 程序被编译后不是生成能在硬件平台上可执行的代码，而是生成了一个中间代码。不同的硬件平台上会安装有不同的 JVM，由 JVM 来负责把中间代码翻译成硬件平台能执行的代码。由此可以看出 JVM 不具有平台独立性，它与硬件平台是相关的。

解释执行过程分三步进行：代码的装入、代码的校验和代码的执行。装入代码的工作由"类装载器"完成。被装入的代码由字节码校验器进行检查。Java 字节码的执行也分为两种方式：即时编译方式与解释执行方式，即时编译方式指的是解释器先将字节码编译成机器码，然后再执行该机器码。解释执行方式指的是解释器通过每次解释并执行一小段代码来完成 Java 字节码程序的所有操作。通常采用的是第二种方法。

而 C/C++语言则不然，编译后的代码只能在特定的硬件上执行，换个硬件平台这些代码就无法执行了，从而也导致了 C/C++相比较 Java 没有跨平台的特性，但是有更高的执行效率。

↗5.4.2　**Java** 平台与其他语言平台的区别

Java 平台是一个纯软件的平台，这个平台可以运行在一些基于硬件的平台（例如 Linux、Windows 等）之上。Java 平台主要包含两个模块：JVM 与 Java API（Application Program Interface，应用程序接口）。

JVM 是一个虚构出来的计算机，用来把 Java 编译生成的中间代码转换为机器可以识别的编码并运行。它有自己完善的硬件架构，例如处理器、堆栈、寄存器等，还具有相应的指令系统，它屏蔽了与具体操作系统平台相关的信息，使得 Java 程序只需生成在 JVM 上运行的目标代码（即字节码），就可以在多种平台上不加修改地顺利运行。每当一个 Java 程序运行时，都会有一个对应的 JVM 实例，只有当程序运行结束后，这个 JVM 才会退出。JVM 实例通过调用类的 main()方法来启动一个 Java 程序，而这个 main()方法必须是公有的、静态的、返回值为 void 的方法，该方法接收一个字符串数组的参数，只有同时满足这些条件才可以作为程序的入口方法。

Java API 是 Java 为了方便开发人员进行开发而设计的，它提供了许多非常有用的接口，这些接口也是用 Java 语言编写的，并且运行在 JVM 上。

↗5.4.3　**JVM** 加载 **class** 文件的原理机制

Java 语言是一种具有动态性的解释型语言，类只有被加载到 JVM 中后才能运行。当运行指定程序的时候，JVM 会将编译生成的 class 文件按照需求和一定的规则加载到内存中，并组织成为一个完整的 Java 应用程序。这个加载过程就是由加载器来完成的，具体来说，就是由 ClassLoader 和它的子类来实现的。类加载器本身也是一个类，其实质为把类文件从硬盘读取到内存中。

类的加载方式分为隐式装载与显式装载两种。隐式装载指的是程序在使用 new 等方式创建对象的时候，会隐式地调用类的加载器把对应的类加载到 JVM 中。显式装载指的是通过直接调用 class.forName()方法来把所需的类加载到 JVM 中。

任何一个工程项目都是由许多个类组成的，当程序启动的时候，只把需要的类加载到 JVM 中，其他的类只有被用到的时候才会被加载，采用这种方法，一方面可以加快加载速度，另外一方面可以节约程序运行过程中对内存的开销。此外，在 Java 语言中，每个类或接口都对应一个 class 文件，这些文件可以被看成一个个可以被动态加载的单元，因此当只有部分类被修改的时候，只需要重新编译变化的类即可，而不需要重新编译所有的文件，因此加快了编译速度。

在 Java 语言中，类的加载是动态的，它并不会一次性将所有类全部加载后再运行，而是保证程序运行的基础类（例如基类）完全加载到 JVM 中，至于其他类，则在需要的时候才加载。在 Java 语言中，可以把类分为三类：系统类、扩展类和应用类。Java 针对这三种不同的类提供了三种类型的加载器，这三种加载器的关系如下：

Bootstrap Loader　-　负责加载系统类（jre/lib/rt.jar 的类）

```
- - ExtClassLoader  -  负责加载扩展类（jar/lib/ext/*.jar 的类）
            |
      - - AppClassLoader  -  负责加载应用类（classpath 指定的目录或 jar 中的类）
```

以上这三个类是怎么协调工作来完成类的加载呢？其实，它们是通过委托的方式实现的。具体而言，就是当有类需要被加载时，类装载器会请求父类来完成这个载入工作，父类会使用其自己的搜索路径来搜索需要被载入的类，如果搜索不到，才会由子类按照其搜索路径来搜索待加载的类。下例可以充分说明加载器的工作原理。

```java
public class TestLoader
{
    public static void main(String[] args)    throws Exception
    {
        //调用 class 加载器
        ClassLoader clApp = TestLoader.class.getClassLoader();
        System.out.println(clApp);
        //调用上一层 Class 加载器
        ClassLoader clExt = clApp.getParent();
        System.out.println(clExt);
        //调用根部 Class 加载器
        ClassLoader clBoot = clExt.getParent();
        System.out.println(clBoot);
    }
}
```

上例的运行结果为：

```
sun.misc.Launcher$AppClassLoader@19821f
sun.misc.Launcher$ExtClassLoader@addbf1
null
```

从上例可以看出，TestLoader 类是由 AppClassLoader 来加载的。另外需要说明的一点是，由于 Bootstrap Loader 是用 C++来实现的，因此在 Java 语言中是看不到它的，所以会打印出 null。

类加载的主要步骤分为以下三步：

1）装载：根据查找路径找到相对应的 class 文件然后导入。

2）链接：链接又可以分为 3 个小的步骤：

● 检查：检查待加载的 class 文件的正确性。

● 准备：给类中的静态变量分配存储空间。

● 解析：将符号引用转换成直接引用（这一步是可选的）。

3）初始化：对静态变量和静态代码块执行初始化工作。

↗5.4.4　**Java 是否存在内存泄漏问题**

内存泄漏是指一个不再被程序使用的对象或变量还在内存中占有存储空间。在 C/C++语言中，内存的分配与释放是由开发人员来负责的，如果开发人员忘记释放已分配的内存就会造成内存泄漏，而在 Java 语言中引进了垃圾回收机制，由垃圾回收器负责回收不再使用的对象，既然有垃圾回收器来负责回收垃圾，那么是否还会有内存泄漏的问题呢？

其实，在 Java 语言中，判断一个内存空间是否符合垃圾回收的标准有两个：第一，给对象赋予了空值 null，以后再没有被使用过；第二，给对象赋予了新值，重新分配了内存空间。一般来讲，内存泄漏主要有两种情况：一是在堆中申请的空间没有被释放；二是对象已不再使用，但还仍然在内存中保留着。垃圾回收机制的引入可以有效地解决第一种情况；而对于第二种情况，垃圾回收机制无法保证不再使用的对象会被释放。因此，Java 中的内存泄漏主要指的是第二种情况。

下面通过一个示例来介绍 Java 语言中的内存泄漏。

```
Vector v = new Vector(10);
for (int i = 1; i<10; i++)
{
    Object o = new Object();
    v.add(o);
}
```

在上述例子中，在循环中，不断创建新的对象加到 Vector 对象中，当退出循环后 o 的作用域将会结束，但是由于 v 在使用这些对象，因此垃圾回收器无法将其回收，此时就造成了内存泄漏。只有这些对象从 Vector 中删除才能释放创建的这些对象。

在 Java 语言中，容易引起内存泄漏的原因很多，主要有以下几个方面的内容：

1）静态集合类。例如 HashMap 和 Vector，如果这些容器为静态的，由于它们的生命周期与程序一致，那么容器中的对象在程序结束之前将不能被释放，从而造成内存泄漏，如上例所示。

2）各种连接。例如数据库连接、网络连接以及 IO 连接等。在对数据库进行操作的过程中，首先需要建立与数据库的连接，当不再使用时，需要调用 close 方法来释放与数据库的连接。只有连接被关闭后，垃圾回收器才会回收对应的对象。否则，如果在访问数据库的过程中，对 Connection、Statement 或 ResultSet 不显式地关闭，将会造成大量的对象无法被回收，从而引起内存泄漏。

3）监听器。在 Java 语言中，往往会使用到监听器，通常一个应用中会用到多个监听器，但在释放对象的同时往往没有相应地删除监听器，这也可能导致内存泄漏。

4）变量不合理的作用域。一般而言，如果一个变量定义的作用范围大于其使用范围，很有可能会造成内存泄漏，另一方面如果没有及时地把对象设置为 null，很有可能会导致内存泄漏的发生。如下例所示。

```
class Server
{
    private   String msg;
    public void recieveMsg()
    {
        readFromNet() ;//从网络接收数据保存到 msg 中
        saveDB();   //把 msg 保存到数据库中
    }
}
```

在上述伪代码中，通过 readFromNet()方法接收的消息保存在变量 msg 中，然后调用 saveDB() 方法把 msg 的内容保存到数据库中，此时 msg 已经没用了，但是由于 msg 的生命周期与对象的生命周期相同，因此，此时 msg 还不能被回收，造成了内存泄漏。对于这个问题，有如下两种解决方法：第一种方法，由于 msg 的作用范围只在 recieveMsg()方法内，因此可以把 msg 定义为这个方法的局部变量，当方法结束后，msg 的生命周期就会结束，此时垃圾回收器就可以回收 msg 的内容了。第二种方法，在使用完 msg 后就把 msg 设置为 null，这样垃圾回收器也会自动回收 msg 内容所占的内存空间。

5）单例模式可能会造成内存泄漏。单例模式的实现方法有很多种，下例中所使用的单例模式就可能会造成内存泄漏。

```
class BigClass
{
    //class body
}
class Singleton
{
    private BigClass bc;
    private static Singleton instance=new Singleton(new BigClass());
    private Singleton(BigClass bc){this.bc=bc;}
    public Singleton getInstance()
```

```
                {
                        return instance;
                }
        }
```

在上述实现的单例模式中，Singleton 有一个 BigClass 的引用，由于单例对象以静态变量的方式存储，因此它的在 JVM 的整个生命周期中都存在，同时由于它有一个针对对象 BigClass 的引用，这样会导致 BigClass 类的对象不能够被回收。

↗5.4.5 Java 中的堆和栈的区别

在 Java 语言中，堆与栈都是内存中存放数据的地方。变量分为基本数据类型和引用类型，基本数据类型的变量（例如 int、short、long、byte、float、double、boolean 以及 char 等）以及对象的引用变量，其内存都分配在栈上，变量出了作用域就会自动释放，而引用类型的变量，其内存分配在堆上或者常量池（例如字符串常量和基本数据类型常量）中，需要通过 new 等方式进行创建。

具体而言，栈内存主要用来存放基本数据类型与引用变量。栈内存的管理是通过压栈和弹栈操作来完成的，以栈帧为基本单位来管理程序的调用关系，每当有函数调用的时候，都会通过压栈方式创建新的栈帧，每当函数调用结束后都会通过弹栈的方式释放栈帧。

堆内存用来存放运行时创建的对象。一般来讲，通过 new 关键字创建出来的对象都存放在堆内存中。由于 JVM 是基于堆栈的虚拟机，而每个 Java 程序都运行在一个单独的 JVM 实例上，每一个实例唯一对应一个堆，一个 Java 程序内的多个线程也就运行在同一个 JVM 实例上，因此这些线程之间会共享堆内存，鉴于此，多线程在访问堆中的数据时需要对数据进行同步。

在 C++中，堆内存的管理都是由开发人员来负责的，也就是说开发人员在堆中申请的内存，当不再使用的时候，必须由开发人员来完成堆内存释放的工作。而在 Java 语言中，这个内存释放的工作由垃圾回收器来负责执行，开发人员只需要申请所需的堆空间而不需要考虑释放的问题。

在堆中产生了一个数组或对象后，还可以在栈中定义一个特殊的变量，让栈中这个变量的取值等于数组或对象在堆内存中的首地址，栈中的这个变量就成了数组或对象的引用变量。引用变量就相当于是为数组或对象起的一个名称，以后就可以在程序中使用栈中的引用变量来访问堆中的数组或对象。这就是 Java 中的引用的用法。

从堆和栈的功能以及作用来比较，堆主要用来存放对象的，栈主要是用来执行程序时。相比较堆，栈的存取速度更快，但栈的大小和生存期必须是确定的，缺乏一定的灵活性。而堆却可以在运行时动态地分配内存，生命周期不用提前告诉编译器，但这也导致了其存取速度的低下。

堆和栈的存储如下例所示。

```
class Rectangle
{
        private int width;
        private int length;
        public Rectangle(int width,int length)
        {
                this.width=width;
                this.length=length;
        }
}
public class Test
{
        public static void main(String[] a)
        {
                int i=1;
                Rectangle r=new Rectangle(3,5);
        }
}
```

在上述程序进入 main 函数后，栈与堆的区别如图 5-10 所示。

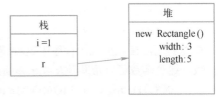

由于 i 为基本数据类型的局部变量，因此它存储在栈空间中，而 r 为对象的引用变量，因此 r 被存储在栈空间中，实际的对象存储在堆空间中，当 main 方法退出后，存储在栈中的 i 和 r 通过压栈和弹栈操作将会在栈中被回收，而存储在堆中的对象将会由垃圾回收器来自动回收。

● 图 5-10　栈与堆的区别

⬈5.4.6　JVM 常用的参数

JVM 有许多参数，了解这些参数对 JVM 调优是非常有帮助的。下面介绍一些常用的 JVM 参数。

（1）与堆内存相关的参数

在做性能调优时，一般都需要指定堆内存的大小。用于指定最小和最大堆大小的参数分别是-Xms <堆大小> [单位]和-Xmx <堆大小> [单位]。单位的取值为："g"（GB），"m"（MB）或 "k"（KB）。在设置 JVM 内存的最大值与最小值的时候，建议把它们设置为相同的值，这样可以避免在运行时动态地调整堆内存的大小，从而节约了宝贵的 CPU 周期。如果堆内存设置的比较大，那么建议将-XX: + AlwaysPreTouch 标志设置为启动选项。这个参数的功能是让服务在启动的时候分配物理内存给 JVM。如果没有设置这个参数，那么 JVM 在启动的时候，只分配了虚拟内存，当真正使用的时候才会分配物理内存。这就可能会导致系统的运行速度变慢。当然这个设置的副作用就是 JVM 在启动的时候会更耗时。

从 Java 8 开始，Metaspace 取代了旧的 PermGen 内存空间。因此，不再有 "java.lang.OutOfMemoryError：PermGen" 错误了，但是仍然可以监视应用程序日志中的 "java.lang.OutOfMemoryError：Metadata space" 错误。默认情况下，类元数据分配受可用本机内存量的限制，在 Java 8 中有一个新的选项来限制内存空间的最大大小。但这仅仅是因为该空间可以增长到本机内存的极限内存，并不意味着它总使用这么多的内存。它可以根据实际的情况动态地调整。

下面的参数可以用来控制 JVM Metaspace 的大小：

-XX：MaxMetaspaceSize：默认情况下不受限制，设置可分配给类元数据的最大的本机内存。

-XX：MetaspaceSize：设置分配的类元数据的大小，在该大小之上将触发第一个垃圾回收。默认值取决于平台。

-XX：MinMetaspaceFreeRatio：垃圾收集后需要可用的 Metaspace 内存区域的最小百分比。如果剩余的内存量低于阈值，则将调整元空间区域的大小。

-XX：MaxMetaspaceFreeRatio：垃圾收集后需要可用的 Metaspace 内存区域的最大百分比。如果剩余的内存量大于阈值，则将调整元空间区域的大小。

需要注意的是：监视 Metaspace 区域是非常有用的，因为该内存区域中的大量垃圾回收工作可能表明类或类加载器中有内存泄漏。

下面给出其他几个常用的参数：

-XX：NewSize：设置年轻代空间的初始大小。

-XX：MaxNewSize：表示年轻代空间的最大值。

-Xmn 指定整个年轻代空间的大小，即 eden 和两个 survivor 空间。

可以使用以下参数来计算老年代空间：

1）初始的老年代空间等于-Xmx 值减去-XX：NewSize 值。

2）老年代空间的最小值等于-Xmx 值减去-XX：MaxNewSize 值。

（2）Out of Memory Error

OutOfMemoryError 可能是每个开发者的噩梦。这种问题通常很难重现，而且也很难去诊断。不幸的是，在大型应用程序中这种情况很是常见的。幸运的是，JVM 具有将堆内存写入文件的参数，这个参数可以帮助开发者来诊断问题。下面简要介绍这些常用的参数：

-XX:+HeapDumpOnOutOfMemoryError：告诉 JVM 当有 java.lang.OutOfMemoryErro 异常的时候，把堆内存存储到文件中。

-XX:HeapDumpPath=./java_pid<pid>.hprof：指定存储堆内存的文件。

-XX:OnOutOfMemoryError="<cmd args>;<cmd args>"：当有 java.lang.OutOfMemoryError 异常的时候，运行用户自定义的紧急命令。

-XX:+UseGCOverheadLimit：这是一个策略，用来限制在抛出 OutOfMemoryError 之前 VM 在 GC 上花费的时间比例。

（3）垃圾回收器

JVM 提供了参数来指定垃圾回收算法。例如：

-XX:+UseSerialGC：使用串行垃圾回收算法。

-XX:+UseParallelGC：使用并行垃圾回收算法。

-XX:+UseConcMarkSweepGC：使用并发标记清理回收算法。

-XX:+UseG1GC：使用 G1 回收算法。

随着其他垃圾回收算法的出现，也可以使用对应的参数来指定所要使用的垃圾回收算法。

（4）垃圾回收日志

垃圾收集性能与 JVM 和应用程序性能的性能是密切相关的。当垃圾回收器无法清除内存时，它的工作越来越频繁，最终导致"Stop The World"事件甚至内存不足的情况出现。因此，要尽量避免这种情况。要做到这一点，就需要能够观察 JVM 垃圾收集器在做什么。监视 GC 性能的最佳方法之一是查看 GC 日志。可以使用以下命令记录 GC 活动：

-XX:+UseGCLogFileRotation：用来指定日志文件使用循环策略。

-XX:NumberOfGCLogFiles=<number of log files>：在使用循环策略的时候，最多可用的日志文件数。

-XX:GCLogFileSize=<file size>[unit]：用来指定日志文件的最大值。

-Xloggc:/path/to/gc.log：用来指定日志文件的路径。

-XX:+PrintGCDetails：在垃圾收集器日志中包含其他详细信息。

-XX:+PrintGCDateStamps：把日期打印到日志文件中。

-XX:+PrintGCTimeStamps：把时间打印到日志文件中。

-XX:+PrintTenuringDistribution：打印在 survivor 空间里面有效的对象的年龄情况。

-XX:+PrintGCApplicationStoppedTime：打印垃圾回收期间程序暂停的时间。

（5）其他常见参数。

-XX:+UseStringDeduplication：主要是用来消除长时间存活的重复字符串对象，它不会对短期存活的对象进行去重。如果字符串的生命周期很短，很可能还没来得及去重就已经死亡了。

-XX:+UseLWPSynchronization：使用基于 LWP–代替基于线程同步。

-XX:LargePageSizeInBytes：设置用于 Java 堆的大页面大小。需要注意的是，虽然较大的页面允许更有效地使用内存硬件，但这可能会导致 Metaspace 的空间更大，从而迫使减小 Java 堆空间的大小。

-XX:MaxHeapFreeRatio：GC 后堆可用内存的最大百分比，堆内存收缩。

-XX:MinHeapFreeRatio：GC 后堆可用内存的最小百分比，堆内存扩张。

-XX:SurvivorRatio： 定义了新生代中 Eden 区域和 Survivor 区域（From 幸存区或 To 幸存区）的比例，默认为 8，也就是说 Eden 占新生代的 8/10，From 幸存区和 To 幸存区各占新生代的 1/10。

5.5　常见面试笔试真题

（1）如下代码

```
1. public Object m() {
2. Object o = new Float(3.14F);
3. Object [] oa = new Object[1];
4. oa[0] = o;
5. o = null;
6. oa[0] = null;
7. print 'return 0';
8. }
```

当 Float 对象在第 2 行被创建后，什么时候能够被垃圾回收（　　）

A．4 行以后　　　　　　　B．5 行以后　　　　C．6 行以后　　　　D．7 行以后

答案：C。在 6 行后不再有对象引用 Float 对象了，因此能够被回收。

（2）下面关于垃圾收集的说法正确的是：

A．一旦一个对象成为垃圾，就立刻被收集掉

B．对象空间被收集掉之后，会执行该对象的 finalize 方法

C．finalize 方法和 C++的析构函数是完全一回事情

D．一个对象成为垃圾是因为不再有引用指着它，但是线程并非如此

答案：D。成为垃圾的对象，只有在下次垃圾回收器运行的时候才会被回收，而不是马上被清理，因此 A 错误。finalize 方法是在对象空间被收集前调用的，因此 B 错误。C++中，调用了析构函数后，对象一定会被销毁，而 Java 语言调用了 finalize 方法，垃圾却不一定会被回收，因此 finalize 与 C++的析构函数是不同的，所以 C 也不正确。对于 D，当一个对象不再被引用后就成为垃圾可以被回收，但是线程就算没有被引用也可以独立运行的，因此与对象不同。所以正确答案为 D。

（3）是否可以主动通知 JVM 进行垃圾回收？

由于垃圾回收器的存在，Java 语言本身没有给开发人员提供显式释放已分配内存的方法，也就是说，开发人员不能实时地调用垃圾回收器对某个对象或所有对象进行垃圾回收。但开发人员却可以通过调用 System.gc()方法来通知垃圾回收器运行，当然，JVM 也并不会保证垃圾回收器马上就会运行。由于 GC 方法的执行会停止所有的响应，去检查内存中是否有可回收的对象，这会对程序的正常运行以及性能造成极大的威胁，所以实际编程时，不推荐频繁使用 GC 方法。

（4）一个 Java 程序运行从上到下的环境次序是（　　）

A．操作系统、Java 程序、JRE/JVM、硬件

B．JRE/JVM、Java 程序、硬件、操作系统

C．Java 程序、JRE/JVM、操作系统、硬件

答案：C。见上面讲解

（5）下面说法哪一个正确？（　　）

A．Java 程序经编译后会产生机器码

B．Java 程序经编译后会产生字节码

C．Java 程序经编译后会产生 dll

D．以上都不正确

答案：B。.java 文件先被 javac 指令编译为.class 后缀的字节码文件，再由 JVM 执行。

第6章 设 计 模 式

设计模式（Design Pattern）是一套被反复使用的、多数人知晓的、经过分类编目的代码设计经验的总结。使用设计模式的目的是为了代码重用，避免程序被大量修改，同时使代码更容易被他人理解，并且保证代码可靠性。显然，设计模式不管是对自己、他人还是系统而言都是有益的，设计模式使得代码编制真正实现了工程化，设计模式可以说是软件工程的基石。

GoF（Gang of Four）23 种经典设计模式见表 6-1。

表 6-1   23 种经典设计模式

	创建型	结构型	行为型
类	Factory Method（工厂方法）	Adapter_Class（适配器类）	Interpreter（解释器） Template Method（模板方法）
对象	Abstract Factory（抽象工厂） Builder（建造者） Prototype（原型） Singleton（单例）	Bridge（桥接） Composite（组合） Decorator（装饰） Facade（外观） Flyweight（享元） Proxy（代理）	Chain of Responsibility（职责链） Command（命令） Iterator（迭代器） Mediator（中介者） Memento（备忘录） Observer（观察者） State（状态） Strategy（策略） Visitor（访问者）

常见的设计模式有工厂模式（Factory Pattern）、单例模式（Singleton Pattern）、适配器模式（Adapter Pattern）、享元模式（Flyweight Pattern）以及观察者模式（Observer Pattern）等。

6.1   设计模式中的原则

随着软件规模的增大，代码量也越来越大，导致系统变得非常复杂从而降低了软件的可维护性。设计模式的出现就是为了增强代码的可复用性、增强可维护性以及使软件实现高内聚低耦合的目标。这些经典的设计模式主要用到了许多非常经典的原则，这一节将简要介绍 7 种常用的原则。

↗6.1.1   单一职责原则

单一职责原则是指一个类应该有且只有一个去改变它的理由，也就是说一个类应该只有一项工作。

如果一个类 T 负责两个不同的职责：职责 P1 和职责 P2。一旦职责 P1 需求发生改变而需要修改类 T 时，有可能会导致原本运行正常的职责 P2 功能发生故障。在这种情况下可以创建两个类 C1 和 C2 分别负责职责 P1 和 P2，这样类 C1 只有在 P1 有变化的时候才需要被修改，同时也不会影响 P2。

下面以员工类为例来说明如何使用这一职责。

```java
import java.util.Date;

public class Employee
{
```

```
                private String id;
                private String name;
                private String address;
                private Date joinDate;

                public boolean isPromotion()
                {
                        //实现判断员工今年是否可以晋升的逻辑
                }

                public Double getIncome()
                {
                        //实现工资的计算
                }
                // 其他方法
        }
```

从功能角度来看，这个定义是表完善的，它不仅定义了员工的基本信息，同时还定义了员工工资的计算方式以及员工是否可以被提拔等方法。

但是从设计原则的角度来看，这个类有如下几个问题：

1）工资的计算涉及五险一金与扣税等计算，这是税务部门的职责。一旦税收政策有变化，这个类的实现也就需要改变。

2）决定员工是否可以被晋升是 HR 部门的职责，它是由 HR 的相关政策来决定的。一旦这个政策有变化。这个类的实现也需要改变。

由此可见，这个类至少有两个可能被修改的原因，由此它违背了单一指责。下面通过一些重构来使得类的设计满足单一指责。主要通过下面两个方面实现重构。

1）把判断员工是否可以被晋升的逻辑移到 HRPromotion 类中：

```
public class HRPromotion
{
    public boolean isPromotion(Employee emp)
    {
            // 实现判断员工今年是否可以晋升的逻辑
    }
}
```

2）把工资的计算移动到 FinICalculation 类中：

```
public class FinICalculation
{
    public Double getIncome(Employee emp) {
            // 实现工资的计算
    }
}
```

重构以后，员工类只需要保留与员工相关的基本信息：

```
public class Employee
{
    private String id;
    private String name;
    private String address;
    private Date joinDate;
    // 其他方法
}
```

重构以后，只有员工信息有变化的时候才需要修改 Employee 类，因此，这个类只有一个可能被修改的原因，也就满足了单一指责的原则。

↗6.1.2 开放封闭原则

开放封闭原则是指对象或实体应该对扩展开放，对修改封闭。也就是说软件实体应该通过扩展来实现变化，而不是通过修改已有的代码来实现变化。为了达到这个目的，就必须尽量考虑接口封装，抽象机制和多态技术。可以从下面几个方面来理解这个原则：

（1）如何理解开放

只有当一个模块是可扩展的，那么这个模块才是开放的。也就是说，如果可以给一个类增加属性或者方法，那么就可以说这个类是开放的。

（2）如何理解封闭

如果某个模块可供其他模块使用，则将其称为已关闭。可被其他模块使用是假设模块有良好定义的稳定描述。也就是说，如果某个类可重用或作为基础类可扩展使用，则将其关闭。这种封闭类有个最重要的前提条件：应最终确定其属性和方法，因为如果它们更改，则继承基类的所有子类都会受到影响。

（3）只有满足如下条件的类才遵循了开放封闭原则

1）如果某个类的运行时或编译后的类可用作子类扩展的基类，则可以认为该类是封闭的。这里的基准是指确保类不会发生更改。

2）但是它也是开放的，因为任何新类都可以将其用作父类，从而增加新功能。定义子类时，无须更改原始类，因此原来类的所有客户都不需要被修改。

由此可见，一个类可以同时满足开放和封闭的条件。为了便于理解，下面通过一个示例来说明。

假设要定义一个计算形状的面积，这里先以矩形为例，首先定义一个矩形类如下：

```
public class Rectangle
{
    public double length;
    public double width;
}
```

接着定义一个计算矩形面积的类：

```
public class AreaCal
{
    public double calRecArea(Rectangle rectangle)
    {
        return rectangle.length * rectangle.width;
    }
}
```

如果想要计算一个圆的面积，就需要增加新的类：

```
public class Circle
{
    public double radius;
}
```

同时再增加一个计算圆面积的方法即可：

```
public class AreaCal
{
    public double calRecArea(Rectangle rectangle)
    {
        return rectangle.length * rectangle.width;
    }

    public double calculateCircleArea(Circle circle)
    {
        return Math.PI*circle.radius*circle.radius;
    }
}
```

显然这种设计是有问题的，如果接下来要再增加新的形状（例如菱形），那么仍然需要修改 AreaCal 类。也就是说随着支持的形状的增多，AreaCal 类需要不断地被修改。这就会导致所有使用了包含这个类的库文件都需要被修改。因此，这个类的定义是不稳定的，所以这个类的设计是不可扩展的。

下面通过一个示例来说明如何使用"开放封闭"原则来解决这个问题。首先可以定义一个形状类型 Shape 接口，不同的形状都可以实现这个接口。

```
interface Shape
{
    public double calArea();
}

class Rectangle implements Shape
{
    private double length;
    private double width;

    public double calArea()
    {
        return length * width;
    }
}

class Circle implements Shape
{
    private double radius;

    public double calArea()
    {
        return Math.PI * radius * radius;
    }
}
```

这个新的设计主要有以下几方面的改动，从而让这个新的设计具有可扩展性。

1）引入了一个公共的接口 Shape，而且所有的形状都需要实现这个接口。

2）接口提供了 calArea 方法，所有的子类都需要根据其形状的特点来实现 calArea 方法的逻辑。

3）所有需要计算形状的代码都可以使用下面的代码来实现。即使后面再增加新的形状，这个代码也不需要被修改。

```
class AreaCalculator
{
    public double calShapeArea(Shape shape)
    {
        return shape.calArea();
    }
}
```

显然这个设计是满足开放封闭原则的。

1）这个设计对于修改是开放的，因为在增加新的形状的时候不需要修改已有的代码，而只需要添加一个新的类并实现 Shape 接口，并根据具体形状的特性实现具体计算面积的逻辑即可。

2）这个设计对于修改是关闭的，因为 calArea 方法最终实现了计算面积的逻辑，它可以满足当前存在的所有形状以及以后可能创建的形状的面积的计算。由此这个接口是不需要被修改的。

↗6.1.3　里氏替换原则

如果对象 x 为类型 T 时 q(x)成立，那么当 S 是 T 的子类时，对象 y 为类型 S 时 q(y)也应成立。也就是说对父类的调用同样适用于子类。

下面通过一个示例代码来说明。首先给出一个基本类 Vehicle 和两个子类 Car 与 Bus。

```
class Vehicle
{
    public float getSpeed() { ... }
```

```
        public int getCubicCapacity() {...}
}

class Car extends Vehicle
{
        public float getSpeed() { ... }
        public int getCubicCapacity() {...}
}

class Bus extends Vehicle
{
        public float getSpeed() { ... }
        public int getCubicCapacity() {...}
}
```

那么就可以将 Car 类型的对象或 Bus 类型的对象分配给 Vehicle 类型的引用。可以通过 Vehicle 的引用调用 Bus 和 Car 通过继承获取的基本类 Vehicle 中固有的所有功能。也就是说可以在 Vehicle 引用上调用诸如 getSpeed() 和 getCubicCapacity() 之类的方法。而调用的是实际指向的对象中重写的方法。这正是里氏（Liskov）替换规则：子类型对象可以替换超类型对象，而不会影响超类型固有的功能。

例如，可以使用如下代码进行调用：

```
        Vehicle v1 = new Car();
        v1.getSpeed();
        Vehicle v2 = new Bus ();
        v1. getCubicCapacity ();
```

为了便于理解，下面再给出一个违反里氏替换原则的设计。

圆本质上其实是椭圆，只不过长轴和短轴相等。如果要设计这两个形状的类，可以先定义一个 Ellipse（椭圆）类，然后定义 Circle（圆）类作为 Ellipse 类的子类。

在这种情况下，可以将 Circle 类型的对象分配给 Ellipse 类型的引用。因此，可以通过 Ellipse 的引用调用 Circle 的所有方法。但是椭圆的一种固有功能是其可拉伸。即椭圆的两个轴的长度可以更改。可以说这个类有 setLengthOfAxisX() 和 setLengthOfAxisY() 方法，通过它们可以改变椭圆的两个轴 X 和 Y 的长度。但是，在椭圆类型的引用内的圆形对象上调用这两个方法中的任何一个，将导致一个圆不再是一个圆，因为在一个圆中，长轴和短轴的长度必须相等。这就是典型的圆椭圆问题。

其实里氏替换原则与开放封闭原则有着密切的关系。

开放封闭原则表示应该为扩展打开一个类，为修改而关闭一个类，即修改类的功能时，不应更改原始类。而是通过覆盖原始类，并实现要在覆盖类中更改的功能。这样，当使用子类的对象代替父类/超类时，重写的功能将在执行相同功能时执行。这也是完全符合里氏替换原则的。由此可见里氏替换原则是开放封闭原则的基础。

↗6.1.4　依赖倒置原则

高层次的模块不应该依赖于低层次的模块，它们都应该依赖于抽象。具体实现应该依赖于抽象，而不是抽象依赖于实现。依赖倒置原则从根本上颠倒了软件系统中依赖关系管理的方式。该原则不是让上级模块直接依赖于下级模块来执行职责，而是使上级模块依赖于代表下级模块的"抽象"或"抽象接口"。然后，下层模块的实际实现可能会有所不同。只要高层模块可以通过抽象接口访问较低层模块的实现，高层模块就可以调用它。

简单来说，依赖倒置原则就是指：代码要依赖于抽象（抽象类或接口），而不要依赖于具体的类；要针对接口或抽象类编程，而不是针对具体类编程。

为了更好地理解依赖倒置原则，首先给出一个传统程序系统模块之间的依赖关系。在过程系统中，较高级别的模块依赖于较低级别的模块来履行其职责。如图 6-1 所示。

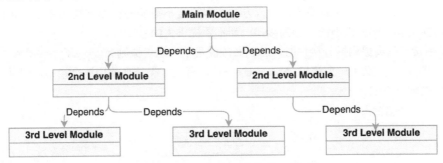

● 图 6-1 传统程序系统模块的依赖关系

这样设计的问题是：一旦底层模块有改动，就会影响到上层的模块，从而影响到更上层的模块，这将会严重影响到系统的可扩展性。下面通过依赖倒置原则重新设计这个依赖关系如图 6-2 所示。

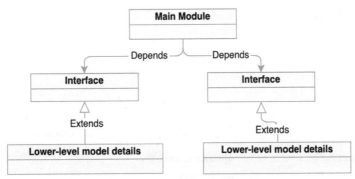

● 图 6-2 通过依赖倒置原则重新设计

在上图中，高级模块不依赖于具体的第二级模块。相反，高级模块依赖于抽象接口，这些接口是根据高级模块从下级模块需要的服务而定义的。而较低层的模块实现扩展了抽象接口。因此，当高级模块调用抽象接口时，其功能实际上由低级模块实现之一提供服务的。因此，高级模块和低级模块都与抽象接口结构有关并依赖于此。

由此可见，依赖倒置原则通过在层之间引入抽象层来消除层之间的紧密耦合。因此，较高层不是直接依赖于较低层，而是依赖于通用抽象的。然后，只要遵循抽象接口的约定，就可以更改（修改或扩展）较低级别的层，而不必担心对较高层的模块造成影响。

适配器设计模式正是使用了这种设计思想。

↗6.1.5 接口隔离原则

不应强迫客户端实现一个它用不上的接口，或是说客户端不应该被迫依赖它们不使用的方法，使用多个专门的接口比使用单个总接口要好得多。

在很多情况下为了减少接口的定义，把许多类似的方法都放在一个接口中，最后会发现，维护和实现接口的时候需要花费太多精力，而接口所定义的操作相当于对客户端的一种承诺，这种承诺当然是越少越好，越精练越好，过多的承诺带来的就是用户需要花费大量精力和时间去维护。

接口隔离原则是指使用多个专门的接口，而不使用单一的总接口。每一个接口应该承担一种相对独立的角色。由此可见，接口隔离原则主要有几个特点：

1）一个接口表示一个角色。

2）接口仅仅提供客户端需要的行为或方法，客户端不需要的行为则需要被隐藏起来。主要思想就是尽可能给客户端提供小的单独的接口，而不要提供大的总接口。

3）使用接口隔离原则拆分接口时，首先必须满足单一职责原则。

例如，图 6-3 定义了一个接口 AbstractService，有三个类都会使用这个接口，但是每个类都只是用接口中的部分方法。

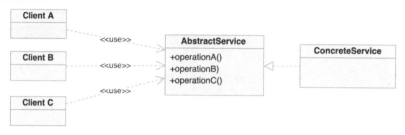

● 图 6-3　定义接口 AbstractService

因此，就有必要对接口进行拆分使得每个接口只完成单一的职责，只供其中一个类使用，使用接口隔离原则重构以后的类图如图 6-4 所示。

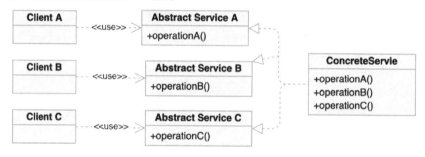

● 图 6-4　使用接口隔离原则进行重构

↗6.1.6　合成复用原则

这个原则的指导思想是尽量使用对象的组合或聚合而非继承来达到复用的目的。

通常来说，组合和继承是实现复用的两个重要的方法。通过继承方式实现的复用虽然有简单和易实现的优点，但它也存在以下缺点。

1）继承破坏了类的封装性。通过继承，父类把具体的实现暴露给了子类，这种复用方式也被称为"白箱"复用。

2）子类与父类高耦合。对父类如何改动都会影响子类的实现。导致系统的可扩展性较差。

3）不灵活。通过继承方式实现的复用是静态的复用，因为其在编译时就确定好了，所以在运行时不可能发生变化。

通过组合方式实现的复用可以解决继承组合的这些缺点。

合成复用原则就是指在一个新的对象里通过组合或聚合来使用一些已有的对象，使之成为新对象的一部分；新对象通过委派调用已有对象的方法达到复用其已有功能的目的。

下面通过一个示例来说明如何使用这个原则。

有个购物系统，买家和卖家类都需要连接数据库。假设目前使用 JDBC 来建立连接的。系统的设计如图 6-5 所示。

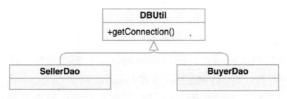

● 图 6-5 使用 JDBC 建立购物系统

随着业务的扩张，需要修改连接数据库的方式。如果想使用数据库连接池连接，则需要修改 DBUtil 类源代码。如果 SellerDao 采用 JDBC 连接，但是 BuyerDao 采用连接池连接，则需要增加一个新的 DBUtil 类，并修改 SellerDao 或 SellerDao 的源代码，使之继承新的数据库连接类，这显然将违背开闭原则，导致系统的可扩展性比较差。为了使系统有更好的可扩展性，可以把继承修改为组合的方式如图 6-6 所示。

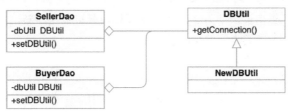

● 图 6-6 修改为组合的方式

使用这种方式后，如果想修改数据库连接方式，只需要调用者调用 setDBUtil 方法来设置用来建立数据库连接的类。当然也可以实现一个配置文件，只需修改配置文件来完成新的数据库连接方式的使用。

↗6.1.7 迪米特法则

迪米特法则又叫最少知识原则。它是指一个软件模块或对象应当尽可能少的与其他模块或对象发生相互作用。这样，当一个模块有变动时，就会尽量少的影响其他的模块，这种设计使系统有更好的可扩展性，这是对软件实体之间通信的限制，它要求限制软件实体之间通信的宽度和深度。

在迪米特法则中，对于一个对象，其"朋友"包括以下几类：

1）对象本身（this）；

2）当前对象创建出来的对象；

3）当前对象的成员对象或成员对象集合中的所有对象；

4）以参数形式的方式传入到当前对象中的对象。

对于任意一个对象，它如果满足上面的条件之一，那么这个对象就是当前对象的"朋友"，否则就是"陌生人"。在系统设计的时候当前对象最好只与这些朋友对象之间发生相互作用。

如果两个类之间不必彼此直接通信，那么这两个类就不应当发生直接的相互作用，如果其中的一个类需要调用另一个类的某一个方法的话，可以通过第三者转发这个调用。

假设对象 a（类 A 的实例）只能调用 b（类 B 的实例）中的方法，而不允许调用 c（类 C 的实例）中的方法，他们之间不存在直接引用关系。迪米特法则不允许出现 a.method1().method2() 或 a.b.method 这样的调用方式。只能够出现一个"."。

6.2 单例模式

在某些情况下，有些对象只需要一个就可以了，即每个类只需要一个实例，例如，一台计算机上可以连接多台打印机，但是这个计算机上的打印程序只能有一个，这里就可以通过单例模式来避免两个打印作业同时输出到打印机中，即在整个的打印过程中只有一个打印程序的实例。

简单说，单例模式（也叫单件模式）的作用就是保证在整个应用程序的生命周期中，任何一个时刻，单例类的实例都只存在一个（当然也可以不存在）。

单例模式确保某一个类只有一个实例，而且自行实例化并向整个系统提供这个实例单例模式。单例模式只应在有真正的"单一实例"的需求时才可使用。

 ## 6.3 工厂模式

工厂模式专门负责实例化有大量公共接口的类。工厂模式可以动态决定将哪一个类实例化，而不必事先知道每次要实例化哪一个类。客户类和工厂类是分开的。消费者无论什么时候需要某种产品，需要做的只是向工厂提出请求即可。消费者无须修改就可以接纳新产品。当然该模式也存在缺点，就是当产品修改时，工厂类也要做相应的修改。

工厂模式包含以下几种形态：

简单工厂（Simple Factory）模式。简单工厂模式的工厂类是根据提供给它的参数，返回的是几个可能产品中的一个类的实例，通常情况下它返回的类都有一个公共的父类和公共的方法。设计类图如图 6-7 所示。

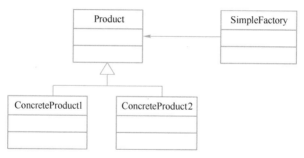

● 图 6-7　简单工厂模式类图

其中，Product 为待实例化类的基类，它可以有多个子类；SimpleFactory 类中提供了实例化 Product 的方法，这个方法可以根据传入的参数动态地创建出某一类型产品的对象。

工厂方法（Factory Method）模式。工厂方法模式是类的创建模式，其用意是定义一个用于创建产品对象的工厂的接口，而将实际创建工作推迟到工厂接口的子类中。它属于简单工厂模式的进一步抽象和推广。多态的使用，使得工厂方法模式保持了简单工厂模式的优点，而且克服了它的缺点。设计类图如图 6-8 所示。

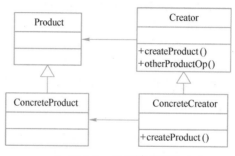

● 图 6-8　工厂模式类图

Product 为产品的接口或基类，所有的产品都实现这个接口或抽象类（例如 ConcreteProduct），这样就可以在运行时根据需求创建对应的产品类。Creator 实现了对产品所有的操作方法，而不实现产品对象的实例化。产品的实例化由 Creator 的子类来完成。

抽象工厂（Abstract Factory）模式。抽象工厂模式是所有形态的工厂模式中最为抽象和最具一般性的一种形态。抽象工厂模式是指当有多个抽象角色时使用的一种工厂模式，抽象工厂模式可以向客户端提供一个接口，使客户端在不必指定产品的具体的情况下，创建多个产品族中的产品对象。根据 LSP 原则（即里氏替换原则），任何接受父类型的地方，都应当能够接受子类型。因此，实际上系统所需要的，仅仅是类型与这些抽象产品角色相同的一些实例，而不是这些抽象产品的实例。换句话说，也就是这些抽象产品的具体子类的实例。工厂类负责创建抽象产品的具体子类的实例。设计类图如图 6-9 所示。

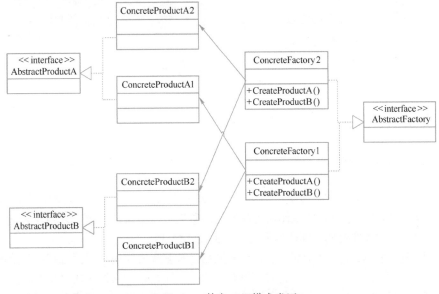

● 图 6-9　抽象工厂模式类图

AbstractProductA 和 AbstractProductB 代表一个产品家族，实现这些接口的类代表具体的产品。AbstractFactory 为创建产品的接口，能够创建这个产品家族的中所有类型的产品，它的子类可以根据具体情况创建对应的产品。

6.4 适配器模式

适配器模式也称为变压器模式，它是把一个类的接口转换成客户端所期望的另一种接口，从而使原本因接口不匹配而无法一起工作的两个类能够一起工作。适配类可以根据所传递的参数返还一个合适的实例给客户端。

适配器模式主要应用于"希望复用一些现存的类，但是接口又与复用环境要求不一致的情况"，在遗留代码复用、类库迁移等方面非常有用。同时适配器模式有对象适配器和类适配器两种形式的实现结构，但是类适配器采用"多继承"的实现方式，会引起程序的高耦合，所以一般不推荐使用，而对象适配器采用"对象组合"的方式，耦合度低，应用范围更广。

例如，现在系统里已经实现了点、线、正方形，而现在客户要求实现一个圆形，一般的做法是建立一个 Circle 类来继承以后的 Shape 类，然后去实现对应的 display、fill、undisplay 方法，此时如果发现项目组其他人已经实现了一个画圆的类，但是他的方法名却和自己的不一样，为：

displayhh、fillhh、undisplayhh，不能直接使用这个类，因为那样无法保证多态，而有的时候，也不能要求组件类改写方法名，此时，可以采用适配器模式。设计类图如图 6-10 所示。

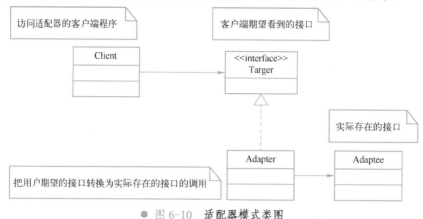

● 图 6-10　适配器模式类图

6.5　观察者模式

观察者模式（也被称为发布/订阅模式）提供了避免组件之间紧密耦合的另一种方法，它将观察者和被观察的对象分离开。在该模式中，一个对象通过添加一个方法（该方法允许另一个对象，即观察者注册自己）使本身变得可观察。当可观察的对象更改时，它会将消息发送到已注册的观察者。这些观察者使用该信息执行的操作与可观察的对象无关，结果是对象可以相互对话，而不必了解原因。Java 与 C#的事件处理机制就是采用的此种设计模式。

例如，用户界面可以作为一个观察者，业务数据是被观察者，用户界面观察业务数据的变化，发现数据变化后，就显示在界面上。面向对象设计的一个原则是：系统中的每个类将重点放在某一个功能上，而不是其他方面。一个对象只做一件事情，并且将它做好。观察者模式在模块之间划定了清晰的界限，提高了应用程序的可维护性和重用性。设计类图如图 6-11 所示。

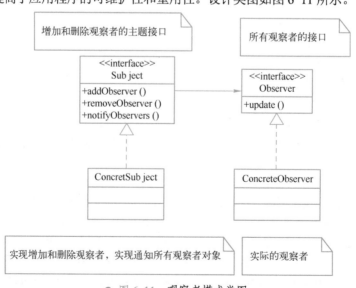

● 图 6-11　观察者模式类图

6.6　常见面试笔试真题

（1）实现一个线程安全的单例模式。

答案：在前面的章节中已经介绍过了单例模式了，下面首先给出一个最简单的实现单例模式的方法：

```
class Singleton
{
    private static Singleton instance = null;

    // 把构造方法定义为私有的来防止使用者实例化对象
    private Singleton() {}

    public static Singleton getInstance()
    {
        if (instance == null)
        {
            instance = new Singleton();
        }
        return instance;
    }
}
```

在使用这个类的时候，只能通过 Singleton.getInstance()来获取这个类的对象并使用。但是这种写法不是线程安全的。假设有两个线程 t1 和 t2 同时调用 getInstance 方法，当 t1 执行完 if (instance == null)后准备去执行 instance = new Singleton();，而线程 2 此时也执行 if (instance == null)判断，显然条件为 true，线程 2 也会去执行 instance = new Singleton();。这就导致两个线程创建了不同的对象。因此这种写法不是线程安全的。线程安全的单例模式指的是实现了单例模式的类在任何情况下都会返回相同的对象，即使它被多个线程同时调用。下面给出两种线程安全单例模式的实现方式：

1）在类被加载的时候直接初始化静态变量。

```
class Singleton
{
    private static Singleton instance = new Singleton();
    private Singleton() {}
    public static synchronized Singleton getInstance()
    {
        return instance;
    }
}
```

这种写法虽然是多线程安全的，但是即使这个类的实例从来不被使用，它的对象也会被实例化出来。为了避免这个缺点，下面介绍另外一种实现方式。

2）按需实例化。

```
class Singleton
{
    private volatile static Singleton singleton;
    private Singleton() {}

    public static Singleton getSingleton()
    {
        if (singleton == null) {
            synchronized (Singleton.class)
            {
                if (singleton == null)
                {
                    singleton = new Singleton();
                }
```

```
                    }
                }
                return singleton;
            }
        }
```

这种方法会首先判断 singleton 是否为空，这个对象一旦被创建，在后期的调用过程中就不会进入同步的代码，因此，不会对效率有影响，而且只有在 getSingleton()被调用后才会实例化对象。

（2）用 **Java** 语言实现一个观察者模式。

答案：

下面给出一个观察者模式的示例代码，代码的主要功能是实现天气预报，同样的温度信息可以有多种不同的展示方式：

```java
import java.util.ArrayList;
interface Subject
{
    public void registerObserver(Observer o);
    public void removeObserver(Observer o);
    public void notifyObservers();
}
class Whether implements Subject
{
    private ArrayList<Observer>observers=new ArrayList<Observer>();
    private float temperature;
    @Override
    public void notifyObservers() {
            for(int i=0;i<this.observers.size();i++)
            {
                    this.observers.get(i).update(temperature);
            }
    }
    @Override
    public void registerObserver(Observer o) {
            this.observers.add(o);
    }
    @Override
    public void removeObserver(Observer o) {
            this.observers.remove(o);
    }
    public void whetherChange()            {
            this.notifyObservers();
    }
    public float getTemperature(){
            return temperature;
    }
    public void setTemperature(float temperature) {
            this.temperature = temperature;
            notifyObservers();
    }
}
interface Observer
{
    //更新温度
    public void update(float temp);
}
class WhetherDisplay1 implements Observer
{
    private float temprature;
    public WhetherDisplay1(Subject whether){
            whether.registerObserver(this);
    }
    @Override
    public void update(float temp) {
            this.temprature=temp;
            display();
    }
```

```java
        public void display(){
                System.out.println("display1****:"+this.temprature);
        }
}
class WhetherDisplay2 implements Observer
{
    private float temprature;
    public WhetherDisplay2(Subject whether)
    {
                whether.registerObserver(this);
    }
    @Override
    public void update(float temp) {
                this.temprature=temp;
                display();
    }

    public void display()
    {
                System.out.println("display2----:"+this.temprature);
    }
}
public class Test
{
    public static void main(String[] args)
    {
                Whether whether=new Whether();
                WhetherDisplay1 d1=new WhetherDisplay1(whether);
                WhetherDisplay2 d2=new WhetherDisplay2(whether);
                whether.setTemperature(27);
                whether.setTemperature(26);
    }
}
```

第 2 部分
Java Web 核心知识

毫无疑问，Java 是当今世界上最重要的编程语言之一。其中 Java Web 框架能够支持动态网站、Web 服务、Web 资源和 Web 应用程序的开发，给程序开发人员提供了一个可以顺利构建程序的坚实平台。本部分将介绍 5 个 Java Web 重要框架：Struts、MyBatis、Redis、Kafka 和 Spring。

第 7 章　Struts

7.1　Struts 框架

Struts 这个名字来源于建筑与旧式飞机中使用的支持金属架，它是由自定义标签、信息资源（message resources）、Servlet 和 JSP 组成的一个可重用的 MVC2 模式的框架。以 Struts1.0 为例，它的结构图如图 7-1 所示。

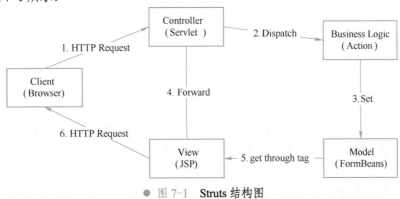

● 图 7-1　Struts 结构图

从上图可以看出，Struts 的体系结构采用了 MVC 设计模式，同时包含客户端（Client）请求以及业务逻辑处理（Business Logic），而 MVC 设计模式主要由模型（Model）、视图（View）和控制器（Controller）三部分组成。

以下将分别对这些模块进行介绍。

（1）客户端（Client）

客户端一方面可以通过浏览器发送 HTTP 请求，另一方面可以把接收到的 HTTP 响应消息在浏览器上展现出来。

（2）控制器（Controller）

控制器主要包括 ActionServlet 类和 RequestProcessor 类。其中 ActionServlet 类是 MVC 实现的控制器部分，是整个框架的核心部分，它用来接收用户的请求，并根据用户的请求从模型模块中获取用户所需的数据，然后选择合适的视图来响应用户的请求。它采用了命令设计模式来实现这个功能：通过 struts-config.xml 配置文件来确定处理请求的 Action 类。在处理用户请求的时候，关于请求的处理大部分已交由 RequestProcessor.process()方法来处理。RequestProcessor 类的 process()方法采用了模板的设计模式（按照处理的步骤与流程顺序调用了一系列的方法）。处理的主要流程为：

1）processPath(request, response)。根据 URI（uniform resource identifier，统一资源标识符，用来唯一的标识一个资源）来判断用来得到 ActionMapping 元素的路径。

2）processMapping(request, response)。根据路径信息找到 ActionMapping 对象。

3）processRoles(request,response, mapping)。Struts 为 Web 应用提供了一种认证机制，当用户登录的时候，会通过 processRoles 方法调用 requestisUserInRole()方法来检查这个用户是否有权限来执行给定的 ActionMapping。

4）processValidate(request, response, form, mapping)。调用 ActionForm 的 validate()方法。

5）processActionCreate(request, response, mapping)。这个方法从<action>的 type 属性得到 Action 类名，并创建返回它的实例。

6）processActionPerform(req, res, action, form, mapping)。这个方法调用 Action 类的 execute()方法，其中 execute()方法中包含了业务逻辑的实现。需要注意的是，Action 类并不是线程安全的。

（3）业务逻辑（Business Logic）

Servlet 在接收到请求后会根据配置文件中的对应关系，把请求转给指定的 Action 类来处理，Action 类采用适配器设计模式，它只是对业务逻辑进行了包装（真正的业务逻辑是由 EJB 的 session bean 或普通的 Java 类来实现）。

（4）模型（Model）

在 Struts 的体系结构中，模型分为两部分：系统的内部状态和可以改变状态的操作（业务逻辑）。内部状态通常由一组 ActionForm Bean 表示，ActionForm 封装了 HTTP 请求的数据的类或对象。ActionForm 是一个抽象类，每一个输入表单都对应着它的一个子类。配置文件 struts-config.xml 中保存了 HTTP 请求表单与具体 ActionForm 类的映射关系。

（5）视图（View）

视图就是一个 JSP 文件，该 JSP 文件中没有业务逻辑的处理，也不保存系统状态的信息，它通过一些标签来把数据以浏览器能识别的方式展现出来。目前，标签库主要有 Bean Tags、HTML tags、Logic Tags、Nested Tags 以及 Template Tags 等。

Struts 框架作为一项开放源码项目，优点众多，具体而言，主要有如下几点：

1）由于采用了 MVC 模式，所以它实现了表现与逻辑的分离，使得系统有较好的可扩展性。同时 Struts 的标记库（Taglib）包含了大量的 tag，有助于提高系统的开发效率。

2）提供了页面导航功能，使系统的脉络更加清晰。通过一个配置文件建立整个系统各部分之间的联系，使系统结构变得更加清晰，从而增强系统的可扩展性与可维护性。

3）提供了表单的验证功能，进一步增强了系统的健壮性。

4）提供了数据库连接池管理。

5）提供了 Exception 处理机制。

6）支持国际化。

当然，Struts 也有它的不足之处，主要表现为以下几点：

1）Taglib 中包含了大量的 tag，对于初学者而言，开发难度比较大。

2）Struts 开发中包含了许多 xml 格式的配置文件。一方面，这些配置文件不好调试。另一方面，大量的 xml 文件也不便于管理。

3）Struts 只能支持 Web 应用程序的开发。

4）Struts 的 Action 不是线程安全的，因此 Action 类用到的所有资源都必须进行同步。

5）单元测试不方便。由于 Action 与 Web 层的紧耦合的特点导致其非常依赖于 Web 容器，给单元测试带来不便。

6）部署麻烦。当转到表示层时，需要配置 forward，例如，如果有十个表示层的 JSP 文件，则需要配置十个 Struts。此外，当目录、文件变更后，需要重新修改 forward，而且每次修改配置之后，还需要重新部署整个项目，对于 Tomcat 等服务器，还必须重新启动服务器。

7）对 Servlet 的依赖性过强。Struts 处理 Action 时必须要依赖 ServletRequest 和 ServletResponse，摆脱不了对 Servlet 容器的依赖。

7.2　Struts 框架响应客户请求的工作流程

在 Struts 框架中，控制器主要是 ActionServlet，但是对于业务逻辑的操作则主要由 Action、ActionMapping、ActionForward 等组件协调完成。其中，Action 扮演了真正的控制逻辑实现者的角色，而 ActionMapping 和 ActionForward 则指定了不同业务逻辑或流程的运行方向。

对于采用 Struts 框架的 Web 应用，在 Web 应用启动时，会加载并初始化 ActionServlet，ActionServlet 从 struts-config.xml 文件中读取配置信息，并把它们存放到 ActionMappings 对象中。具体而言，当 ActionServlet 接收到一个客户请求时，执行如下流程：

1）检索和用户请求匹配的 ActionMapping 实例，如果不存在，就返回用户请求路径无效的信息。

2）如果 ActionForm 实例不存在，就创建一个 ActionForm 对象，把客户提交的表单数据保存到 ActionForm 对象中。

3）根据配置信息决定是否需要表单验证。如果需要验证，就调用 ActionForm 的 validate()方法。

4）如果 ActionForm 的 validate()方法返回 null 或返回一个不包含 ActionMessage 的 ActionErrors 对象，就表示表单验证成功。

5）ActionServlet 根据 ActionMapping 实例包含的映射信息决定将请求转发给哪个 Action。如果对应的 Action 实例不存在，就先创建一个实例，然后调用 Action 的 execute()方法。

6）Action 的 execute()方法返回一个 ActionForward 对象，ActionServlet 再把客户请求转发给 ActionForward 对象指向的 JSP 组件。

7）ActionForward 对象指向的 JSP 组件生成动态页面，返回给客户。

对于以上流程的步骤 4），如果 ActionForm 的 validate()方法返回一个包含一个或多个 ActionMessage 的 ActionErrors 对象，就表示表单验证失败，此时 ActionServlet 将直接把请求转发给包含客户提交表单的 JSP 组件。在这种情况下，不会再创建 Action 对象并调用 Action 的 execute 方法了。

7.3　Struts 框架的数据验证

数据验证也称为输入校验，指导对用户的输入进行基本的过滤，包括必填的字段，字段必须为数字及两次输入的密码必须匹配等。Struts 框架提供了现成的、易于使用的数据验证功能。

具体而言，可以分为两种类型：表单验证与业务逻辑验证。其中，表单验证由 ActionForm Bean 处理，例如：如果用户没有在表单中输入姓名，就提交表单，将生成表单验证错误。该方式重写 ActionForm 的 validate 方法，在该方法内对所有的字段进行基本的校验。如果出现不符合要求的输出，则将错误提示封装在 ActionError 对象里，最后将多个 ActionError 组合成 ActionErrors 对象，因此 ActionErrors 对象中封装了所有的出错信息。

业务逻辑验证由 Action 处理，如果用户在表单中输入的姓名为"Hehao"，那么按照本应用的业务规则，不允许输入"Hehao"，因此将生成业务逻辑错误。需要注意的是，在 Action 里面完成数据验证，实际上就是在 execute 方法前面增加数据验证的部分代码。

7.4　Form Bean 的表单验证流程

Form Bean 的表单验证主要有以下四个步骤：

1）当用户提交了 HTML 表单，Struts 框架会自动把表单数据组装到 ActionForm Bean 中。

2）Struts 框架调用 ActionForm Bean 的 validate()方法进行表单验证。

3）如果 validate()方法返回的 ActionErrors 对象为 null，或者不包含任何 ActionMessage 对象，

就表示没有错误，数据验证通过。

4）如果 ActionErrors 中包含 ActionMessage 对象，就表示发生了验证错误，Struts 框架会把 ActionErrors 对象保存到 request 范围内，然后把请求转发到恰当的视图组件，视图组件通过<html:errors>标签把 request 范围内的 ActionErrors 对象中包含的错误消息显示出来，提示用户修改错误。

 7.5 **\<action\>元素包含的属性**

\<action\>元素包含属性见表 7-1。

表 7-1 　\<action\>元素的属性

属性	描述
attribute	设置和 Action 关联的 ActionForm Bean 在 request 和 Session 范围内的 key
className	和 Action 元素对应的配置元素，默认为 org.apache.struts.action.ActionMapping
forward	定义了一个请求转发路径
include	指定包含的 URL 路径
path	指定请求访问 Action 的路径
parameter	指定 Action 的配置参数，在 Action 类的 execute()方法中，可以调用 ActionMapping 对象的 getParameter()方法来读取该配置参数
roles	指定允许调用 Action 的安全角色，多个角色之间用","隔开。在处理请求时，RequestProcessor 会根据该配置项来决定用户是否有权限调用 Action
type	指定 Action 的完整类名，该类必须是扩展了 Struts 的 Action 类
name	指定需要传递给 Action 的 ActionForm Bean
scope	指定 ActionForm Bean 的存放范围，其值为 Request 或 Session
unknown	设置为 true，该操作将被作为所有没有定义的 ActionMapping 的 URL 的默认操作
validate	指定是否执行表单验证
input	指定当表单验证失败时的转发路径

 7.6 **ActionForm Bean 的作用**

Action 一般用于控制业务逻辑的处理，例如增加、删除、修改、查询等，ActionForm 用于封装用户请求的参数。当接收到页面输入的数据后，会首先保存在 ActionForm 中，然后在 Action 里面调用逻辑层的代码来处理这些数据。

具体而言，ActionForm Bean 的作用有如下 3 点：

1）ActionForm Bean 本质上也是一种 JavaBean，是专门用来传递表单数据的 DTO（DATA Transfer Object，数据传递对象）。除了具有一些 JavaBean 的常规方法，还包含一些特殊的方法，如用于验证 HTML 表单的数据以及将其属性重新设置为默认值。

2）Struts 框架利用 ActionForm Bean 来进行 View 组件和 Controller 组件之间表单数据的传递。

3）Struts 框架把 View 组件接收到的用户输入的表单数据保存在 ActionForm Bean 中，然后把它传递给 Controller 组件，Controller 组件可以对 ActionForm Bean 中的数据进行修改，JSP 文件使用 Struts 标签读取修改后的 ActionForm Bean 的信息，重新设置 HTML 表单。

 7.7 **Struts2 的请求处理流程**

请求处理流程大致如下：

1）客户端初始化一个指向 Servlet 容器的请求。

2）请求经过一系列的过滤器（ActionContextCleanUp、SiteMesh）。

3）FilterDispatcher 被调用，并询问 ActionMapper 来决定这个请求是否需要调用某个 Action。

4）ActionMapper 决定要调用哪一个 Action，然后 FilterDispatcher 将请求交给 ActionProxy。

5）ActionProxy 通过 Configurate Manager 查找配置文件，找到目标 Action 类。

6）ActionProxy 创建一个 ActionInvocation 实例。

7）ActionInvocation 实例使用命令模式来调用，回调 Action 的 exeute 方法。

8）Action 执行完毕后，ActionInvocation 实例根据配置返回结果。

 ## 7.8　Struts2 中的拦截器

Struts2 的拦截器在执行 Action 的 execute 方法之前，Struts2 会首先执行在 struts.xml 中引用的拦截器，在执行完所有引用的拦截器的 intercept 方法后，再执行 Action 的 execute 方法。当请求到达核心控制器 Servlet Dispatcher 时，Struts 2 会查找配置文件，并根据其配置实例化相对的拦截器对象，组成一个拦截器列表链，然后按顺序逐个调用列表中的拦截器。

Struts2 的 struts-default.xml 文件，定义了 Struts2 的所有拦截器，内置 18 个拦截器，不同版本数量可能有所不同，读者可自行了解。在启动 Struts2 框架的时候会自动装载这个文件。Struts2 默认执行的是默认拦截器栈，如果用户在配置中指定了执行哪些拦截器，那么默认的拦截器栈就不会被执行。

它与过滤器主要有如下区别：

1）拦截器基于反射机制实现，而过滤器是基于函数回调实现。

2）拦截器不依赖于 Servlet 容器，而过滤器依赖。

3）拦截器只对 Action 请求有效，而过滤器则可以对几乎所有请求有效。

4）拦截器可以访问 Action 上下文、值栈里的对象，而过滤器不可以。

5）在 Action 的生命周期中，拦截器可以多次调用，而过滤器只调用一次。

Struts2 的拦截器是单例模式，如果在里面声明了共享属性的话，就会有线程安全问题。只要避免声明共享属性，就可避免线程安全问题。

拦截器采用了装饰模式（decorator）和职责链模式（chain of responsibility）。

拦截器的生命周期为：启动服务时，创建拦截器；调用 init 方法则初始化拦截器；每个相应的请求动作发生时，拦截执行它的 intercept 方法；服务关闭时，销毁拦截器，此时先执行它的 destroy 方法执行相关清理操作。init 方法在拦截器生命周期中只执行一次。intercept 方法拦截一次执行一次；destroy 方法在拦截器的生命周期中也只执行一次。

 ## 7.9　Struts2 国际化

在 Struts2 中实现国际化大致需要下面几个步骤，下面以中英文切换为例：

1）在配置文件中（strute.xml 或 strute.properties）中指定资源文件的基名及编码格式。

以 struts.xml 为例，增加如下配置便可：

```
<constant name="struts.custom.i18n.resources" value="Message"/>
<constant name="struts.i18n.encoding" value="UTF-8" />
```

2）按命名规则创建中英文资源文件（.properties 文件）。

资源文件命名规则为：基名_语言代号_地区代号.properties。基名就是第一步里设置的

"Message"，语言代号和地区代号是国际通用的标准代号，可自行查询。例如：

中文-中国：Message_zh_CN.properties
英文-美国：Message_en_US.properties

3）在页面配置中英文切换，一般在页头或首页。示例代码如：

```
<a href="my.action？Request_locale=zh_CN">中文</a>2
<a href="my.action？Request_locale=en_US">English</a>
```

my.action 是一个简单的 Action 便可，纯粹为切换国际化资源建立。它的结果页根据实际情况设置，一般会是首页。

4）在 Jsp 页面实现信息显示的国际化。

在 Jsp 中在需要按国际化设置显示信息的地方可如此使用：

```
<s:text name="loginuser.name"/>
```

loginuser.name 必须配置在国际化资源文件中的 Key 中。

 ## 7.10 常见面试笔试真题

（1）Struts2 配置文件的加载顺序是什么？

答：请记住，后加载文件中的配置会将先加载文件中的配置覆盖。加载顺序如下：

1）default.properties，定义了 Struts2 框架中所有常量。

位置：org/apache/Struts2/default.properties。

2）Struts-default.xml，它配置了 bean,interceptor,result 等。

位置：在 Struts 的 core 核心 jar 包。

3）Struts-plugin.xml，它是 Struts2 框架中所使用的插件的配置文件。

4）struts.xml，开发者定义的配置文件。

5）struts.properties，开发者可以在这里自定义常量。当然也可以声明在 struts.xml 中。

6）Web.xml，加载完上面的文件后才加载 Web.xml。

（2）请说明 Struts2 是如何启动的？

答：Struts2 框架是通过核心过滤器 StrutsPrepareAndExecuteFilter 来启动的。它在 init()方法中将会读取类路径下默认的配置文件 struts.xml 完成初始化操作。

（3）在 Struts2 中如何实现转发和重定向？

答：如<result name="success">/list.jsp</result> 这样的 Action 的普通不带 type 的 result 结点配置就是转发。要配置成重定向，则需要配置 result 的 type 属性，关于重定向，type 有两个类型值：redirect 和 redirectAction。

redirect 是在处理完当前 Action 之后，重定向到另外一个实际的物理资源。如：<result name="logout" type="redirect">/index.jsp</result>。

redirectAction 也是重定向，但它是重定向到另外一个 Action，或者另外 Action 类中的方法。如：<result name="user" type="redirect">Get .action</result>。

（4）Forward 与 Global-Forward 有何区别？

两者的区别在于应用范围不同，Global-Forward 是所有 Action 共享的，Forward 只有对应的 Action 才可以访问。Forward 是根据 Action return 的值找到对应的 Jsp 页。当多个 Action 共同 return 同一个值时，可将这个 Forward 元素写在 Global-Forward 中。

第8章 MyBatis

MyBatis 是一个可以支持自定义 SQL、存储过程和高级映射的持久层框架。MyBatis 消除了使用 JDBC 时烦琐的操作，可以使用简单的 XML 或注解来配置和映射原生信息，将接口和 Java 的 POJOs（Plain Ordinary Java Object，普通的 Java 对象）映射成数据库中的记录。

 ## 8.1　MyBatis 缓存的基本概念

MyBatis 是一个使用 Java 语言开发的持久层框架，它通过封装 JDBC 的操作来实现与数据库的交互，从而把开发者从编写大量的 JDBC 代码中解脱出来。使用 MyBatis，开发者只需要关注 SQL 语句开发，而不需要再去编写加载驱动、创建连接、创建 statement，释放连接等繁杂的操作。

MyBatis 通过 XML 或注解的方式配置和映射原生消息，其内部通过 JDBC 执行 SQL 并根据配置信息把执行结果映射为 Java 对象返回。

使用 JDBC 执行 SQL 的主要步骤为：

1）加载 JDBC 驱动器。

2）加载 JDBC 驱动，并将其注册到 DriverManager 中。一般使用反射 Class.forName(String driveName)。

3）建立数据库连接。

4）建立 Statement 对象或是 PreparedStatement 对象。

5）执行 SQL 语句。

6）访问结果集 ResultSet 对象。

7）断开连接。

注意，在这个过程中还需要处理可能出现的异常。

而使用 MyBatis 框架的执行过程如下：

1）通过 MyBatis 配置文件，加载运行环境，创建全局的 SqlSessionFactory 会话工厂。

2）在执行会话时，首先通过 SqlSessionFactory 创建 SqlSession。

3）使用 SqlSession 执行数据库操作。

4）执行 SqlSession 的 commit()方法提交事务。

5）调用 Session.close()关闭 SqlSession，释放资源。

由此可见，MyBatis 简化了数据库的操作，与 Hibernate 类似，MyBatis 缓存也分一级缓存和二级缓存。一级缓存只是相对于同一个 SqlSession 的，默认是开启的。当一个 SqlSession 会话结束，一级缓存也就结束。也就是如果 SqlSession 调用了 close()、clearCache()、update()、delete()、insert() 等方法时，一级缓存都会结束。

MyBatis 的二级缓存是应用级别或集群级别的缓存，默认是不开启的。需要进行配置才能开启，配置方法很简单，只需要在映射 xml 文件配置<cache/>就开启二级缓存了。

使用二级缓存的时候，要求返回的 POJO 必须是可序列化的，也就是要实现 Serializable 接口。
MyBatis 主要有如下几个优点：

1）MyBatis 实现了 SQL 语句与 Java 源代码的解耦，只需要把 SQL 语句放在单独的 XML 文件中即可，增强了程序的可维护性。

2）MyBatis 封装了 JDBC 的调用细节，可以把查询结果转换为 Java 对象，简化了操作。

3）使用 MyBatis 仍然需要开发者去实现 SQL 语句，与 Hibernate 等全自动 ORM 框架相比有更好的灵活性。便于实现高效率和复杂的查询操作。

 8.2　MyBatis 分页

分页可以分为物理分页与逻辑分页。

其中物理分页是指数据库本身提供了分页的功能（例如 MySQL 可以使用 limit 实现分页查询，而 Oracle 可以使用 rownum）。物理分页的优点是各个数据库厂商根据其自身的特性实现效率较高的分页方法。而缺点是没有统一的 SQL 语法。

逻辑分页是指通过游标实现的分页。优点是各个数据库都有统一的接口，而最大的缺点是效率低下。

MyBatis 可以使用 RowBounds 实现逻辑分页。也就说这种方法是先把数据记录全部查询出来，然在再根据 offset 和 limit 截断记录来实现分页。当然也可以通过编写带有物理分页参数的 SQL 来实现物理分页，也可以使用分页插件来完成物理分页。

MyBatis 常见的物理分页插件有两种：MyBatis-Paginator 和 MyBatis-PageHelper。

分页插件的实现原理：实现 MyBatis 提供的插件接口，定义好要拦截的方法与参数，在插件的拦截方法内拦截待执行的 SQL 并重写 SQL。

具体来讲，MyBatis 只可以围绕 ParameterHandler、ResultSetHandler、StatementHandler 和 Executor 这 4 种接口来编写插件。MyBatis 会通过动态代理，为需要拦截的接口生成代理对象来实现接口方法拦截功能。每当执行这 4 种接口对象的方法时，就会进入拦截方法，具体就是 InvocationHandler 的 invoke()方法，当然，只会拦截那些用户指定需要拦截的方法。

在编写自定义插件时，首先要实现 MyBatis 的 Interceptor 接口并实现其 intercept()方法，然后需要确定插件要拦截的签名：即确定要拦截的对象（四大对象之一）和要拦截的方法与参数。最后配置好编写的插件便可。

 8.3　MyBatis 的查询类型

MyBatis 不仅支持一对一和一对多查询，而且还支持多对一和多对多的查询。对于多对一查询来说，与一对一查询类似，只需要把 selectOne()修改为 selectList()即可；而对于多对多查询来说，它与一对多查询类似，只需要把 selectOne()修改为 selectList()即可。

这里重点介绍 MyBatis 实现一对一查询和一对多查询的实现方式。

（1）一对一查询

MyBatis 主要有两种实现一对一查询的方式，他们都是通过 association 标签来实现。

1）在 resultMap 中使用 association 标签嵌套一对一关联查询的对象。然后在查询时通过关联查询将一对一对象的信息字段与对象自身的字段一起查询出来。实现如下：

```
<resultMap type="com.User" id="baseMap">
    <id column="user_id" property="userId"/>
```

```
        <result column="name" property="name"/>
        <association property="address" JavaType="com.Address">
                <result column="address_id" property="addressId"/>
                <result column="info" property="info"/>
        </association>
</resultMap>
<select id="Get UserList" resultMap="baseMap">
    select a.user_id ,a.name,b.address_id,b.info from t_user a,t_address b
      where a.address_id=c.address_id
</select>
```

2）通过 association 标签嵌套查询来实现一对一查询，具体实现如下：

```
<resultMap type="com.User" id="baseMap">
    <id column="user_id" property="userId"/>
            <result column="name" property="name"/>
    <association property="address" JavaType="com.Address" column="address_id"
       select="Get AddressById"/>
</resultMap>
<select id="Get UserList" resultMap="baseMap">
    select * from t_user
</select>
<select id="Get AddressById" resultType="com.Address">
    select address_id addressId,info from t_address where address_id=#{addressId}
</select>
```

需要注意的是：这里嵌套了子查询 Get AddressById，它对应的是 association 标签的 select 属性，column 是设定的关联字段。

（2）一对多查询

一对多的实现方式与一对一关联查询类似，也有两种方式：一种是嵌套结果，另一种是嵌套查询。与一对一查询不同的是，它是通过 collection 标签来实现的。

1）使用嵌套结果来实现一对多查询时，需要的配置与一对一查询类似。主要是标签的属性不同。collection 标签的 property 属性用来配置一对多关联查询的属性名，JavaType 属性是配置这个属性的集合类型，ofType 属性配置关联查询的实体对象。collection 标签内部也要配置出关联对象的属性与字段的映射列表。查询 SQL 要用左连接关联子表来实现。这里假定一个用户有多个地址。

```
<resultMap type="com.User" id="baseMap">
    <id column="user_id" property="userId"/>
    <result column="name" property="name"/>
    <collection property="addressList" JavaType="ArrayList" ofType="com.Address">
            <result column="address_id" property="addressId"/>
            <result column="info" property="info"/>
    </association>
</resultMap>
<select id="Get UserList" resultMap="baseMap">
    select a.user_id ,a.name,b.address_id,b.info from t_user a left join t_address b on
    a.address_id=c.address_id
</select>
```

2）嵌套查询。在嵌套结果的一对多配置的 collection 标签中增加配置属性 column="user_id" 和 select="Get AddressByUserId"。然后再配置一个子查询 Get AddressByUserId 即可。

```
<select id="Get AddressByUserId" resultType="com.Address">
        select address_id addressId,info from t_address where user_id=#{userId}
</select>
```

需要注意的是：一对多是假定一个用户有多个地址。

 ## 8.4 **MyBatis 的延时加载**

MyBatis 对高级映射（例如使用 association 或 collection 实现的一对一及一对多映射）支持延时

加载功能。但这个功能默认是关闭的。需要在配置中显示开启。xml 配置是通过 setting 标签来开启延时加载功能，与之相关的主要有两个相关属性：

lazyLoadingEnabled：全局性设置懒加载。如果设为'false'，则所有相关联的都会被初始化加载。默认为 false。

aggressiveLazyLoading：当设置为'true'的时候，懒加载的对象可能被任何懒属性全部加载。否则，每个属性都按需加载。默认为 true。

具体配置如下：

```
<settings>
    <!--开启延时加载-->
    <setting name="lazyLoadingEnabled" value="true"/>
    <!--关闭积极加载-->
    <setting name="aggressiveLazyLoading" value="false"/>
</settings>
```

需要特别注意的是，即使开启了延时加载，这时以 association、collection 实现一对一或一对多查询时必须以嵌套查询的方式实现，才会真正使用延时加载功能。

 8.5 常见面试笔试真题

（1）**MyBatis 中#{}和${}的区别是什么？**

答：1）${}是字符串替换，MyBatis 在处理${}时，直接把${}替换成变量的值。

2）#{}是预编译处理，MyBatis 在处理#{}时，会将 SQL 中的#{}替换为？号，调用 PreparedStatement 的 set 方法来赋值。

3）使用#{}可以有效地防止 SQL 注入，提高系统安全性。

4）${}能为开发者提供强大的灵活性，适用于一些特殊有时也十分重要的场景。比如想动态地用参数来传入（完整或部分）字段名、表名或 Schema 等。

（2）**MyBatis 与 Hibernate 有哪些不同？**

答：Hibernate 与 MyBatis 都是持久层框架，都可以是通过 SessionFactoryBuider 由 XML 配置文件生成 SessionFactory，然后由 SessionFactory 生成 Session，最后由 Session 来开启执行事务和 SQL 语句。它们都支持 JDBC 和 JTA 事务处理。它们主要有以下区别：

1）Hibernate 是全自动的，Hibernate 完全可以通过对象关系模型来实现对数据库的操作，通过 JavaBean 对象与数据库的映射结构来自动生成 SQL。而 MyBatis 是半自动的。它仅有基本的字段映射，对象数据以及对象实际关系仍然需要通过手写 SQL 来实现，因此它不是一个完整的 ORM 框架。

2）MyBatis 学习门槛低，简单易学，程序员直接编写原生态 SQL，可严格控制 SQL 执行性能，灵活度高，非常适合对关系数据模型要求不高的软件开发，例如互联网软件、企业运营类软件等，因为这类软件需求变化频繁，需求变化要求成果输出迅速。但是灵活的前提是 MyBatis 无法做到数据库无关性，如果需要实现支持多种数据库的软件则需要自定义多套 SQL 映射文件，工作量大。

3）MyBatis 有非常高的灵活性，便于多数据库的操作进行优化。而 Hibernate 则有较高的入门门槛，使用 Hibernate 不需编写 SQL 语句（灵活性低，不容易实现高性能的查询），因此它是一个完整的 ORM 框架，用 Hibernate 开发可以节省很多代码，提高效率。

4）Hibernate 拥有完整的日志系统（包括 SQL 记录、缓存提示、脏数据警告等），MyBatis 在这方面比较欠缺。

（3）MyBatis 如何实现自定义插件？

答：MyBatis 只可以围绕 ParameterHandler、ResultSetHandler、StatementHandler 和 Executor 这 4 种接口来编写插件。

- Executor：用来拦截内部执行器，它负责调用 StatementHandler 操作数据库，并把结果集通过 ResultSetHandler 进行自动映射，另外它还处理了二级缓存的操作。
- StatementHandler：用来拦截 SQL 语法构建的处理，它是 MyBatis 直接和数据库执行 SQL 脚本的对象，另外它也实现了 MyBatis 一级缓存。
- ParamenterHandler：用来拦截参数的处理。
- ResultSetHandle：用来拦截结果集的处理。

MyBatis 会通过动态代理，为需要拦截的接口生成代理对象来实现接口方法拦截功能。每当执行这 4 种接口对象的方法时，就会进入拦截方法，具体就是 InvocationHandler 的 invoke()方法，当然，只会拦截那些指定需要拦截的方法。

编写自定义插件，首先实现 MyBatis 的 Interceptor 接口并实现其 intercept()方法，然后确定插件要拦截的签名：即确定要拦截的对象（四大对象之一）和要拦截的方法与参数。然后配置好你编写的插件便可。

MyBatis 插件要实现 Interceptor 接口，接口包含的方法如下：

```
public interface Interceptor
{
    Object intrceptor(Invocation invocation) throws Throwable;
    Object plugin(Object target);
    void setProperties(Properties properties);
}
```

setProperties()方法是在 MyBatis 进行配置插件的时候可以配置自定义相关属性，即接口实现对象的参数配置。

plugin()方法是插件用于封装目标对象的。通过该方法，可以返回目标对象本身，也可以返回一个它的代理对象，可以在这个方法中决定是否要进行拦截，从而决定要返回一个什么样的目标对象。

interceptor()方法则是要进行拦截的时候要执行的方法。

下面给出一个自定义插件点示例代码：

```
@Intercepts({ @Signature(type = Executor.class, method = "query", args = { MappedStatement.class, Object.class,
        RowBounds.class, ResultHandler.class }) })
public class TestInterceptor implements Interceptor
{
    @Override
    public Object intercept(Invocation invocation) throws Throwable
    {
        Object target = invocation.getTarget(); /* 被代理方法 */
        Method method = invocation.getMethod(); /* 代理方法 */
        Object[] args = invocation.getArgs();    /* 方法的参数 */
        // 在被拦截的方法前执行一些操作（例如重写 SQL）
        Object result = invocation.proceed();
        // 在被拦截的方法后执行一些操作
        return result;
    }

    @Override
    public Object plugin(Object target)
    {
        // TODO Auto-generated method stub
        return Plugin.wrap(target, this);
    }
```

```
        @Override
        public void setProperties(Properties properties)
        {
                // TODO Auto-generated method stub
        }
    }
```

（4）MyBatis 有哪些执行器？

MyBatis 有三个基本的 Executor 执行器：SimpleExecutor、ReuseExecutor、BatchExecutor。

SimpleExecutor：每执行一次 update 或 select，就开启一个 Statement 对象，执行完成后就会立刻关闭 Statement 对象。

ReuseExecutor：执行 update 或 select，以 SQL 作为 key 查找 Statement 对象，如果找到 Statement 对象就直接使用，否则就创建新的 Statement 对象。使用完成后，不会关闭 Statement 对象，而是把它存储在 Map 中供下一次使用。

BatchExecutor：执行 update，通过调用 addBatch()方法把所有的 SQL 都添加到批处理中，在调用 executeBatch()方法的时候会统一执行。

（5）MyBatis 中如何指定使用哪一种 Executor 执行器？

答：在 MyBatis 配置文件中，可以指定默认的 ExecutorType 执行器类型，也可以手动给 DefaultSqlSessionFactory 的创建 SqlSession 的方法传递 ExecutorType 类型参数。

（6）MyBatis 中如何执行批处理？

答：使用 BatchExecutor 完成批处理。

（7）模糊查询 like 语句有几种写法？

答：主要有四种写法：

1）CONCAT('%',#{question},'%')，一般推荐这种写法。

2）'%${question}%'，这种方式从防止 SQL 注入角度来看，不推荐使用。

3）"%"#{question}"%" 不推荐。

4）使用 bind 标签，最麻烦。需要先绑定再使用。使用方式如下：

```
        <bind name="pattern" value="'%' + _parameter.username + '%'" />
        Select * from t_user where username LIKE #{pattern}
```

第 9 章 Redis

9.1 Redis 的基本概念

Redis（Remote Dictionary Server）是一个开源的、键值对（Key-Value）型的数据存储系统。它使用 ANSIC 语言编写、遵守 BSD 协议（Berkeley Software Distribution，伯克利软件发行版）、支持网络、可基于内存也可持久化的日志型数据库，并提供多种语言的 API。它可以用作数据库、缓存和消息中间件。Redis 通常被称为数据结构服务器，因为它支持多种类型的数据结构，如字符串（Strings）、哈希（Hashes）、列表（Lists）、集合（Sets）、有序集合（Sorted Sets）与范围查询、Bitmaps、Hyperloglogs 和地理空间（Geospatial）索引半径查询。这些类型的元素也都是字符串类型。也就是说，列表（Lists）和集合（Sets）这些集合类型也只能包含字符串（Strings）类型。Redis 内置了复制（Replication）、LUA 脚本（LUA scripting）、LRU 驱动事件（LRU eviction）、事务（Transactions）和不同级别的磁盘持久化（Persistence），并通过 Redis 哨兵（Sentinel）和自动分区（Cluster）提供高可用性（High Availability）。

Redis 是基于内存的，因此对于内存是有非常高的要求，会把数据实时写到内存中，再定时同步到文件。Redis 可以当作数据库来使用，但是有缺陷，在可靠性上没有 Oracle 关系型数据库稳定。Redis 可以作为持久层的 Cache 层，它可以缓存计数、排行榜样和队列（订阅关系）等数据库结构。

Redis 的优点如下：

1）完全居于内存，数据实时地读/写内存，定时闪回到文件中，性能极高，读写速度快，Redis 能支持超过 100KB/s 的读/写速率。

2）支持高并发，官方宣传支持 10 万级别的并发读/写。

3）支持机器重启后，重新加载模式，不会丢失数据。

4）支持主从模式复制，支持分布式。

5）丰富的数据类型--Redis 支持 Strings、Lists、Hashes、Sets 及 Ordered Sets 数据类型。

6）原子--Redis 的所有操作都是原子性的。

7）丰富的特性--Redis 还支持 Publish/Subscribe 等特性。

8）开源。

Redis 的缺点如下所示：

1）数据库容量受到物理内存的限制，不能实现海量数据的高性能读/写。

2）没有原生的可扩展机制，不具有自身可扩展能力，要依赖客户端来实现分布式读/写。

3）Redis 使用的最佳方式是全部数据 In-Memory。虽然 Redis 也提供持久化功能，但实际更多的是一个 disk-backed 功能，跟传统意义上的持久化有比较大的区别。

4）现在的 Redis 适合的场景主要局限在较小数据量的高性能操作和运算上。

5）相比于关系型数据库，由于其存储结构相对简单，因此 Redis 并不能对复杂的逻辑关系提供很好的支持。

6）Redis 不支持复杂逻辑查询，不适合大型项目要求。Redis 可以适用于以下场景：

● 在非可靠数据存储中，可以作为数据持久层或者数据缓存区。

● 对于读/写压力比较大，实时性要求比较高的场景下。

● 关系型数据库不能胜任的场景（如在 SNS 订阅关系）。

■ 订阅发布系统。Pub/Sub 从字面上理解就是发布（Publish）与订阅（Subscribe），在 Redis 中，可以设定对某一个 Key 值进行消息发布及消息订阅，当一个 Key 值上进行了消息发布后，所有订阅它的客户端都会收到相应的消息。这一功能最明显的用法就是用作实时消息系统，如普通的即时聊天、群聊等功能。

■ 事务（Transactions）。虽然 Redis 的 Transactions 提供的并不是严格的 ACID 的事务（如一串用 EXEC 提交执行的命令，如果在执行中服务器宕机，那么会有一部分命令执行了，剩下的没执行），但是这些 Transactions 还是提供了基本的命令打包执行的功能（在服务器不出问题的情况下，可以保证一连串的命令是顺序在一起执行的）。

Redis 应用有非常多的适用场景，下面给出一些常见的应用场景：

1）缓存：缓存现在几乎是所有中大型网站都在用的提升手段，合理的利用缓存能够提升网站访问速度，大大降低数据库的压力。

2）排行榜：很多网站都有排行榜功能。借助 Redis 提供的有序集合（sorted set）能轻松实现排行榜功能。

3）计数器：应用在电商网站商品的浏览量、视频网站视频的点击量等方面。这时适合使用 Redis 提供的 incr 命令来实现计数器功能，因为是单线程的原子操作，保证了统计不会出错，本身又是内存操作，速度非常快。

4）分布式 session 共享：集群模式下，基于 Redis 实现 session 共享。

5）分布式锁：在维护库存、"秒杀"购物等一些场合，为了保证并发访问时操作的原子性，可利用 Redis 实现分布式锁来完成这些功能。

6）最新列表：Redis 列表结构，LPUSH 可以在列表头部插入一个内容 ID 作为关键字，LTRIM 可用来限制列表的数量，这样列表永远为 N 个 ID，无须查询最新的列表，直接根据 ID 去到对应的内容页即可。

7）位操作：用于数据量上千万甚至上亿的场景下，经典应用如上亿用户的活跃度统计等。位操作使用 setbit、getbit、bitcount 等命令。

8）消息队列：Redis 提供了发布/订阅及阻塞队列功能，能实现一个简单的功能较弱消息队列系统。在一些功能简单的应用系统里可以使用。

9.2 Memcache 与 Redis 的区别

Memcached 是一个自由开源的、高性能、分布式内存对象缓存系统。Memcache 缓存所有数据在内存中，在服务器重启之后就会消失，需要重新加载数据。Memcahce 采用 hash 表的方式把所有的数据保存在内存当中，每条数据由 Key 和 value 组成，每个 Key 是独一无二的，当要访问某个值的时候先按照找到 Key，然后返回结果。Memcahce 采用 LRU 算法来逐渐把过期数据清除掉。

Memcache 使用了多线程机制，可以同时处理多个请求，线程数最好为 CPU 核心数。

Memcache 与 Redis 都支持 Key-Value 的存储方式，它们主要有以下区别：

1）Memcache 支持的数据类型比较单一，Redis 支持多种数据类型。

2）Memcache 数据保存在内存，一旦出现故障，无法恢复数据。Redis 数据保存在内存，但可持久化到磁盘，出现故障，重启服务能部分或全部恢复数据。

3）Memcache 数据量不能超过系统内存，但可以修改最大内存，淘汰策略采用 LRU 算法。Redis 增加了 VM 的特性，突破了物理内存的限制。Redis 使用底层模型不同，它们之间底层实现方式以及与客户端之间通信的应用协议不一样。Redis 直接自己构建了 VM 机制，因为一般的系统调用系统函数的话，会浪费一定的时间去移动和请求。

4）Redis 是单进程单线程的原子操作，Redis 利用队列技术将并发访问变为串行访问，消除了传统数据库串行控制的开销。而 Memcache 是多线程的操作。

5）Memcache 单个 Key-Value 大小有限制，一个 Value 最大容量 1MB，而 Redis 最大容量为512MB。

6）Memcache 只能通过客户端实现分布式存储，Memcache 各结点之间不能相互通信。Redis（早期版本与 Memcache 一样，可在客户端实现分布式存储，服务端构建分布式是从 3.0 版本开始）则在服务端构建分布式存储，Redis 集群没有中心结点，各个结点地位平等，具有线性可伸缩的功能。Redis 结点之间、结点与客户端之间都可以进行通信。

Redis 相比 Memcache 的优点如下：

1）Memcache 所有 value 均是字符串，Redis 支持更为丰富的数据类型。

2）Redis 是单线程的原子操作。适应于一些特定场景。

3）Redis 可以持久化缓存数据，防止数据丢失。

Redis 把所有数据放到内存中的原因

Redis 为了达到最快的读写速度将所有数据都放到内存中，所有客户端的访问数据集操作都在内存中进行。如果开启了持久化则通过异步的方式将数据写入磁盘。所以 Redis 具有快速和数据持久化的特征。在内存中操作本身就比从磁盘操作要快，且不受磁盘 I/O 速度的影响。如果不将数据放在内存中而是保存到磁盘，磁盘 I/O 速度会严重影响 Redis 的性能，Redis 将不会具有如此出色的性能，不会像现在如此流行。如果设置了最大使用内存，则数据集大小达到最大内存设定值后不能继续插入新值。

如果内存使用达到设置的上限，Redis 的写命令会返回错误信息（但是读命令还可以正常返回），如果已打开虚拟内存功能，当内存用尽时，Redis 就会把那些不经常使用的数据存储到磁盘。如果 Redis 里的虚拟内存被禁了，它就会用操作系统的虚拟内存（交换内存），但这时 Redis 的性能会急剧下降。如果配置了淘汰机制，会根据已配置的数据淘汰机制来淘汰旧的数据。

下面重点介绍几个 Redis 内存优化的建议：

1）尽可能使用哈希表（hash 数据结构），因为 Redis 在储存小于 100 个字段的 Hash 结构上，其存储效率是非常高的。所以在不需要集合(set)操作或 list 的 push/pop 操作的时候，尽可能使用hash 结构。比如 Web 系统中有一个需要缓存的对象，不要为这个对象的属性来设置单独的 Key，而应该把这个对象的所有信息存储到一张散列表中。

2）根据业务场景，考虑使用 BITMAP。

3）充分利用共享对象池：Redis 启动时会自动创建[0-9999]的整数对象池，对于 0-9999 的内部整数类型的元素、整数值对象都会直接引用整数对象池中的对象，因此尽量使用 0-9999 整数对象可节省内存。

需要注意的是：

启用 LRU 相关的溢出策略时，无法使用共享对象。

对于 ziplist 编码的值对象，也无法使用共享对象池（因为成本过高）。

4）合理使用 Redis 提供的内存回收策略，比如过期数据清除，expire 设置数据过期时间等。

9.4　Redis 实现分布式锁的方式

Redis 能用来实现分布式锁的命令有 INCR、SETNX、SET，当然还有个过期时间命令 expire 作为辅助。

（1）用 INCR 加锁

这种加锁的思路是，如果 Key 不存在，那么 Key 的值先初始化为 0，然后再执行 INCR 操作进行加一。后续如果一个用户在执行 INCR 操作返回的值大于 1，说明这个锁正在被使用当中。则执行 decr 命令，将值还原。执行 INCR 操作返回的值大于 1 的用户为持有锁的用户，在执行完任务后，执行 decr 命令将 Key 值减一，将 Key 值还原为 0，表示已释放锁。

（2）用 setnx 加锁

先使用 setnx 来争抢锁，抢到之后，再用 expire 给锁加一个过期时间防止锁忘记了释放。这个方法的意义是如果 Key 不存在，将 Key 设置为 value，返回值 1，如果 Key 已存在，则 SETNX 不做任何动作，返回值 0。为了释放锁，应当用 expire 命令设置锁过期时间。

但这个方法有个缺陷就是，如果在 setnx 之后执行 expire 之前进程意外 crash 或者要重启维护了，那这个锁就永远得不到释放了。这就引出了第三种加锁方式。

（3）用 set 加锁

set 指令有非常复杂的参数，相当于合成了 setnx 和 expire 两条命令的功能。其命令格式如：set($Key, $value, array('nx', 'ex' => $ttl))。

9.5　Redis 高性能的原因

Redis 的高性能有如下原因：

1）完全基于内存。数据存在内在，操作都是在内存中操作，所以非常快速。数据存内存中，类似于 HashMap，HashMap 的优势就是查找和操作的时间复杂度都是 O(1)。

2）数据结构简单，对数据操作也简单，Redis 中的数据结构是专门进行设计的。

3）采用单线程，避免了不必要的上下文切换和竞争条件，也不存在多进程或者多线程导致的切换而消耗 CPU，不用去考虑各种锁的问题，不存在加锁释放锁操作，没有因为可能出现死锁而导致的性能消耗。这里的单线程指的是网络请求模块使用了一个线程（好处是不需考虑并发安全性），即一个线程处理所有网络请求，其他模块仍用了多线程。

因为多线程处理会涉及锁，而且多线程处理会涉及线程切换而消耗 CPU。Redis 基于内存进行操作，所以 CPU 不是 Redis 的瓶颈，Redis 的瓶颈最有可能是机器内存或者网络带宽。当然，Redis 的缺点是单线程无法发挥多核 CPU 性能，不过可以通过在单机运行多个 Redis 实例来解决。

4）使用多路 I/O 复用模型，为非阻塞 IO。

5）Redis 直接自己构建了 VM 机制，没有使用 OS 的 Swap，而是自己实现。通过 VM 功能可以实现冷热数据分离，可以避免因为内存不足而造成访问速度下降的问题。

9.6　**Redis 持久化**

Redis 有两种持久化方式：RDB 持久化和 AOF 持久化。

（1）RDB（Redis DataBase）持久化

它会在指定的时间间隔内将内存中的数据集快照写入磁盘。实际操作过程是创建（fork）一个子进程，先将数据集写入临时文件，写入成功后，再替换之前的文件，用二进制压缩存储。

RDB 持久化的优点：

- 只有一个文件 dump.rdb，方便持久化。
- 容错性好，一个文件可以保存到安全的磁盘。
- 实现了性能最大化。它创建（fork）单独子进程来完成持久化，让主进程继续处理命令，主进程不进行任何 I/O 操作，从而保证了 Redis 的高性能。
- RDB 是一个紧凑压缩的二进制文件，RDB 重启时的加载效率比 AOF 持久化更高，在数据量大时更加明显。

RDB 持久化的缺点：

- 可能有数据丢失，不适合可用要求比较高的场景。在两次 RDB 持久化的时间间隔里，系统一旦出现宕机，则这段时间内的数据因没有写入磁盘都将丢失。
- 由于 RDB 是通过 fork 子进程来协助完成数据持久化工作的，因此，如果当数据集较大时，可能会导致整个服务器间歇性暂停服务。

（2）AOF（Append-only file）持久化

AOF 以日志的形式记录服务器所处理的每一个写、删除操作，查询操作不会记录，以 Redis 命令请求协议的格式记录到 AOF 文本文件，可以打开文件查看详细的操作记录。

AOF 持久化优点：

- 实时持久化，数据安全，AOF 持久化可以配置 appendfsync 属性为 always，每进行一次命令操作就记录到 AOF 文件中一次，这是数据丢失最多一次。
- 它通过 append 模式写文件，即使中途服务器宕机，可以通过 Redis-check-aof 工具解决数据一致性问题。
- AOF 机制的 rewrite 模式。AOF 文件的文件大小触碰到临界点时，rewrite 模式会被运行，重写内存中的所有数据，从而大大缩小文件体积。

AOF 持久化缺点：

- AOF 持久化的文件比 RDB 持久化文件通常大很多。
- 比 RDB 持久化启动效率低，数据集大的时候较为明显。
- AOF 文件体积可能迅速变大，需要定期执行重写操作来降低文件体积。

9.7　**Redis 集群**

Redis 可以使用的集群方法有：

1）Redis cluster3.0：这是 Redis 自带的集群功能，它采用的分布式算法是哈希槽，而不是一致性 hash。支持主从结构，可以扩展多个从服务器，当主结点挂了可以很快切换到一个从结点做主结点，然后从结点都读取到新的主结点。

2）twemproxy，它是 twitter 开源的一个轻量级后端代理，可以管理 Redis 或 Memcache 集群。它相对于 Redis 集群来说，易于管理。它的使用方法和 Redis 集群没有任何区别，只需要设置好多个 Redis 实例后，在本需要连接 Redis 的地方改为连接 twemproxy，它会以一个代理的身份接收请求并使用一致性 hash 算法，将请求转接到具体 Redis 结点，将结果再返回 twemproxy。对于客户端来说，twemproxy 相当于是缓存数据库的入口，它不需要知道后端如何部署的。twemproxy 会检测与每个结点的连接是否正常，如果存在异常结点，则会被剔除，等一段时间后，twemproxy 还会再次尝试连接被剔除的结点。

3）codis，它是一个 Redis 分布式的解决方式，对于应用使用 codis Proxy 的连接和使用 Redis 服务的没有明显差别，应用能够像使用单机 Redis 一样，让 Codis 底层处理请求转发，实现不停机完成数据迁移等工作。

 ## 9.8　Redis 的 Key 过期的删除策略

Redis 的 Key 过期删除策略对主结点和从结点来说是不同的，下面分别介绍。

（1）主结点的三种不同的删除策略

1）定时删除：在设置 Key 的过期时间的同时，创建一个定时器 timer，让定时器在 Key 的过期时间来临时，立即执行对 Key 的删除操作。

定时删除优点是对内存友好，缺点是对 CPU 不友好，存在较多过期键时，删除过期键会占用相当一部分 CPU。

2）惰性删除：Key 不使用时不管 Key 是否过期，在每次使用获取 Key 时，检查取得的 Key 是否过期，如果过期的话，就删除该 Key，如果没有过期，就返回该 Key。

惰性删除优点是对 CPU 友好，不花费额外的 CPU 时间来管理 Key 是否过期。缺点是对内存不友好，存在较多过期 Key 时，会占用不少内存，过期 Key 只要不被删除，所占用的内存就不会被释放。

3）定期删除：每隔一段时间程序就对数据库进行一次检查，删除里面的过期 Key。至于要删除多少过期 Key，以及要检查多少个数据库，则由算法决定。

定期删除是对上面两种过期策略的折中，也就是对内存友好和 CPU 时间友好的折中方法。每隔一段时间执行一次删除过期键任务，并通过限制操作执行的时长和频率来减少对 CPU 时间的占用。但是确定一个合适的策略来设置删除操作的时长和执行频率是件困难的事情。

惰性删除是被动删除策略，定时删除和定期删除是主动删除策略。

（2）Redis 从结点的过期 Key 删除策略

Redis 从结点不会对 Key 做过期扫描，从结点对过期 Key 的处理是被动的。主结点在 Key 到期时，会在 AOF 文件里增加一条 del 指令。AOF 文件被同步到从结点以后，从结点根据 AOF 中的这个 del 指令来执行删除过期 Key 的操作。

从结点的这个过期 Key 的处理策略，会导致一个问题，主结点已经删除的过期 Key，在从结点中还会暂时存在。因为 AOF 同步 del 指令是异步的。

 ## 9.9　缓存穿透

当大量的请求瞬时涌入系统，而这个数据在 Redis 中不存在，所有的请求都落到了数据库上时，会使数据库崩溃。造成这种情况的原因有系统设计不合理，缓存数据更新不及时，或爬虫等恶意攻击。

有以下几种方法可以解决缓存穿透：

（1）使用布隆过滤器

将查询的参数都存储到一个 bitmap 中，在查询缓存前，再找个新的 bitmap，在里面对参数进行验证。如果验证的 bitmap 中存在，则进行底层缓存的数据查询，如果 bitmap 中不存在查询参数，则进行拦截，不再进行缓存的数据查询。

（2）缓存空对象

如果从数据库查询的结果为空，依然把这个结果进行缓存，那么当用 Key 获取数据时，即使数据不存在，Redis 也可以直接返回结果，避免多次访问数据库。

但是缓存空值的缺点是：

如果存在黑客恶意的随机访问，造成缓存过多的空值，那么可能造成很多内存空间的浪费。但是也可以对这些数据设置很短的过期时间来控制；

如果查询的 Key 对应的 Redis 缓存空值没有过期，数据库这时有了新数据，那么会出现数据库和缓存数据不一致的问题。但是可以保证当数据库有数据后更新缓存进行解决。

9.10　Redis 哨兵（Sentinel）

Sentinel（哨兵）是用于监控 Redis 集群中 Master 状态的工具，是 Redis 的高可用性解决方案。下面具体介绍 Sentinel 的作用：

（1）监控（Monitoring）

哨兵（sentinel）会不断地检查用户的 Master 和 Slave 是否运作正常。

（2）提醒（Notification）

当被监控的某个 Redis 结点出现问题时，哨兵（sentinel）可以通过 API 向管理员或者其他应用程序发送通知。

（3）自动故障迁移（Automatic failover）：

当一个 Master 不能正常工作时，哨兵（sentinel）会开始一次自动故障迁移操作，它会将失效 Master 的其中一个 Slave 升级为新的 Master，并让失效 Master 的其他 Slave 改为与新的 Master 进行同步。当客户端试图连接失效的 Master 时，集群也会向客户端返回新 Master 的地址，这样集群可以使用新的 Master 替换失效的 Master。主从服务器切换后，新的 Master 的 Redis.conf、Slave 的 Redis.conf 和 sentinel.conf 的配置文件的内容都会发生相应的改变，新的 Master 主服务器的 Redis.conf 配置文件中会多一行 slaveof 的配置，sentinel.conf 的监控目标也随之自动切换。

9.11　Redis 的 Pipeline（管道）

因为 Redis 是基于 TCP 协议的请求/响应服务器，每次通信都需要经过 TCP 协议的三次握手，所以当需要执行的命令足够复杂时，会产生很大的网络延迟。并且网络的传输时间成本和服务器开销没有计入其中，总的延迟可能更大。Pipeline 主要就是为了解决存在这种情况的场景，对此存在类似的场景都可以考虑使用 Pipeline。

Redis 使用 Pipeline 模式，客户端可以一次性的发送多个命令，无须等待服务端返回。这样可以将多次 I/O 往返的时间缩减为一次，大大减少了网络往返时间，提高了系统性能。如果发送的命令多的话，建议对返回的结果加标签，但这样需要占用更多的内存。

Pipeline 是基于队列实现，而队列的原理是先进先出，这样就保证了数据的顺序性。同时一次提交的命令很多的话，队列需要非常大量的内存来组织返回数据内容，如果大量使用 Pipeline 的话，应当合理分批提交命令。Pipeline 的默认同步的个数为 53 个，也就是说累加到 53 条数据时会把数据提交。

可以适用场景有：如果存在批量数据需要写入 Redis，并且这些数据允许一定比例的写入失败，那么可以使用 Pipeline，后期再对失败的数据进行补偿即可。

需要注意的是，在 Redis 集群中使用不了 Pipeline。对可靠性要求很高，每次操作都需要立即知道这次操作的结果的场景都不适合用 Pipeline。

9.12　Redis 的 String 类型的实现原理

Redis 底层实现了简单动态字符串的类型（Simple Dynamic String，SDS），来表示 String 类型。没有直接使用 C 语言定义的字符串类型。

Redis 底层使用简单动态字符串（SDS）的抽象类型实现的。默认以 SDS 作为自己的字符串表示。而没有直接使用 C 语言定义的字符串类型。

SDS 的定义格式如下：

```
struct sdshdr{
    //记录 buf 数组中已使用字节的数量
    //等于 SDS 保存字符串的长度
    int len;
    //记录 buf 数组中未使用字节的数量
    int free;
    //字节数组，用于保存字符串
    char buf[];    //buf 的大小等于 len+free+1，其中多余的 1 个字节是用来存储'\0'的。
}
```

SDS 的存储示例如下：

SDS 实现方式相对 C 语言的 String 的好处有：

1）避免缓冲区溢出；对字符修改时，可以根据 len 属性检查空间是否满足要求。

2）常数复杂度获取字符串长度；获取字符串的长度直接读取 len 属性就可以获取。而 C 语言中，因为字符串是简单的字符数组，求长度时内部其实是直接顺序遍历数组内容，找到'\0'对应的字符，计算出字符串的长度。复杂度即 O(N)。

3）减少内存分配次数；通过结构中的 len 和 free 两个属性，更好的协助空间预分配以及惰性空间释放。

4）二进制安全；SDS 不是以空字符串来判断是否结束，而是以 len 属性来判断字符串是否结束。而在 C 语言中，字符串要求除了末尾之外不能出现空字符，否则会被程序认为是字符串的结尾。这就使得 C 字符串只能存储文本数据，而不能保存图像，音频等二进制数据。

5）兼容 C 字符串函数，可以重用 C 语言库的一部分函数。

以上优点可以概括见表 9-1：

表 9-1　SDS 相对于 C 字符串的优点

C 字符串	SDS
获取字符串长度的复杂度为 O(N)	获取字符串长度的复杂度为 O(1)
API 是不安全的，可能会造成缓冲区溢出	API 是安全的，不会造成缓冲区溢出
修改字符串长度 N 次必然需要执行 N 次内存重分配	修改字符串长度 N 次最多需要执行 N 次内存重分配
只能保存文本数据	可以保存文本或者二进制数据
可以使用所有库中的函数	可以使用一部分库的函数

9.13　常见面试笔试真题

（1）Redis 支持哪些数据类型？

答：Redis 支持五种基本数据类型：String（字符串）、Hash（哈希）、List（列表）、Set（集合）及 ZSet（Sorted Set 有序集合）。还支持 HyperLogLog、Geo、BitMap、Pub/Sub 等数据结构，此外还有 BloomFilter，RedisSearch，Redis-ML 等。

HyperLogLog 是用来做基数统计的算法，HyperLogLog 的优点是，在输入元素的数量或者体积非常非常大时，计算基数所需的空间总是固定的、并且是很小的。HyperLogLog 只会根据输入元素来计算基数，而不会储存输入元素本身。

Geo 用于地理位置的存储和计算，Redis3.2 版本开始提供此功能。

BitMap 实际上不是特殊的存储结构，其本质上是二进制字符串，可以进行位操作，其经典应用场景之一是日活跃用户统计。

（2）谈谈对 Redis 的 AOF 机制的 rewrite 模式的理解？

答：rewrite 模式的作用就是缩小 AOF 持久化文件的体积。由于 AOF 持久化会对每一个写操作进行日志记录，在访问量大时文件体积会迅速膨胀，这就需要通过 rewrite 模式来缩小文件体积。

rewrite 会像 replication 一样，创建（fork）出一个子进程，以及创建一个临时文件，遍历当前内存数据库中的所有数据，输出到临时文件。在 rewrite 期间的写操作会保存在内存的 rewrite buffer 中，rewrite 成功后这些操作也会复制到临时文件中，在最后用临时文件替代 AOF 文件。

触发 rewrite，是文件大小达到临界点时发生。这个临界点是在 Redis 配置文件 Redis.conf 中配置。相关有两个参数：auto-aof-rewrite-percentage 和 auto-aof-rewrite-min-size 参数，当前 AOF 文件体积大于 auto-aof-rewrite-min-size，同时 AOF 文件体积的增长率大于 auto-aof-rewrite-percentage 时，会自动触发 AOF 的 rewrite 模式。当然也可手动调用 startAppendOnly 函数来触发 rewrite。

以上情况在 AOF 打开的情况下发生，如果 AOF 是关闭的，那么 rewrite 操作可以通过 bgrewriteaof 命令来进行。

（3）请列举几个 Redis 常见性能问题和解决方案。

答：这里列举几个常见的性能问题如下：

1）Master 最好不要做 RDB 持久化，因为这时 save 命令调度 rdbSave 函数，会阻塞主线程的工作，当数据集比较大时可能造成主线程间断性暂停服务。

2）如果数据比较重要，某个 Slave 开启 AOF 备份数据，策略设置为每秒一次。

3）为了主从复制的速度和连接的稳定性，Master 和 Slave 最好在同一个局域网中。

4）尽量避免在运行压力很大的主库上增加从库。

5）主从复制不要用图状结构，用单向链表结构更为稳定，即：Master→Slave1→Slave2→Slave3…这样的结构方便解决单点故障问题，实现 Slave 对 Master 的替换。如果 Master 崩溃，可以立刻启用 Slave1 替换 Master，其他不变。

（4）Redis 使用的最大内存是多少？内存数据淘汰策略有哪些？

答：在 Redis 中，最大使用内存大小由 Redis.conf 中的参数 maxmemory 决定，默认值为 0，表示不限制，这时实际相当于当前系统的内存。但如果随着数据的增加，如果对内存中的数据没有管理机制，那么数据集大小达到或超过最大内存的大小时，则会造成 Redis 崩溃。因此需要内存数据淘汰机制。

Redis 淘汰策略配置参数为 maxmemory-policy，默认为 volatile-lru，Redis 总共提供了 6 种数据淘汰策略：

1）volatile-lru：从已设置过期时间的数据集中挑选最近最少使用的数据淘汰。

2）volatile-ttl：从已设置过期时间的数据集中挑选将要过期的数据淘汰。

3）volatile-random：从已设置过期时间的数据集中任意选择数据淘汰。

4）allKeys-lru：从数据集中挑选最近最少使用的数据淘汰。

5）allKeys-random：从数据集中任意选择数据淘汰。

6）no-enviction（驱逐）：禁止驱逐数据，这是默认的策略。

如果 AOF 已开启，Redis 淘汰数据时也会同步到 AOF。

说明一下：volatile 开头表示是对已设置过期时间的数据集淘汰数据，allKeys 开头表示是从全部数据集淘汰数据，后面的 lru、ttl 及 random 表示的是不同的淘汰策略，no-enviction 是永不回收的策略。关于 lru 策略，需要说明的是，Redis 中并不会准确的删除所有键中最近最少使用的键，而是随机抽取 5 个键（个数由参数 maxmemory-samples 决定，默认值是 5），删除这 5 个键中最近最少使用的键。

这里也介绍一下使用淘汰策略的规则：

如果数据呈现幂律分布，也就是一部分数据访问频率高，一部分数据访问频率低，则使用 allKeys-lru。

如果数据呈现平等分布，也就是所有的数据访问频率大体相同，则使用 allKeys-random。

（5）请谈谈 Redis 的同步机制。

答：Redis 的主从同步分为部分同步（也叫增量同步）和全量同步。下面介绍一下 Redis 的同步策略：

Redis 会先尝试进行增量同步，如不成功，则 Slave 进行全量同步。如果有需要，Slave 在任何时候都可以发起全量同步。

Redis 增量同步是指 Slave 初始化后开始正常工作时主服务器发生的写操作同步到从服务器的过程。增量同步的过程主要是主服务器每执行一个写命令就会向从服务器发送相同的写命令，从服务器接收并执行收到的写命令。

Redis 全量同步一般发生在 Slave 初始化阶段，这时 Slave 需要对 Master 上的所有数据做全量同步。全同步结束后，也就是配置好主从后，Slave 连接到 Master，Slave 都会发送 PSYNC（即增量同步）命令到 Master。

如果是重新连接，且满足增量同步的条件，那么 Redis 会将内存缓存队列中的命令发给 Slave，完成增量同步。否则进行全量同步。

（6）谈谈对 Redis 哈希槽的理解。

答：Redis Cluster 提供了自动将数据分散到不同结点的能力，但采取的策略不是一致性 hash，而是哈希槽。Redis 集群将整个 Key 的数值域分成 16384 个哈希槽，每个 Key 通过 CRC16 校验后对 16384 取模来决定放置到哪个槽，集群的每个结点负责一部分哈希槽。

（7）什么是缓存雪崩？

答：如果缓存集中在一段时间内失效，发生大量的缓存穿透，所有的查询都落在数据库上，这就造成了缓存雪崩。

下面推荐几个缓存雪崩的解决办法：

1）在缓存失效后，通过加锁或者队列来控制读数据库写缓存的线程数量。比如对某个 Key 只允许一个线程查询数据和写缓存，其他线程等待。

2）可以通过缓存 reload 机制，预先去更新缓存，再即将发生高并发访问前手动触发加载缓存。

3）对不同的 Key，设置不同的过期时间，让缓存失效的时间点尽量均匀. 比如我们可以在原有的失效时间基础上增加一个随机值，比如 1～5 分钟随机，这样每一个缓存的过期时间的重复率就会降低，就会大大降低缓存集体失效的概率。

4）设置二级缓存，或者双缓存策略。A1 为原始缓存，A2 为拷贝缓存，A1 失效时，可以访问A2，A1 缓存失效时间设置为短期，A2 设置为长期。

（8）什么是缓存击穿？

答：缓存击穿，是指一个 Key 在不停地支撑着高并发，高并发集中对这一个点进行访问，当这个 Key 在失效的瞬间，持续的高并发就穿破缓存，直接请求数据库。缓存击穿和缓存雪崩的区别在于，缓存击穿是针对某一个 Key 缓存而言，缓存雪崩则是针对很多 Key。对一般的网站而言，很难有某个数据达到缓存击穿的级别，一般是热门网站的秒杀或爆款商品，才有可能发生这种情况。当然，这时把这种商品设置成永不过期或者过期时间超过抢购时段是一种很好的避免发生缓存击穿的方式，如果这时可以不需要考虑数据一致性的问题的话。

（9）什么是缓存预热？

答：缓存预热就是系统上线时，提前将相关的缓存数据直接加载到缓存系统。而不是等到用户请求的时候，才将查询数据缓存。这样用户请求可直接查询事先被预热的缓存数据。

缓存预热的方式可以有如下几种：

1）直接写个缓存刷新页面，上线时手工操作。

2）数据量不大，可以在项目启动的时候自动进行加载。

3）定时刷新缓存。

（10）如何进行缓存更新？

答：我们知道在缓存中通过 expire 来设置 Key 的过期时间，各缓存服务器一般都有自带的缓存失效策略。这里讲的缓存更新，是指源数据更新之后如何解决缓存数据一致性的问题，个人认为有如下方案：

1）数据实时同步失效或更新。这是一种增量主动型的方案，能保证数据强一致性，在数据库数据更新之后，主动请求缓存更新。

2）数据异步更新，这是属于增量被动型方案，数据一致性稍弱，数据更新会有所延迟，更新数据库数据后，通过异步方式，用多线程方式或消息队列来实现更新。

3）定时任务更新，这是一种全量被动型方案，当然也可以是增量被动型。这种方式保证数据的最终一致性，通过定时任务按一定频率调度更新。数据一致性最差。

具体采用何种方式，开发者可以根据实际需要来进行取舍。

（11）如何进行缓存降级？

答：在网上看到很多地方提到缓存降级，但笔者的理解，很多文章所说的缓存降级，其实都应该是指服务降级。就是说在访问量剧增、服务响应出现问题（如响应延迟或不响应）或非核心服务影响到核心流程的性能的情况下，仍然需要保证核心服务可用，尽管可能一些非主要服务不可用，这时就可以采取服务降级策略。

服务降级的最终目的是保证核心服务可用，即使是有损的。服务降级应当事先确定好降级方案，确定哪些服务是可以降级的，哪些服务是不可降级的。根据当前业务情况及流量对一些服务和页面有策略的降级，以此释放服务器资源以保证核心服务的正常运行。降级往往会指定不同的级别，面临不同的异常等级执行不同的处理。根据服务方式：可以拒接服务，可以延迟服务，也可以随机提供服务。根据服务范围：可以暂时禁用某些功能或禁用某些功能模块。总之服务降级需要根据不同的业务需求采用不同的降级策略。主要的目的就是服务虽然有损但是总比没有好。

（12）如何缓存热点 Key？

答：使用缓存+过期时间的策略既可以提高数据读取速度，又能保证数据的定期更新，这种模式基本能够满足绝大部分需求。但是如果当前 Key 是一个热点 Key，并发量非常大，这时就可能产生前面所说的缓存击穿问题。重建缓存可能是个复杂操作，可能包含有复杂计算（例如复杂的 SQL、多次 I/O、多个依赖等）。如果在缓存失效的瞬间，有大量请求进行并发访问，这些访问都会同时访问后端（也就会同时进行重建缓存操作），就会造成后端负载加大，甚至可能造成应用崩溃。

所以缓存热点 Key 为了避免缓存击穿，一是可以设置为永不过期，在不需要考虑数据一致性问题的情况下，个人认为这是最好也最简单的解决方式。如果需要考虑数据一致性问题，需要设置过期时间，那就要考虑如何减少重建缓存的次数，这时采用 Redis 的互斥锁是一种解决方式，这样保证同一时间只能有一个请求执行缓存重建。这样就能有效减少缓存重建次数，但如果重建时间过长，则可能引发其他问题。

（13）什么是 NoSQL 数据库？NoSQL 和 RDBMS 有什么区别？在哪些情况下使用和不使用 NoSQL 数据库？

答：NoSQL 是非关系型数据库的意思，也有的解释成 Not Only SQL。非关系型数据库是对不同于传统关系型数据库的统称。非关系型数据库的显著特点是不使用 SQL 作为查询语言，数据存储不需要特定的表格模式。由于简单的设计和非常好的性能所以被用于大数据和手机 App 等。NoSQL 数据库的产生就是为了解决大规模数据集合多重数据种类带来的挑战，尤其是大数据应用难题，包括超大规模数据的存储。

关系型数据库采用的结构化的数据，NoSQL 采用的是键值对的方式存储数据。

在处理非结构化/半结构化的大数据时，在水平方向上进行扩展时，随时应对动态增加的数据项时可以优先考虑使用 NoSQL 数据库。

在考虑数据库的成熟度、支持、分析和商业智能、管理及专业性等问题时，应优先考虑关系型数据库。

（14）非关系型数据库有哪些？

答：非关系型数据库很多，这里介绍几种。

Membase：开源项目，NoSQL 家族新的重量级的成员。

Mongodb：一个基于分布式文件存储的数据库。

Hypertable：是一个开源、高性能、可伸缩的数据库，它采用与 Google 的 Bigtable 相似的模型。

HBase：一个分布式的、面向列的开源数据库。

Neo4j：一个高性能的 NoSQL 图形数据库，它将结构化数据存储在网络上而不是表中。

Redis：基于内存亦可持久化的日志型、Key-Value 型数据库。

第 10 章　Kafka

Kafka 最初是由 Linkedin 公司开发的，是一个分布式的、可扩展的、容错的、支持分区的（Partition）、多副本的（replica）、基于 Zookeeper 框架的发布-订阅消息系统，Kafka 适合离线和在线消息消费。它是分布式应用系统中的重要组件之一，也被广泛应用于大数据处理。Kafka 是用 Scala 语言开发，它的 Java 版本称为 Jafka。Linkedin 于 2010 年将该系统贡献给了 Apache 基金会并成为顶级开源项目之一。

10.1　Kafka 的消息传递模式

Kafka 中最重要的功能就是分布式消息传递，分布式消息传递主要基于可靠的消息队列来实现的，负责在客户端应用和消息系统之间异步传递消息。目前主要有两种主要的消息传递模式：**点对点传递模式、发布-订阅模式**。大部分的消息系统都使用发布-订阅模式。**Kafka 也使用发布-订阅模式来实现其功能的。** 下面重点介绍这两种模式的区别。

（1）点对点传递模式。

这种模式使用消息队列来实现的，而且有一个或多个消费者消费队列中的数据。但是一个消息只能被一个消费者消费。当一个消费者消费了队列中的某条数据之后，这条数据就会从队列中删除。处理模式如图 10-1 所示。

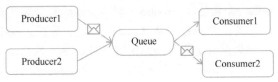

● 图 10-1　点对点传递模式

（2）发布-订阅消息传递模式

使用发布-订阅消息模式后，生产者生成的数据会被持久化到一个 Topic 中。与点对点消息系统不同的是，消费者可以订阅一个或多个 Topic，消费者可以消费该 Topic 中所有的数据，同一条数据可以被多个消费者消费，数据被消费后不会立即删除。在发布-订阅消息系统中，消息的生产者被称为发布者，消费者称为订阅者。该模式的示例如图 10-2 所示。

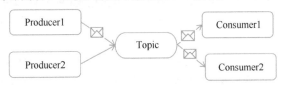

● 图 10-2　发布-订阅模式

发布者发送到 Topic 的消息，只有订阅了 Topic 的订阅者才会收到消息。

Kafka 中的组件

Kafka 有很多重要的组件，下面将一一介绍它们的功能以及它们之间的关系。

1）Producer：消息生产者，发布消息到 Kafka 集群的终端或服务。

2）Broker：一个 Kafka 结点就是一个 Broker，多个 Broker 可组成一个 Kafka 集群。

Kafka 集群包含一个或多个服务器，服务器结点称为 Broker。Broker 用来存储 Topic 的数据。

如果某个 Topic 有 n 个 Partition 而且集群有 n 个 Broker，那么每个 Broker 会存储该 Topic 的一个 Partition。

如果某个 Topic 有 n 个 Partition 而且集群有(n+m)个 Broker，那么其中只有 n 个 Broker 会存储该 Topic 的一个 Partition。

如果某个 Topic 有 n 个 Partition 而且集群中 Broker 数目小于 n，那么一个 Broker 会存储该 Topic 的一个或多个 Partition。在使用的过程中，要尽量避免这种情况发生，否则容易导致 Kafka 集群数据不均衡。

3）Topic：消息主题，每条发布到 Kafka 集群的消息属于的类别，即 Kafka 是面向 Topic 的。

4）Partition：Partition 是 Topic 在物理上的分区，一个 Topic 可以分为多个 Partition，每个 Partition 是一个有序的不可变的记录序列。分区中的每个记录都分配了一个被称为 offset 的顺序 ID 号，它唯一地标识分区中的每个记录。同一个主题中的分区可以不在一个机器上，有可能会部署在多个机器上，由此来实现 Kafka 的伸缩性，单一主题中的分区有序，但是无法保证主题中所有的分区有序。

5）Consumer：从 Kafka 集群中消费消息的终端或服务。

6）Consumer Group：在 high-level consumer API 中，每个 Consumer 都属于一个 Consumer Group，每条消息只能被 Consumer Group 中的一个 Consumer 消费，但可以被多个 Consumer Group 消费。

7）Replica：Partition 的副本，用来保障 Partition 的高可用性。

8）Leader：Replica 中的一个角色，Producer 和 Consumer 只跟 Leader 交互。

9）Follower：Replica 中的一个角色，从 Leader 中复制数据。Follower 跟随 Leader，所有写请求都通过 Leader 路由，数据变更会广播给所有 Follower，Follower 与 Leader 保持数据同步。如果 Leader 失效，则从 Follower 中选举出一个新的 Leader。当 Follower 与 Leader 均失效、卡住或者同步太慢，Leader 会把这个 Follower 从 "in sync replicas"（ISR）列表中删除，重新创建一个 Follower。

10）Controller：Kafka 集群中的其中一个服务器，用来进行 Leader election 以及各种 Failover 操作。

11）Zookeeper：Kafka 通过 Zookeeper 来存储集群的 meta 信息。

12）Offset：Kafka 的存储文件都是按照 offset.kafka 来命名，用 Offset 做名字的好处是方便查找。例如：如果想查找位于 2049 的位置，只要找到 2048.kafka 的文件即可。当然 the first offset 就是 00000000000.kafka。

这些组件之间的关系如图 10-3 所示。

在了解了这些元素之间关系后，下面通过图 10-4 给出一个 Kafka 的简要的架构图。

从图 10-4 可以看出，Kafka 集群主要包含多个 Producer，多个 Broker、多个 Consumer Group 和一个 Zookeeper 集群。其中 Producer 可以是 Web 前端、服务器日志或者 CPU 等；Broker 支持水平扩展，也就是说 Broker 的数量越多，整个集群的吞吐量也就越高。

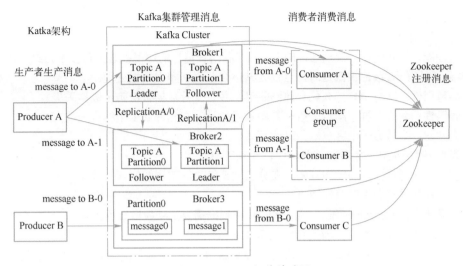

● 图 10-3　**Kafka** 组件关系图

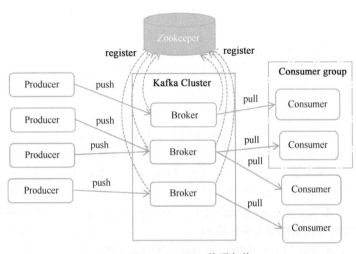

● 图 10-4　**Kafka** 简要架构

　　Zookeeper 用来管理集群配置、选举 Leader 以及在 Consumer Group 发送变化后继续 rebalance。Kafka Broker Leader 的选举策略为：所有的 Kafka Broker 结点首先一起去 Zookeeper 上注册一个临时的结点，在这个过程中只会有一个 Kafka Broker 注册成功，而这个成功在 Zookeeper 注册的 Broker 就会成为 Kafka Broker Controller，其他的 Kafka broker 被称为 Kafka Broker Follower。例如：如果有一个 Broker 宕机了，这个 Kafka Broker Controller 会读取该宕机 Broker 上所有的 Partition 在 Zookeeper 上的状态，并选取 ISR（a set of in-sync replicas，Kafka 动态维护了一个同步状态的副本的集合）列表中的一个 Replica 作为 Partition Leader，如果 ISR 列表中的 replica 没有全部宕机，那么就会选一个幸存的 Replica 作为 Leader；如果该 Partition 的所有的 Replica 都宕机了，那么会把新的 Leader 设置为-1，等待恢复，一旦 ISR 中的任意一个 Replica "活" 过来，就会选它作为 Leader。

　　Kafka 采用大部分消息系统遵循的传统模式：Producer 将消息推送到 Broker，Consumer 从 Broker 获取消息。采用 push 模式，则 Consumer 难以处理不同速率的上游推送消息。Pull 模式的另外一个好处是 Consumer 可以自主决定是否批量的从 Broker 拉取数据。Pull 模式有个缺点是，如果 Broker 没有可供消费的消息，将导致 Consumer 不断在循环中轮询，直到新消息到达。为了避免这点，Kafka 有个参数可以让 Consumer 阻塞直到新消息到达。

引申：Kafka 有哪些优缺点和应用场景。

Kafka 主要有如下优点：

1）高性能、高吞吐量、低延迟：Kafka 生产和消费消息的速度都达到每秒十万级，可以轻松处理这些消息，具有 ms 级的极低延时，这点尤其适合互联网和大数据处理。

2）高可用性：所有消息持久化存储到磁盘，并且支持数据备份防止数据丢失。

3）容错性：允许集群中结点失败（若副本数量为 n,则允许 n-1 个结点失败）。

4）高并发：支持数千个客户端同时读写。

5）高扩展性：Kafka 集群支持热伸缩，无须停机。

6）解耦合：通过消息的发布订阅，在分布式系统之间实现解耦。

7）支持在线消费和离线消费消息。

8）消息状态由 Consumer 维护，Consumer 可根据需要主动拉取数据消费。

Kafka 由于它的众多优点，有着广泛的应用场景。例如：

1）日志聚合：收集各种服务的日志写入 Kafka 的消息队列进行存储，各种日志处理应用通过 Consumer 订阅并获取队列中的消息进行处理。

2）消息系统：由于其高吞吐量，高可靠性，高扩展性等特点，被广泛用作消息中间件。

3）网站活动跟踪：经常有互联网系统用 Kafka 来记录 Web 用户或 APP 用户的各种活动数据，如浏览网页、搜索、点击等，将这些活动信息发布到 Kafka 的 Topic 中，然后 Consumer 通过订阅这些 Topic 来做实时处理或监控分析，或者加载到大数据系统做离线分析和数据挖掘。

4）运营指标监控：Kafka 也适合用来记录生产运营监控数据。从各分布式应用中聚合数据然后集中处理。

5）流式处理：比如大数据方面的 Spark streaming 和 Storm。

6）系统解耦：在重要操作完成后，发送消息，由别的服务系统来完成其他操作。如订单系统下单完成后给短信系统发送消息给用户发送下单成功短信。这样就发挥了分布式系统的优点，从而提高了系统整体性能，也实现了应用系统之间的解耦合。

7）流量削峰：一般用于秒杀或抢购活动中，在应用中加入 Kafka 或其他消息中间件缓存用户请求，来缓冲网站短时间内高流量带来的压力。

8）消息通信：用于单纯的消息通信，如点对点通信或者聊天室。

9）健壮性：消息队列可以堆积请求，所以消费端业务即使短时间死掉，也不会影响主要业务的正常进行。

10）异步处理：很多时候，用户不想也不需要立即处理消息。消息队列提供了异步处理机制，允许用户把一个消息放入队列，但并不立即处理它。想向队列中放入多少消息就放多少，然后在需要的时候再去处理它们。

(10.3)　**Kafka 的消息生产者**

Producer 直接发送消息到 Broker 上的 Leader Partition，不需要经过任何的路由转发。为了实现这个特性，Kafka 集群中的每个 Broker 都可以响应 Producer 的请求，并返回 Topic 的一些元信息，这些元信息包括哪些机器是存活的，Topic 的 Leader Partition 都在哪里，现阶段哪些 Leader Partition 是可以直接被访问的。

Producer 可以控制消息被推送到哪些 Partition。实现的方式可以是随机分配、实现一类随机负载均衡算法或者指定一些分区算法。Kafka 提供了接口供用户实现自定义的分区，用户可以为每个消息指定一个 Partitionkey，通过这个 key 来实现一些 hash 分区算法。例如：如果把 userid 作为

Partitionkey，那么相同 userid 的消息将会被推送到同一个分区。

以 Batch 的方式推送数据可以极大提高效率，Kafka Producer 可以将消息在内存中累积到一定数量后作为一个 Batch 发送请求。Batch 的数量大小可以通过 Producer 的参数进行控制，参数值可以设置为累计的消息的数量（如 500 条）、累计的时间间隔（如 100ms）或者累计的数据大小（64KB）。通过增加 Batch 的大小，可以减少网络请求和磁盘 I/O 的次数，当然具体参数设置需要在效率和时效性方面做一个权衡。

Producers 可以以异步并行的向 Kafka 发送消息，但是通常 Producer 在发送完消息之后会得到一个 future 响应，返回的是 offset 值或发送过程中遇到的错误。这其中有个非常重要的参数 "acks"，这个参数决定了 Producer 要求 Leader Partition 反馈收到确认的副本个数，如果 acks 设置数量为 0，表示 Producer 不会等待 Broker 的响应，所以，Producer 无法知道消息是否发送成功，这样有可能会导致数据丢失，但同时，acks 值为 0 会得到最大的系统吞吐量。若 acks 设置为 1，表示 Producer 会在 Leader Partition 收到消息时得到 Broker 的一个确认，这样会有更好的可靠性，因为客户端会等待直到 Broker 确认收到消息。若设置为-1，Producer 会在所有备份的 Partition 收到消息时得到 Broker 的确认，这个设置可以得到最高的可靠性保证。

Kafka 消息由一个定长的 header 和变长的字节数组组成。因为 Kafka 消息支持字节数组，也就使得 Kafka 可以支持任何用户自定义的序列号格式或者其他已有的格式如 Apache Avro 或 protobuf 等。Kafka 没有限定单个消息的大小，但一般推荐消息大小不要超过 1MB，通常一般消息大小都在 1～10KB 之间。

⤴10.3.1　**Kafka** 生产者的运行的流程

Kafka 生产者的运行流程如下图 10-5 所示。

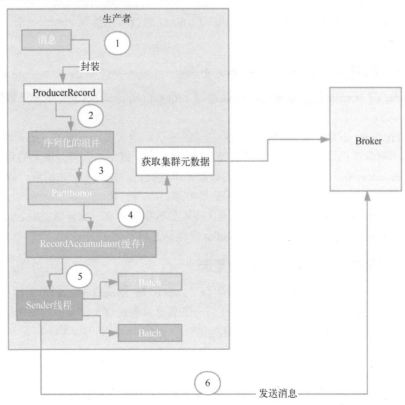

● 图 10-5　**Kafka** 生产者的运行流程

1）一条消息过来首先会被封装成为一个 ProducerRecord 对象。

2）接下来要对这个对象进行序列化，因为 Kafka 的消息需要从客户端传到服务端，涉及网络传输，所以需要实现序列。Kafka 提供了默认的序列化机制，也支持自定义序列化。

3）消息序列化完了以后，对消息要进行分区，分区的时候需要获取集群的元数据。分区的这个过程很关键，因为这个时候就决定了这条消息会被发送到 Kafka 服务端到哪个主题的哪个分区。

4）分好区的消息不是直接被发送到服务端，而是放入了生产者的一个缓存里面。在这个缓存里面，多条消息会被封装成为一个批次（Batch），默认一个批次的大小是 16KB。

5）Sender 线程启动以后会从缓存里面去获取可以发送的批次。

6）Sender 线程把一个一个批次发送到服务端。

↗10.3.2　Kafka 生产者分区

（1）分区原因

1）方便在集群中扩展，每个 Partition 可以通过调整以适应它所在的机器，而一个 topic 又可以有多个 Partition 组成，因此整个集群就可以适应任意大小的数据了。

2）可以提高并发，因为可以以 Partition 为单位读写了。

（2）分区原则

1）指明 Partition 的情况下，直接将指明的值直接作为 Partition 值。

2）没有指明 Partition 值但有 key 的情况下，将 key 的 hash 值与 topic 的 Partition 值进行取余得到 Partition 值。

3）既没有 Partition 值又没有 key 值的情况下，第一次调用时随机生成一个整数（后面每次调用在这个整数上自增），将这个值与 topic 可用的 Partition 总数取余得到 Partition 值，也就是常说的 round-robin 算法。

↗10.3.3　Kafka 消息发送（ACK）机制

当 Producer 向 leader 发送数据时，可以通过 request.required.acks 参数来设置数据可靠性的级别。

acks=0，Producer 不等待来自 Broker 同步完成的确认就继续发送下一条（批）消息。提供最低的延迟但最弱的耐久性保证，因为其没有任何确认机制。acks 值为 0 会得到最大的系统吞吐量。

acks=1，Producer 在 Leader 已成功收到的数据并得到确认后发送下一条消息。等待 Leader 的确认后就返回，而不管 Partition 的 Follower 是否已经完成。

acks=-1，Producer 在所有 Follower 副本确认接收到数据后才算一次发送完成。此选项提供最好的数据可靠性，只要有一个同步副本存活，Kafka 保证信息将不会丢失。

↗10.3.4　副本的同步复制和异步复制

Kafka 动态维护了一个同步状态的副本的集合（a set of In-Sync Replicas），简称 ISR，在这个集合中的结点都是和 Leader 保持高度一致的，任何一条消息只有被这个集合中的每个结点读取并追加到日志中，才会向外部通知"这个消息已经被提交"。

1. 机制

1）通过配置 producer.type 的值来确定是异步还是同步，默认为同步。async/sync 默认是 sync。异步提供了批量发送的功能。当满足以下其中一个条件的时候就触发发送：batch.num.messages 异步发送是每次批量发送的条目。queue.buffering.max.ms 异步发送的是发送时间间隔，单位是 ms。

2）Producer 的这种在内存缓存消息，当累计达到阀值时批量发送请求，小数据 I/O 太多，会拖慢整体的网络延迟，批量延迟发送事实上提升了网络效率。但是如果在达到阀值前，Producer 不可用了，缓存的数据将会丢失。

3）异步发送消息的实现很简单，客户端消息发送过来以后，先放入到一个队列中然后就返回了。Producer 再开启一个线程（ProducerSendThread）不断从队列中取出消息，然后调用同步发送消息的接口将消息发送给 Broker。

2. 同步复制流程

1）Producer 联系 zk 识别 Leader；

2）向 Leader 发送消息；

3）Leader 收到消息写入到本地 log；

4）Follower 从 Leader pull 消息；

5）Follower 向本地写入 log；

6）Follower 向 Leader 发送 ack 消息；

7）Leader 收到所有 Follower 的 ack 消息；

8）Leader 向 Producer 回传 ack。

3. 异步复制流程

Kafka 中 Producer 异步发送消息是基于同步发送消息的接口来实现的，异步发送消息的实现很简单，客户端消息发送过来以后，先放入到一个 BlockingQueue 队列中然后就返回了。Producer 再开启一个线程（ProducerSendThread）不断从队列中取出消息，然后调用同步发送消息的接口将消息发送给 Broker。

10.4　Kafka 的消息消费者

↗10.4.1　设计原理

1. 消费者组 Consumer Group

在 Kafka 中，Producers 将消息推送给 Broker 端，Consumer 在和 Broker 建立连接之后，主动去 pull（或者说 fetch）消息。这种模式有些优点，首先 Consumer 端可以根据自己的消费能力适时的去 fetch 消息并处理，且可以控制消息消费的进度（offset）；此外，消费者可以控制每次消费的数，实现批量消费。

Kafka 只支持 Topic，消息消费以 Consumer Group 为单位，每个 Consumer Group 中可以有多个 Consumer，每个 Consumer 是一个线程。发送到 Topic 的消息，只会被订阅此 Topic 的每个 Group 中的一个 Consumer 消费。如果所有的 Consumer 都具有相同的 Group，这种情况和 queue 模式很像；消息将会在 Consumers 之间负载均衡。如果所有的 Consumer 都具有不同的 Group，那这就是"发布-订阅"，消息将会广播给所有的消费者。

在 Kafka 中，一个 Partition 中的消息只会被 Group 中的一个 Consumer 消费；每个 Group 中 Consumer 消息消费互相独立；我们可以认为一个 Group 是一个"订阅"者，一个 Topic 中的每个 Partitions 只会被一个"订阅者"中的一个 Consumer 消费，一个 Consumer 可以消费多个 Partitions 中的消息。

2. 消费

在 Kafka 中，Partition 中的消息只有一个 Consumer 在消费，且不存在消息状态的控制，也没有复杂的消息确认机制，由此可见 Kafka Broker 端是相当轻量级的。当消息被 Consumer 接收之后，Consumer 可以在本地保存最后消息的 offset，并间歇性的向 Zookeeper 注册 offset。由此可见，Consumer 客户端也很轻量级。Consumer 端也可以重置 offset 来重新消费消息。

Kafka 只能保证一个 Partition 中的消息被某个 Consumer 消费时，消息是顺序的。从 Topic 角度来说，消息仍不是有序的。

Kafka 的设计原理决定了对于一个 Topic，当同一个 Group 中 Partitions 数目大于 Consumer 数目时，某些 Consumer 将无法得到消息。

↗10.4.2 监听原理

Kafka 是消息中间件中数据最快吞吐量最高的分布式消息中间件。Kafka 监听 Topic 核心源码如下。

```java
public void execute(int threads) {
    executors = new ThreadPoolExecutor(threads, workerNum, 0L, TimeUnit.MILLISECONDS,
            new ArrayBlockingQueue(1000), new ThreadPoolExecutor.CallerRunsPolicy());
    Thread t = new Thread(new Runnable(){//启动一个子线程来监听 Kafka 消息
        public void run(){
            while (true) {   //采用循环不断从 Partition 里获取数据
                ConsumerRecords<String, String> records = consumer.poll(200);
                for (final ConsumerRecord record : records) {
                    System.out.println("监听到 kafka 消息。。。。。。");
                    executors.submit(new ConsumerWorker(record));
                }
            }
        }
    });
    t.start();
```

从源码可以看出：首先开启一个线程池 ThreadPoolExecutor，接着在循环中每 200ms 去 Kafka 服务器获取消息，每获取到一个消息，就分配给一个线程类 ConsumerWorker 去处理这个消息。

↗10.4.3 **API**

Kafka 提供了两套 Consumer API，分为 High-level API 和 Sample-API。Sample-API 是一个底层的 API，它维持了一个与单一 Broker 的连接，并且这个 API 是完全无状态的，每次请求都需要指定 offset 值，因此，这套 API 也是最灵活的。

在 Kafka 中，当前读到消息的 offset 值是由 Consumer 来维护的，因此，Consumer 可以自己决定如何读取 Kafka 中的数据。例如，Consumer 可以通过重设 offset 值来重新消费已消费过的数据。不管有没有被消费，Kafka 都会保存数据一段时间，这个时间周期是可配置的，只有数据过期后，Kafka 才会删除这些数据。

High-level API 封装了对集群中一系列 Broker 的访问，可以透明地消费一个 Topic。它自己维持了已消费消息的状态，即每次消费的都是下一个消息。High-level API 还支持以组的形式消费 Topic，如果 Consumers 有同一个组名，那么 Kafka 就相当于一个队列消息服务，而各个 Consumer 均衡地消费相应 Partition 中的数据。若 Consumers 有不同的组名，那么此时 Kafka 就相当于一个广播服务，会把 Topic 中的所有消息广播到每个 Consumer。如图 10-6 所示。

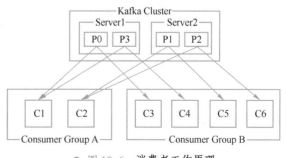

● 图 10-6　消费者工作原理

10.5　**Kafka 的 Topic 和 Partition**

Topic 是一个消息队列。每条发送到 Kafka 集群的消息都有一个 Topic。物理上来说，不同 Topic 的消息是分开存储的，每个 Topic 可以有多个生产者向它发送消息，也可以有多个消费者去消费其中的消息；Partition 分区是 Topic 的进一步拆分，每个 Topic 可以拆分为多个 Partition 分区，类似于数据库中表的水平拆分，每条消息都会分到某一个分区当中，分区内部会给消息分配一个 offset 来表示消息的顺序所在。

↗10.5.1　主题 Topic

在 Kafka 中，Topic 是一个存储消息的逻辑概念，可以理解为是一个消息的集合。每条发送到 Kafka 集群的消息都会自带一个类别，表明要将消息发送到哪个 Topic 上。

在存储方面，不同的 Topic 的消息是分开存储的，每个 Topic 可以有多个生产者向它发送消息，也可以有多个消费者去消费同一个 Topic 中的消息。

Topic 是 Kafka 数据写入操作的基本单元，可以指定副本。

1）一个 Topic 包含一个或多个 Partition，建立 Topic 的时候可以手动指定 Partition 个数，个数应与服务器个数相当。

2）每条消息属于且仅属于一个 Topic。

3）Producer 发布数据时，必须指定将该消息发布到哪个 Topic。

4）Consumer 订阅消息时，也必须指定订阅哪个 Topic 的信息。

↗10.5.2　分片 Partition

Kafka 集群由多个消息代理服务器（broker-server）组成，发布到 Kafka 集群的每条消息都有一个类别，用主题（Topic）来表示。通常，不同应用产生不同类型的数据，可以通过设置不同的主题来区分。一个主题一般会有多个消息的订阅者，当生产者发布消息到某个主题时，订阅了这个主题的消费者都可以接收到生成者写入的新消息。

Kafka 集群为每个主题维护了分布式的分区（Partition）日志文件，物理意义上可以把主题（Topic）看作进行了分区的日志文件（Partition Log）。主题的每个分区都是一个有序的、不可变的记录序列，新的消息会不断追加到日志中。分区中的每条消息都会按照时间顺序分配到一个单调递增的顺序编号，称为偏移量（offset），这个偏移量能够唯一地定位当前分区中的每一条消息。

消息发送时都被发送到一个 Topic，其本质就是一个目录，而 Topic 是由一些 Partition Logs（分区日志）组成，其组织结构如图 10-7 所示：

图 10-7 中的 Topic 有 3 个分区，每个分区的偏移量都从 0 开始，不同分区之间的偏移量都是独立的，不会相互影响。

由此可见，每个 Partition 中的消息都是有序的，生产的消息会被不断追加到 Partition log 上，其中的每一个消息都被赋予了一个唯一的 offset 值。

发布到 Kafka 主题的每条消息包括键值和时间戳。消息到达服务器端的指定分区后，都会分配到一个自增的偏移量。原始的消息内容和分配的偏移量以及其他一些元数据信息最后都会存储到分区日志文件中。消息的键也可以不用设置，这种情况下消息会均衡地分布到不同的分区。

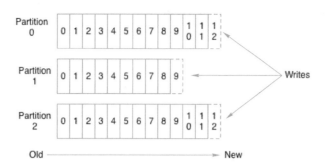

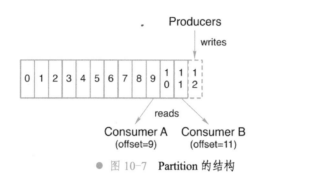

● 图 10-7　Partition 的结构

为什么要把消息分区呢，主要有以下几个原因：

1）方便在集群中扩展，每个 Partition 可以通过调整以适应它所在的机器，而一个 Topic 又可以有多个 Partition 组成，因此整个集群就可以适应任意大小的数据了；

2）可以提高并发，因为可以以 Partition 为单位读写了。

传统消息系统在服务端保持消息的顺序，如果有多个消费者消费同一个消息队列，服务端会以消费存储的顺序依次发送给消费者。但由于消息是异步发送给消费者的，消息到达消费者的顺序可能是无序的，这就意味着在并行消费时，传统消息系统无法很好地保证消息被顺序处理。虽然可以设置一个专用的消费者只消费一个队列，以此来解决消息顺序的问题，但是这就使得消费处理无法真正执行。

Kafka 比传统消息系统有更强的顺序性保证，它使用主题的分区作为消息处理的并行单元。Kafka 以分区作为最小的粒度，将每个分区分配给消费者组中不同的而且是唯一的消费者，并确保一个分区只属于一个消费者，即这个消费者就是这个分区的唯一读取线程。那么，只要分区的消息是有序的，消费者处理的消息顺序就有保证。每个主题有多个分区，不同的消费者处理不同的分区，所以 Kafka 不仅保证了消息的有序性，也做到了消费者的负载均衡。

↗10.5.3　日志

如果一个 Topic 的名称为"my_topic"，它有 2 个 Partitions，那么日志将会保存在 my_topic_0 和 my_topic_1 两个目录中；日志文件中保存了序列"log entries"（日志条目），每个 log entry 格式为"4 个字节的数字 N 表示消息的长度" + "N 个字节的消息内容"；每个日志都有一个 offset 来唯一的标记一条消息，offset 的值为 8 个字节的数字，表示此消息在此 Partition 中所处的起始位置。每个 Partition 在物理存储层面有多个 log file 组成（称为 segment），segmentfile 的命名为"最小 offset.kafka"。例如"00000000000.kafka"；其中"最小 offset"表示此 segment 中起始消息的 offset。如

图 10-8 所示。

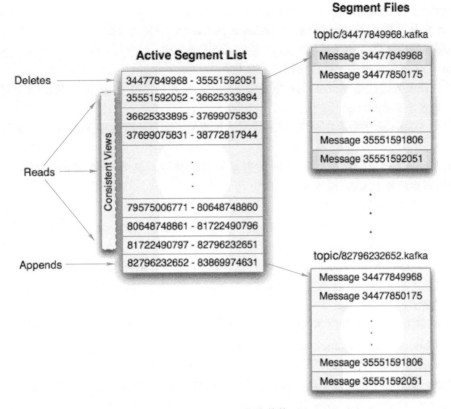

● 图 10-8　日志的结构

其中每个 Partition 中所持有的 segments 列表信息会存储在 Zookeeper 中。

当 segment 文件尺寸达到一定阀值时（可以通过配置文件设定，默认 1G），将会创建一个新的文件；当 buffer 中消息的条数达到阀值时将会触发日志信息 flush 到日志文件中，同时如果"距离最近一次 flush 的时间差"达到阀值时，也会触发 flush 到日志文件。如果 broker 失效，极有可能会丢失那些尚未 flush 到文件的消息。因为 server 意外实现，仍然会导致 log 文件格式的破坏（文件尾部），那么就要求当 server 启动时需要检测最后一个 segment 的文件结构是否合法并进行必要的修复。

获取消息时，需要指定 offset 和最大 chunk 尺寸，offset 用来表示消息的起始位置，chunk size 用来表示最大获取消息的总长度（间接的表示消息的条数）。根据 offset 可以找到此消息所在 segment 文件，然后根据 segment 的最小 offset 取差值，得到它在 file 中的相对位置，直接读取输出即可。

日志文件的删除策略非常简单：启动一个后台线程定期扫描 log file 列表，把保存时间超过阀值的文件直接删除（根据文件的创建时间）。为了避免删除文件时仍然有 read 操作（consumer 消费），采取 copy-on-write 方式。

↗10.5.4　消息副本 Replications

（1）副本

同一个 Partition 可能会有多个 Replication（对应 server.properties 配置中的 default.replication. factor=N）。没有 Replication 的情况下，一旦 Broker 宕机，其上所有 Partition 的数据都不可被消费，

同时 Producer 也不能再将数据存于其上的 Partition。引入 Replication 之后，同一个 Partition 可能会有多个 Replication，而这时需要在这些 Replication 之间选出一个 Leader，Producer 和 Consumer 只与这个 Leader 交互，其他 Replication 作为 Follower 从 Leader 中复制数据。

（2）副本同步队列 ISR

Kafka 为了保证数据的一致性使用了 ISR 机制。

1）首先需要知道的是 Kafka 的数据是多副本的，也就是说每个 Topic 下的每个分区下都有一个 Leader 和多个 Follower。

2）每个 Follower 的数据都从 Leader 上同步过来的。同步的方式是 Follower 主动拉取 Leader 的数据。

注意：Follower 只是数据的副本提供数据的可恢复性，其本身和 Kafka 的读写性能无关（Kafka 的读写都是和 Leader 相关）。

3）副本的数据和 leader 的数据同步。

ISR 的全称是：In-Sync Replicas，ISR 是一个副本的列表，里面存储的都是能跟 Leader 数据一致的副本，确定一个副本在 ISR 列表中，有 2 个判断条件：

条件 1：根据副本和 Leader 的交互时间差，如果大于某个时间差 就认定这个副本不行了，就把此副本从 ISR 中剔除，此时间差可以通过下面的配置来指定：配置参数 rerplica.lag.time.max.ms=10000（单位 ms）。

条件 2：根据 Leader 和副本的信息条数差值决定是否从 ISR 中剔除此副本，此信息条数差值根据配置参数 rerplica.lag.max.messages=4000 来决定。

ISR 中的副本删除或者增加都是通过一个周期调度来管理的。

4）Kafka 根据 ISR 机制和消息的 ack 方式保证的数据的一致性和保证幂等性（消息是否会重复消费、发送等）。

min.insync.replicas=n 配置参数表示 当满足了 n 个副本的消息确认（n 默认为 1，最好大于 1，因为 leader 也在 ISR 列表中），才认为这条消息是发送成功的。

min.insync.replicas 参数只有配合 request.required.acks =-1 时才能达到最大的可靠性。

request.required.acks 的参数说明：

- 0：生产者只管发送，不管服务器，消费者是否收到信息。
- 1：只有当 Leader 确认了收到消息，才确认此消息发送成功。
- -1：只有 ISR 中的 n-1 个副本（leader 除外所以 n-1）都同步了消息 此消息才确认发送成功。

需要注意的是生产者发送的消息只有在确认发送成功后才能被消费者消费。

（3）副本复制和算法

Kafka 主题中的每个分区都有一个预写日志（write-ahead log），写入 Kafka 的消息就存储在这里面。这里面的每条消息都有一个唯一的偏移量，用于标识它在当前分区日志中的位置。如图 10-9 所示。

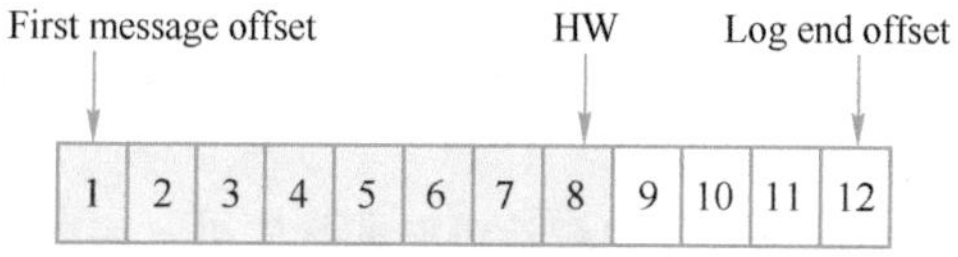

● 图 10-9 预写日志

Kafka 中的每个主题分区都被复制了 n 次，其中的 n 是主题的复制因子（replication factor）。这允许 Kafka 在集群服务器发生故障时自动切换到这些副本，以便在出现故障时消息仍然可用。Kafka 的复制是以分区为粒度的，分区的预写日志被复制到 n 个服务器。在 n 个副本中，只有一个副本作为 Leader，其他副本成为 Followers。顾名思义，Producer 只能往 Leader 分区上写数据（Consumer 也只能从 Leader 分区上读数据），Followers 只按顺序从 Leader 上复制日志。如图 10-10 所示。

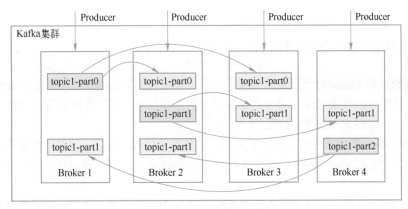

● 图 10-10　日志复制算法

日志复制算法（log replication algorithm）必须提供的基本保证是，如果它告诉客户端消息已被提交，即使当前 Leader 出现故障，新选出的 Leader 也必须具有该消息。在出现故障时，Kafka 会从挂掉 Leader 的 ISR 里面选择一个 Follower 作为这个分区新的 Leader。

每个分区的 Leader 会维护一个 in-sync replica（同步副本列表，又称 ISR）。当 Producer 往 Broker 发送消息，消息先写入到对应 Leader 分区上，然后复制到这个分区的所有副本中。只有将消息成功复制到所有同步副本（ISR）后，这条消息才算被提交。由于消息复制延迟受到最慢同步副本的限制，因此快速检测慢副本并将其从 ISR 中删除非常重要。

10.6　流处理

流处理就是连续、实时、并发和以逐条记录的方式处理数据的意思。Kafka 是一个分布式流处理平台，它的高吞吐量、低延迟、高可靠性、容错性、高扩展性都使得 Kafka 非常合适作为流处理平台。Kafka Streams 是分布式流处理 API，可以用来构建具有容错能力的分布式流处理应用程序。

作为流处理平台，可以用于：

1）数据集成：在不同的系统之间传递数据，应用程序发布数据不需要知道谁会消费和加载数据，应用程序集成时也不需要知道原始数据的细节。

2）流处理：流处理的结果是产生一个新的派生流。这个派生流供其他集成到流数据平台的系统使用。

它主要有如下特点：

kafka Streams 是一个客户端库（client library），用于处理和分析储存在 Kafka 中的数据，并把处理结果写回 Kafka 或发送到外部系统的最终输出点。下面是 Kafka Streams 的一些特点：

1）它是一个简单的、轻量级的 Java 类库，能够被集成到任何 Java 应用中。

2）除了 Kafka 之外没有任何其他的依赖，利用 Kafka 的分区模型支持水平扩容和保证顺序性。

3）支持本地状态容错，可以执行非常快速有效的有状态操作，比如 joins 和 windowed aggregations（窗口聚合）。

4）支持 exactly-once 语义。

5）支持一次处理一条记录，实现了 ms 级的延迟。

6）提供必要的流处理基础件，包括一个高级的 Stream DSL（domain-specific language 领域特定语言）和一个底层 Processor API。

10.7 Kafka 吞吐量及消息发送

Kafka 在消息为 10KB 时吞吐量达到最大，更大的消息会降低吞吐量。所以如果要用 Kafka 发送大消息，最好的做法是 Kafka 不是发送这些消息的内容，而是将这些消息写入文件，用 Kafka 发送的消息的内容是这些文件的存储位置。

还可以在 Kafka 的生产者端进行压缩消息，对原始消息压缩之后，消息可能会小很多。在生产者端的配置参数中使用 compression.codec 和 commpressed.Topics 可以开启压缩功能，压缩算法可以使用 GZip 或 Snappy。

可以将大的消息在生产者端进行数据切片或切块为 10KB 大小，使用分区主键确保一个大消息的所有部分按序发送到同一个 Kafka 分区，在消费者端使用消息时再将这些切片数据重新聚合为原始的消息。

引申：用 Kafka 发送大消息除了参数调整外还要考虑哪些因素？

用 Kafka 来传送大的消息，在一开始的时候，就要考虑大消息对集群和主题的影响。避免到出现问题之后再来考虑如何解决。此时要考虑到的两个因素是：

1）可用的内存和分区数：Brokers 会为每个分区分配 replica.fetch.max.bytes 参数指定的内存空间，假设 replica.fetch.max.bytes=1MB，且有 10000 个分区，则需要差不多 10000*1MB=10GB 的内存，确保分区数与最大的消息字节数之积不会超过服务器的内存，否则会报 OutOfMemoryError 错误。同样地，消费者端的 fetch.Message.max.bytes 指定了最大消息需要的内存空间，分区数与最大需要内存空间之积也不能超过服务器的内存。所以，发送大消息时，在内存一定的情况下只能使用较少的分区数。否则需要使用更大内存的服务器。

2）垃圾回收：这是一个需要考虑的潜在问题。更大的消息会让 GC 的处理时间更长（因为 Broker 需要分配更大的块），随时关注 GC 的日志和服务器的日志信息。如果长时间的 GC 导致 Kafka 丢失了 Zookeeper 的会话，则需要配置 zookeeper.session.timeout.ms 参数花费更多的超时时间。

10.8 Kafka 文件高效存储设计原理

Kafka 文件存储之所以高效，是因为它有以下的独特设计：

1）Kafka 把 Topic 中一个 partition 大文件分成多个小文件段，通过多个小文件段，就容易定期清除或删除已经消费完成的文件，减少磁盘占用。

2）通过索引信息可以快速定位 Message 和确定 response 的最大大小。

3）通过将索引元数据全部映射到 memory，可以避免 Segment 文件的磁盘 I/O 操作。

4）通过索引文件稀疏存储，可以大幅降低索引文件元数据占用空间大小。

引申：Kafka 新建的分区会在哪个目录下创建？

答：log.dirs 参数配置的是 Kafka 数据的存放目录，这个参数可以配置多个目录，目录之间使用逗号分隔，这些目录最好分布在不同的磁盘上这样可以提高读写性能。

如果 Kafka 集群的 log.dirs 参数含义都一样，则只要在一个 Broker 上配置便可。如果只配置了一个目录，那么分配到各个 Broker 上的分区肯定只能在这个目录下创建文件夹用于存放数据。如果 log.dirs 参数配置了多个目录，Kafka 会在含有分区目录最少的文件夹中创建新的分区目录，分区目录名为 Topic 名+分区 ID。强调一下，是分区文件夹总数最少的目录。也就是说，如果用户给

log.dirs 参数新增了一个新的磁盘，新的分区目录肯定是先在这个新的磁盘上创建直到这个新的磁盘目录拥有的分区目录不是最少为止。

10.9　其他消息队列介绍

（1）RabbitMQ

RabbitMQ 是一款开源的、Erlang 编写的、基于 AMQP 协议的消息中间件。它最大的特点就是消费并不需要确保提供方存在，实现了服务之间的高度解耦。支持多种客户端，如：Python、Ruby、.NET、Java、JMS、C、PHP、ActionScript、XMPP、STOMP 等，支持 Ajax、持久化。

RocketMQ 是阿里巴巴公司推出的一款纯 Java 的分布式、队列模型的消息中间件，具有以下特点：

1）能够保证严格的消息顺序。

2）提供丰富的消息拉取模式。

3）高效的订阅者水平扩展能力。

4）实时的消息订阅机制。

5）亿级消息堆积能力，消息堆积后，写入低延迟。

（2）ActiveMQ

ActiveMQ 是 Apache 研发的开放源代码的消息中间件，是一个纯 Java 程序，只需要操作系统支持 Java 虚拟机，ActiveMQ 便可执行。ActiveMQ 有如下特点：

1）支持 Java 消息服务 JMS 1.1 版本和 J2EE 1.4 规范（持久化、XA 消息、事务）。

2）和 Spring 集成非常容易。

3）支持集群 (Clustering)。

4）支持的编程语言包括：C、C++、C#、Delphi、Erlang、Adobe Flash、Haskell、Java、JavaScript、Perl、PHP、Pike、Python 和 Ruby。

5）支持众多协议：OpenWire、REST、STOMP、WS-Notification、MQTT、XMPP 以及 AMQP。

6）可插拔的体系结构，可以灵活制定，如：消息存储方式、安全管理等。

7）很容易和 Application Server 集成使用。

8）ActiveMQ 有两种通信方式，点到点形式和发布-订阅模式。

9）支持通过 JDBC 和 journal 提供高速的消息持久化。

10）支持和 Axis 的整合。

（3）ZeroMQ

ZeroMQ 号称最快的消息队列系统，尤其适用大吞吐量的需求场景。

ZeroMQ 以嵌入式网络编程库的形式实现了一个并行开发框架（concurrency framework），它能够提供进程内（inproc）、进程间（IPC）、网络（TCP）和广播方式的消息信道，并支持扇出（fan-out）、发布-订阅（pub-sub）、任务分发（task distribution）、请求/响应（request-reply）等通信模式。

ZeroMQ 的性能足以用来构建集群产品，其异步 I/O 模型能够为多核消息系统提供足够的扩展性，ZeroMQ 支持 30 多种语言的 API，可以用于绝大多数操作系统。在提供这些优秀特性的同时，ZeroMQ 是开源的，遵循 LGPLv3 许可。

ZeroMQ 的明确目标是"成为标准网络协议栈的一部分，之后进入 Linux 内核"。

（4）Redis

Redis 是一个基于 Key-Value 对的 NoSQL 数据库。它虽然是一个 Key-Value 数据库存储系统，但它本身也支持消息队列的功能，因此也可以被当作一个轻量级的队列服务来使用。对于 RabbitMQ 和 Redis 的入队和出队操作，各执行 100 万次，每 10 万次记录一次执行时间。测试数据分为 128B、512B、1KB 和 10KB 四个不同大小的数据。实验表明：对于入队操作，当数据比较小时 Redis 的性能要高于 RabbitMQ，而如果数据大小超过了 10KB，Redis 则效率非常低下；对于出队操作，无论数据大小，Redis 都表现出非常好的性能，而 RabbitMQ 的出队性能则远低于 Redis。

⑩ 10.10　常见面试笔试真题

（1）Kafka 如何实现负载均衡与故障转移？

答：负载均衡就是指让系统的负载根据一定的规则均衡地分配在所有参与工作的服务器上，从而最大限度保证系统整体的运行效率与稳定性。

Kafka 的负载平衡就是每个 Broker 都有均等的机会为 Kafka 的客户端（生产者与消费者）提供服务，可以把负载分散到所有集群中的机器上。

Kafka 通过智能化的分区领导者选举来实现负载均衡，Kafka 默认提供智能的 Leader 选举算法，可在集群的所有机器上均匀分散各个 Partition 的 Leader，从而整体上实现负载均衡。

Kafka 的故障转移是通过使用会话机制实现的，每台 Kafka 服务器启动后会以会话的形式把自己注册到 Zookeeper 服务器上。一旦该服务器运转出现问题，与 Zookeeper 的会话便不能维持从而超时失效，此时 Kafka 集群会选举出另一台服务器来完全替代这台服务器继续提供服务。

（2）ZooKeeper 在 Kafka 中的作用是什么？

答：Kafka 是一个使用 Zookeeper 构建的分布式系统。Kafka 的各 Broker 在启动时都要在 Zookeeper 注册，由 Zookeeper 统一协调管理。如果任何结点失败，还可通过 Zookeeper 从先前提交的偏移量中恢复，因为它做周期性提交偏移量工作。同一个 Topic 的消息会被分成多个分区并将其分布在多个 Broker 上，这些分区信息及与 Broker 的对应关系也是 Zookeeper 在维护。

Kafka 对 Zookeeper 是强依赖，绕过 Zookeeper 并直接连接到 Kafka 服务器是不可能的，如果以某种方式关闭 ZooKeeper，则无法为任何客户端请求提供服务。

（3）没有 ZooKeeper 可以使用 Kafka 吗？

答：绕过 Zookeeper 并直接连接到 Kafka 服务器是不可能的，所以答案是否定的。如果以某种方式，使 ZooKeeper 关闭，则无法为任何客户端请求提供服务。

（4）你认为 Kafka 有什么缺陷？

答：Kafka 的不足之处是：

没有完整的监控工具集。

不支持通配符主题选择。

（5）Kafka 提供了哪些系统工具？

答：Kafka 提供了三种系统工具：

Kafka 迁移工具：它有助于将代理从一个版本迁移到另一个版本。

Mirror Maker：Mirror Maker 工具有助于将一个 Kafka 集群的镜像提供给另一个。

消费者检查：对于指定的主题集和消费者组，它显示主题、分区、所有者。

（6）消费者（Consumer）与消费者组（Consumer Group）有什么关系？消费者的负载均衡如何实现？

答：Consumer Group 是 Kafka 独有的可扩展且具有容错性的消费者机制。一个组内可以有多个 Consumer，它们共享一个全局唯一的 Group ID。组内的所有 Consumer 协调在一起来消费订阅主题

（subscribed Topic）的所有分区（Partition）。当然，每个 Partition 只能由同一个 Consumer Group 内的一个 Consumer 来消费。要记清楚的是，Consumer 订阅的是 Topic 的 Partition，而不是 Message。所以在同一时间点上，订阅到同一个分区的 Consumer 必然属于不同的 Consumer Group。

Consumer Group 与 Consumer 的关系是动态维护的，当一个 Consumer 进程挂掉或者是卡住时，该 Consumer 所订阅的 Partition 会被重新分配到该组内的其他的 Consumer 上。当一个 Consumer 加入到一个 Consumer Group 中时，同样会从其他的 Consumer 中分配出一个或者多个 Partition 到这个新加入的 Consumer。

当启动一个 Consumer 时，会指定它要加入的 Group，使用的是配置项：Group.id。

为了维持 Consumer 与 Consumer Group 的关系，Consumer 会周期性的发送 heartbeat 到 coordinator（协调者），如果有 heartbeat 超时或未收到 heartbeat，coordinator 会认为该 Consumer 已退出，它所订阅的 Partition 会分配到同一组内的其他的 Consumer 上。这个过程，被称为 rebalance（再平衡）。

上面谈的内容其实也包括了消费者的负载均衡原理。

（7）解释偏移的作用。

答：给分区中的消息提供了一个顺序 ID 号，称之为偏移量。因此，为了唯一地识别分区中的每条消息，需要使用这些偏移量。

（8）什么是消费者组？

答：消费者组的概念是 Apache Kafka 独有的。基本上，每个 Kafka 消费群体都由一个或多个共同消费一组订阅主题的消费者组成。

（9）在生产者中，何时发生 QueueFullException？如何处理这种异常？

答：当生产者试图发送消息的速度快于 Broker 可以处理的速度时，通常会发生 QueueFullException。

如果生产者不能阻止这种情况，为了协作处理增加的负载，用户需要添加足够的 Broker。或者选择阻塞，设置 Queue.enQueueTimeout.ms 为-1。这样，如果队列已满，则生产者将阻止而不是删除消息。

另外的处理办法就是：容忍这种异常，丢弃消息。

（10）Producer 是否直接将数据发送到 Broker 的 leader？

答：Producer 只需要将数据发送到 Broker 的 leader，为了帮助 Producer 做到这点，所有的 Broker 都可以及时的告知：哪些是活动的，目标 Topic 目标分区的 leader 在哪。这样 Producer 就可以直接将消息发送到目的地了。

（11）Consumer 是否可以消费指定分区消息？

答：Consumer 消费消息时，向 Broker 发出"fetch"请求去消费特定分区的消息，Consumer 指定消息在日志中的偏移量（offset），就可以从这个位置开始消费消息，customer 拥有了 offset 的控制权，也可以向后回滚去重新消费之前的消息。

（12）请解释 replica（副本）、leader（领导者）和 follower（追随者）的概念。

答：Kafka 中的 Partition 是有序消息日志，为了实现高可用性，需要采用备份机制，将相同的数据复制到多个 Broker 上。而这些备份日志就是 replica，目的是防止数据丢失。

Kafka 中的 replica 分为两个类：领导者副本（leader replica）和追随者副本（follower replica），副本的数量是可配置的。

领导者副本：负责对外提供服务，对外指的是与客户端进行交互。生产者总是向领导者副本写消息，消费者总是从领导者副本读消息。

追随者副本：被动地追随领导者副本，不能与外界交互。只是向领导者副本发送请求，请求领导者副本把最新生产的消息发给它，进而与领导者副本保持同步。

所有 Partition 的副本默认情况下会均匀分布到所有 Broker 上。一旦领导者副本所在的 Broker 宕机，Kafka 会从追随者副本中选举出新的领导者继续提供服务。

（13）请解释对 ISR(in-sync Replica 保持同步的副本)的理解。

答：leader 会维护一个与自己基本保持同步的 replica 列表，该列表称为 ISR，每个 Partition 都会有一个 ISR，而且是由 leader 动态维护。所谓动态维护，就是说如果一个 follower 比一个 leader 落后太多，或者超过一定时间未发起数据复制请求，则 leader 将其从 ISR 中移除。 当 ISR 中所有 Replica 都向 Leader 发送 ACK（Acknowledgement 确认）时，leader 才 commit。

（14）请谈谈 replica 的重要性。

答：replica 可以确保发布的消息不会丢失，保证了 Kafka 的高可用性。并且可以在发生任何机器错误、程序错误或软件升级、扩容时都能生产使用。

（15）请谈谈对 Kafka 的 Geo-Replication（地理复制）的理解。

答：Kafka 官方提供了 MirrorMaker 组件，作为跨集群的流数据同步方案。借助 MirrorMaker，消息可以跨多个数据中心或云区域进行复制。您可以在主动/被动场景中将其用于备份和恢复，或者在主动/主动方案中将数据放置得更靠近用户，或支持数据本地化要求。

它的实现原理比较简单，就是通过从源集群消费消息，然后将消息生产到目标集群，即普通的消息生产和消费。用户只要通过简单的 Consumer 配置和 Producer 配置，然后启动 Mirror，就可以实现集群之间的准实时的数据同步。

那么如何创建镜像呢？源集群已存在时，创建一个目标集群，在启动目标集群后启动镜像制作器进程即可。镜像制作者需要一个或多个消费者配置，一个或多个生产者配置以及白名单或黑名单。需要将 Consumer 指向源集群的 ZooKeeper，将 Producer 指向镜像集群的 ZooKeeper（或使用 Broker.list 参数）。

（16）Kafka 如何判断一个 Broker 是否还有效？

答：Kafka 依据两个条件判断 Broker 是否有效：

1）Broker 必须可以维护和 ZooKeeper 的连接，Zookeeper 通过心跳机制检查每个结点的连接。

2）如果 Broker 是个 follower，它必须能及时同步 leader 的写操作，延时不能太久。

（17）Kafka 可接收的消息最大默认多少字节？如果修改它还要注意哪些参数的正确性？

答：Kafka 可以接收的最大消息默认为 1000000 字节，如果想调整它的大小，可在 Broker 中修改配置参数：Message.max.bytes 的值。

但要注意的是，修改这个值，还要同时注意其他对应的参数值是正确的，否则就可能引发一些系统异常。首先这个值要比消费端的 fetch.Message.max.bytes（默认值 1MB，表示消费者能读取的最大消息的字节数）参数值要小才是正确的设置，否则 Broker 就会因为消费端无法使用这个消息而挂起。

其次，确保 log.Segment.bytes（默认：1GB，Broker 的一个配置参数，表示 kafka 数据文件的大小）的值大于 Message.max.bytes 的值。一般说来使用默认值即可。

最后，要保证 replica.fetch.max.bytes（默认：1MB，表示 Broker 可复制的消息的最大字节数）。这个值应该比 Message.max.bytes 大，否则 Broker 会接收此消息，但无法将此消息复制出去，从而造成数据丢失。

（18）请谈谈对 Kafka 的 ack 机制的理解。

答：Kafka 的 Producer 有三种 ack 机制，acks 参数（即 Request.required.acks）是在 Producer 里配置，参数值有 0、1 和-1(或 all)，代表了三种机制。

参数值为 0：相当于异步操作，Producer 不需要 leader 给予回复，发送完就认为成功，继续发送下一条(批)Message。此机制具有最低延迟，但是持久性可靠性也最差，当服务器发生故障时，很可能发生数据丢失。

参数值为 1：这是 kafka 默认的设置。表示 Producer 要 leader 确认已成功接收数据才发送下一条（批）Message。此机制提供了较好的持久性和较低的延迟性。

Partition 的 leader 死亡，follower 尚未复制，数据就会丢失。

参数值为-1（或 all）：意味着 Leader 接收到消息之后，还必须要求 ISR 列表里跟 leader 保持同步的那些 follower 都确认消息已同步，Producer 才发送下一条（批）Message。

此机制持久性可靠性最好，但延时性最差。

简单说来，这三种机制是依次性能递减，可靠性递增。

（19）Kafka 的 Consumer 如何消费数据？

答：Consumer 每次消费数据的时候，都会记录消费的物理偏移量（offset）的位置，等到下次消费时，Consumer 会接着上次位置继续消费。

（20）Kafka 的 Topic 的 Partition 数据是怎样存储到磁盘的？

答：Topic 中的多个 Partition 以文件夹的形式保存到 Broker，每个分区序号从 0 递增，且消息有序。Partition 文件下有多个 Segment（xxx.index，xxx.log），Segment 文件里的大小和配置文件大小一致。默认为 1GB，但可以根据实际需要修改。如果大小大于 1GB 时，会滚动一个新的 Segment 并且以上一个 Segment 最后一条消息的偏移量命名。

（21）Kafka 创建 Topic 时如何将分区放置到不同的 Broker 中？

答：Kafka 创建 Topic 将分区放置到不同的 Broker 时遵循以下规则：

1）副本因子不能大于 Broker 的个数。

2）第一个分区（编号为 0）的第一个副本放置位置是随机从 Broker List 中选择的。

3）其他分区的第一个副本放置位置相对于第 0 个分区依次往后移。也就是如果有 3 个 Broker，3 个分区，假设第一个分区放在第二个 Broker 上，那么第二个分区将会放在第三个 Broker 上；第三个分区将会放在第一个 Broker 上，更多 Broker 与更多分区依此类推。剩余的副本相对于第一个副本放置位置其实是由 nextReplicaShift 决定的，而这个数也是随机产生的。

（22）如何理解 Kafka 的日志保留期？Kafka 的数据清理策略有哪些？

答：保留期内保留了 Kafka 群集中的所有已发布消息，超过保期的数据将被按清理策略进行清理。默认保留时间是 7 天，如果想修改时间，在 server.properties 里更改参数 log.retention.hours（也可以用 log.retention.minutes 和 log.retention.ms）的值便可。

Kafka 将数据持久化到了硬盘上，允许你配置一定的策略对数据清理，清理的策略有两个，删除和压缩。参数：log.cleanup.policy=delete 表示启用删除策略，这也是默认策略。一开始只是标记为 delete，文件无法被索引。只有过了 log.Segment.delete.delay.ms 这个参数设置的时间，才会真正被删除。

参数 log.cleanup.policy=compact 表示启用压缩策略，将数据压缩，只保留每个 Key 最后一个版本的数据。首先在 Broker 的配置中设置 log.cleaner.enable=true 启用 cleaner，这个默认是关闭的。

（23）什么是多租户技术？Kafka 是否支持多租户？

答：多租户技术（multi-tenancy technology）是一种软件架构技术，它是实现如何在多用户的环境下共用相同的系统或程序组件，并且仍可确保各用户间数据的隔离性。

我们可以将 Kafka 部署为多租户解决方案。做法是：通过配置哪个主题可以生产或消费数据来启用多租户，也有对配额的操作支持。管理员可以对请求定义和强制配额，以控制客户端使用的 Broker 资源。

（24）**Kafka 和 Flume 之间的主要区别是什么？**

答：Flume 是 Cloudera 提供的一个高可用的、高可靠的、分布式的海量日志采集、聚合和传输的系统，Flume 支持在日志系统中定制各类数据发送方，用于收集数据。同时，Flume 提供对数据进行简单处理，并写到各种数据接受方（可定制）的能力。

Kafka 和 Flume 之间的主要区别是：

Kafka——是面向多个生产商和消费者的通用工具。

Flume——被认为是特定应用程序的专用工具。

Kafka——可以复制事件。

Flume——不复制事件。

（25）**请谈谈 Kafka 中的日志分段策略与刷新策略。**

答：在实际中，可能需要调整参数来采用不同的日志分段或刷新策略。

Kafka 的日志分段（Segment）策略属性有：

1）log.roll.{hours,ms}：日志滚动的周期时间，到达指定周期时间时，强制生成一个新的 Segment，默认值 168h（7day）。

2）log.Segment.bytes：每个 Segment 的最大容量。到达指定容量时，将强制生成一个新的 Segment。默认值 1GB（-1 代表不限制）。

3）log.retention.check.interval.ms：日志片段文件检查的周期时间。默认值 60000ms。

Kafka 的日志刷新策略：

Kafka 的日志实际上是开始是在缓存中的，然后根据实际参数配置的策略定期一批一批写入到日志文件中，以提高吞吐量。相关属性有：

1）log.flush.interval.Messages：消息达到多少条时将数据写入到日志文件。默认值为 10000。

2）log.flush.interval.ms：当达到该时间时，强制执行一次 flush。默认值为 null。

3）log.flush.scheduler.interval.ms：周期性检查，是否需要将信息 flush。默认为很大的值。

（26）**Kafka 提供的保证是什么？**

答：Kafka 提供的保证有以下三点：

1）生产者向特定主题分区发送的消息的顺序相同。

2）消费者实例按照它们存储在日志中的顺序查看记录。

3）即使不丢失任何提交给日志的记录，Kafka 也能容忍最多 N-1 个服务器故障。

（27）**Kafka 的日志存储的 Message 是什么格式？**

答案：Kafka 一个 Message 由固定长度的 header 和一个变长的消息体 body 组成。将 Message 存储在日志时采用不同于 Producer 发送的消息格式。每个日志文件都是一个 log entries（日志项）序列：

1）每一个 log entry 包含一个四字节整型数（Message 长度，值为 1+4+N）。

2）1 个字节的 magic，magic 表示本次发布 Kafka 服务程序协议版本号。

3）4 个字节的 CRC32 值，CRC32 用于校验 Message。

4）最终是 N 个字节的消息数据。每条消息都有一个当前 Partition 下唯一的 64 位 offset。

（28）**kafaka 生产数据时数据的分组策略是什么？**

答：kafaka 生产数据时数据的分组策略是：由生产者（Key）决定了数据产生到集群的哪个 Partition。因为每一条消息都是以（Key-value）格式，Key 是由生产者发送数据传入，所以生产者（Key）决定了数据产生到集群的哪个 Partition。

（29）**Kafka、ActiveMQ、RabbitMQ、RocketMQ 等常用的消息队列适合用在哪些场景？**

答案：它们大致的区别主要有以下几点：

1）几种消息队列底层开发语言不同；ActiveMQ、RocketMQ 都是使用 Java 开发，RabbitMQ 使用的是 Erlang 开发，Kafka 使用的是 Scala 和 Java 开发。

2）使用的协议不同；RabbitMQ 支持 AMQP（二进制），STOMP（文本），MQTT（二进制），HTTP（里面包装其他协议）等协议。Kafka 使用的是一套自行设计的基于 TCP 的二进制协议，而 RocketMQ 使用的也是自己定义的一套协议。

3）单机吞吐量上的不同；ActiveMQ、RabbitMQ 都是万级别，而 RocketMQ 和 Kafka 都是十万级别的高吞吐量。

4）大量消息堆积时，处理的性能不同；由于 AMQP 设计的初衷不是用来持久化海量消息的，所以当队列出现大量消息堆积时，ActiveMQ 和 RabbitMQ 的性能会下降，而 RocketMQ 和 Kafka 都是用来处理海量数据的，所以大量消息堆积时，它们性能不会受到影响。

这几个消息队列由于性能和吞吐量的区别不同，它们比较适合的场景有：RabbitMQ 和 ActiveMQ 比较适合低级别的消息场景中，Kafka 适用于产生大量日志或配合大数据类的系统实时数据计算采集等场景中，消息的级别可以达到十万级别。而 RocketMQ 可以运用于十万级别以上的消息场景中，例如应用于交易、充值、流计算、消息推送、日志流式处理、binglog 分发等场景。

它们概括的区别见表 10-1：

表 10-1　常用消息队列特性

特性	ActiveMQ	RabbitMQ	RocketMQ	Kafka
单机吞吐量	万级、比 RocketMQ、Kafka 低一个数量级	万级、比 RocketMQ、Kafka 低一个数量级	10 万级、支持高吞吐	10 万级，高吞吐，一般配合大数据类的系统来进行实时数据计算、日志采集等场景
Topic 数量对吞吐量的影响	\	\	topic 可以达到几百/几千的级别，吞吐量会有较小幅度的下降，这是 RocketMQ 的一大优势，在同等机器下，可以支撑大量的 topic	topic 从几十到几百个时，吞吐量会大幅度下降，在同等机器下，Kafka 尽量保证 topic 数量不要过多，如果要支撑大规模的 topic，需要增加更多的机器资源
时效性	ms 级	ms 级，这是 RabbitMQ 的一大特点，延迟最低	ms 级	延迟在 ms 级以内
可用性	高，给予主从架构实现高可用	高，给予主从架构实现高可用	非常高，分布式架构	非常高，分布式，一个数据多个副本，少数机器宕机，不会丢失数据，不会导致不可用
消息可靠性	有较低的概率丢失数据	有较低的概率丢失数据	经过参数优化配置，可以做到 0 丢失	经过参数优化配置，可以做到 0 丢失
功能支持	MQ 领域的功能极其完备	基于 Erlang 开发，并发能力很强，性能极好，延时很低	MQ 功能较为完善，还是分布式的，扩展性好	功能较为简单，主要支持简单的 MQ 功能，在大数据领域的实时计算以及日志采集被大规模使用

第 11 章 Spring

Spring 是现在最流行的 Java 开发框架之一，是 Java 开发项目的首选。虽然 Python、PHP、Ruby 这些语言的开发效率更高，但是在工程管理和运行效率上还是不如 Java，Spring 可以说是既保留了 Java 的优点，又向这些新的开发语言靠拢。

11.1　Spring 基础

↗11.1.1　Spring 的基本概念

Spring 是一个轻量级，非侵入性的开源框架，通过基于 POJO（Plain Ordinary Java Object）对象的编程模型，提供了以前的 EJB 才能提供的企业级服务。为 Java 应用程序的开发提供了综合、广泛的基础性支持，帮助开发者解决了开发中基础性的问题，使得开发人员可以专注于应用程序的开发，大大降低了 Java 企业级应用开发的复杂性。Spring 的核心是 IOC（Inversion of Control，控制反转）和 AOP（Aspect Oriented Programming，面向切面编程），Spring 框架的核心功能可用于开发任何 Java 应用程序。

Spring 的优点如下：

1）Spring 通过控制反转，实现了面向接口的编程，降低了系统的耦合性。

2）Spring 容器可以管理所有托管对象的生命周期和维护它们的依赖关系。开发人员可以无须关心对象的创建和维护，专注于程序的开发。

3）Spring 提供面向切面编程，便于将程序的主要逻辑与次要逻辑分开，将通用业务功能从业务系统中分离出来（如安全、事务、日志等），提高了代码的复用性、程序的可移植性和可维护性。

4）提供了声明式的事务管理支持，只需简单配置或注解声明就可以完成对数据库事务的管理。

5）Spring 不重新发明"轮子"，而是提供对各种优秀框架的封装支持，能无缝集成各种框架，大大降低了开发者使用这些框架的复杂度。如对 ORM 的支持，简化了对数据库的访问；对 Junit 的支持，可以很方便地测试 Spring 程序。

6）对 JavaEE 开发中非常难用的一些 API（JDBC、JavaMail、远程调用等），都提供了封装，使这些 API 应用难度大大降低。

7）Spring 采用模块化设计，模块之间相互解耦，除核心模块外，开发者可以根据需要选用其他任意模块，Spring 不强制用户使用任何组件。

8）Spring 框架轻量级，非侵入性，也具有高度开放性，并不要求应用完全依赖于 Spring，开发者可以部分或全部依赖 Spring 框架。

9）Spring 的 DAO 模块提供了一致的异常处理结构层，简化了对数据库的操作。

↗11.1.2　Spring 中的模块

Spring 是一个 J2EE 的框架，这个框架提供了对轻量级的 IOC 良好的支持，同时也提供了对 AOP 技术非常好的封装。相比其他框架，Spring 框架的设计更加模块化，框架内的每个模块都能完成特定的工作，而且各个模块可以独立的运行，不会相互牵制。因此，在使用的时候，开发人员可以使用整个框架，也可以只使用框架内的一部分模块，例如可以只使用 Spring AOP 模块来实现日志管理功能，而不需要使用其他模块。

具体而言，Spring 框架主要由 7 个模块组成，它们分别是 Spring AOP、Spring ORM、Spring DAO、Spring Web、Spring Context、Spring Web MVC、Spring Core。具体如图 11-1 所示。

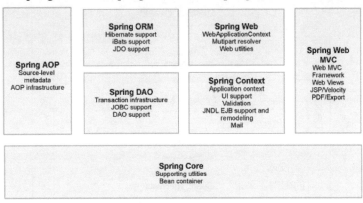

● 图 11-1　Spring 框架图

表 11-1 详细介绍了各个模块的作用。

表 11-1　Spring 模块介绍

模块	描述
Spring AOP	Spring 集成了所有 AOP 功能。通过事务管理可以使任意 Spring 管理的对象 AOP 化。Spring 提供了用标准 Java 语言编写的 AOP 框架，它的大部分内容都是基于 AOP 联盟的 API 开发的。它使应用程序抛开 EJB 的复杂性，但拥有传统 EJB 的关键功能
Spring ORM	提供了对现有的 ORM 框架的支持，如 Hibernate、JDO 等
Spring DAO	提供了对 DAO（Data Access Object，数据访问对象）模式和 JDBC 的支持。DAO 可以实现把业务逻辑与数据库访问的代码实现分离，从而降低代码的耦合度。这个模块通过对 JDBC 的抽象，简化了开发工作。同时简化了对异常的处理　（可以很好地处理不同数据库厂商抛出的异常）
Spring Web	WEB 模块提供对常见框架如 Struts1，WEBWORK（Struts 2），JSF 的支持，Spring 能够管理这些框架，将 Spring 的资源注入给框架，也能在这些框架的前后插入拦截器
Spring Context	扩展核心容器，提供了 Spring 上下文环境，给开发人员提供了很多非常有用的服务。如国际化、Email 和 JNDI 访问等
Spring Web MVC	WEB MVC 模块为 Spring 提供了一套轻量级的 MVC 实现，在 Spring 的开发中，我们既可以用 Struts 也可以用 Spring 自己的 MVC 框架，相对于 Struts，Spring 自己的 MVC 框架更加简洁和方便
Spring Core	Spring 框架的核心容器，它提供了 Spring 框架的基本功能。这个模块中最主要的一个组件为 BeanFactory，它使用工厂模式来创建所需的对象。同时 BeanFactory 使用 IOC 思想，通过读取 xml 文件的方式来实例化对象。可以说 BeanFactory 提供了组件生命周期的管理、组件的创建、装配、销毁等功能

Spring 在 J2EE 中到底扮演着怎样的角色？在哪些地方可以使用 Spring 呢？如图 11-2 所示。

从图 11-2 中可以看出，Spring 有着非常广泛的用途，不仅可以在 Web 容器中用来管理 Web 服务端的模块，而且还可以用来管理用于访问数据库的 Hibernate。由于 Spring 在管理 Business Object（业务对象）与 DAO 的时候使用了 IOC 和 AOP 的思想，因此这些被 Spring 管理的对象都可以脱离 EJB 容器单独运行和测试。在需要被 Spring 容器管理的时候只需要增加配置文件即可，Spring 框架就会根据配置文件与相应的机制实现对这些对象的管理。

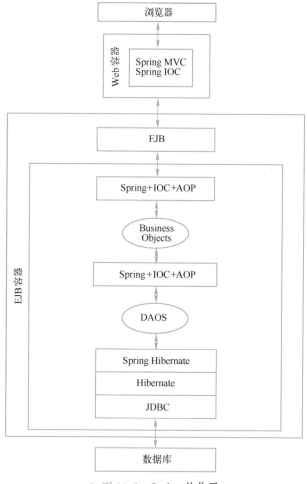

● 图 11-2　Spring 的作用

除此之外，使用 Spring 还有如下诸多的优点：

1）在使用 J2EE 开发多层应用程序的时候，Spring 有效地管理中间层的代码，由于 Spring 采用了依赖注入和面向切面编程的思想，因此这些代码非常容易进行单独测试。

2）使用 Spring 有助于开发人员培养一个良好的编程习惯：面向接口编程而不是面向类编程。面向接口编程使得程序有更好的可扩展性。

3）Spring 对数据的存取提供了一个一致的框架，不论是使用 JDBC 还是 O/R 映射的框架，比如 Hibernate 或 JDO。

4）Spring 通过支持不同的事务处理 API（如 JTA、JDBC、Hibernate 等）的方法对事务的管理提供了一致的抽象方法。

5）使用 Spring 框架编写的大部分业务对象不需要依赖于 Spring。

↗11.1.3　**Spring** 框架的设计模式

1. 工厂模式

工厂模式（Factory Pattern）是 Java 中最常用的设计模式之一。这种类型的设计模式属于创建型模式，它提供了一种创建对象的最佳方式。在工厂模式中，我们在创建对象时不会对客户端暴露创建逻辑，并且是通过使用一个共同的接口来指向新创建的对象。Spring 中可以使用工厂模式通过

BeanFactory 或者 ApplicationContext 创建 Bean 对象。

简单工厂又称为静态工厂方法（StaticFactory Method）模式。简单工厂模式的实质是由一个工厂类根据传入的参数，动态决定应该创建哪一个产品类。Spring 中的 BeanFactory 就是简单工厂模式的体现，根据传入一个唯一的标识来获得 bean 对象，但是否是在传入参数后创建还是传入参数前创建这个要根据具体情况来定。例如以下代码就使用了简单工厂模式：

```java
public interface Product {
    // ...
}

public class ProductA implements Product {
    // ...
}

public class ProductB implements Product{
    // ...
}

// 声明 Bean
@Bean
@Qualifier("productA")
public Product getProductA() {
    return new ProductA();
}

@Bean
@Qualifier("productB")
public Product getProductB() {
    return new ProductB();
}

// 使用 Product
@Autowired
@Qualifier("productA")
private Product productA;
```

ProductA 和 ProductB 通过@Qualifier 来进行区分，使用的时候通过 Product 接口调用方法，只要更改配置，就能知道使用哪个"产品"。

2．单例模式

单例模式是指一个类全局只有一个实例，Spring 框架中默认的 Bean 是单例的。

3．适配器模式

适配器模式（Adapter Pattern）是作为两个不兼容的接口之间的桥梁。例如，旧的接口规范和新的接口调用方式不兼容，在这种情况下，可以在中间添加一个适配器，适配器提供新的接口调用方式，但是在内部使用的是旧的接口。Spring AOP 模块对 BeforeAdvice、AfterAdvice 和 ThrowsAdvice 三种通知类型的支持实际上是借助适配器模式来实现的。Spring 中以 Adapter 结尾的类都是使用了适配器模式，例如 AdvisorAdapter，示例代码如下：

```java
public class DemoAdvisorAdapter implements AdvisorAdapter {
    @Override
    public boolean supportsAdvice(Advice advice) {
        return false;
    }

    @Override
    public MethodInterceptor getInterceptor(Advisor advisor) {
        return null;
    }
}
```

AdvisorAdapter 使用方法拦截的方式来实现适配器。

4. 装饰器模式

装饰器模式是指动态给一个对象添加一些额外的职责，就增加功能来说，装饰者比继承更加灵活。例如，已经有了登录功能，需要添加一个新功能，登录的时候发送短信通知，原有的类为：

```java
public interface ILoginService {
    void login(String userName, String password);
}

public class LoginService implements ILoginService {

    @Override
    public void login(String userName, String password) {
        // ...
    }
}
```

装饰类为：

```java
public class LoginServiceDecorator implements ILoginService {
    private LoginService loginService;

    public LoginServiceDecorator(LoginService loginService) {
        this.loginService = loginService;
    }

    @Override
    public void login(String userName, String password) {
        // 发送短信
        sendMessage();
        // 调用登录
        loginService.login(userName, password);
    }

    private void sendMessage() {
        // ...
    }
}
```

通过 LoginServiceDecorator，为 LoginService 扩展了短信通知的功能，而没有直接修改原来的类，调用时只使用 ILoginService，这样原始的类和调用的地方都无须修改。Spring 中用到的包装器模式在类名上有两种表现：一种是类名中含有 Wrapper，另一种是类名中含有 Decorator。基本上都是动态地给一个对象添加一些额外的职责。

5. 代理模式

代理模式是指一个类代表另一个类的功能，Spring 的 AOP 实现基本上都是通过代理模式，代理模式和装饰器模式实现方式很相似，它们的区别是装饰器模式是对现有功能的扩展，代理模式是完成其他的功能。例如登录的时候发送短信是对登录功能的扩展，是装饰器模式，如果登录之前需要网络检查、请求签名是通过代理实现。

6. 观察者模式

观察者模式又被称为发布-订阅（Publish/Subscribe）模式，属于行为型模式的一种，它定义了一种一对多的依赖关系，让多个观察者对象同时监听某一个主题对象。这个主题对象在状态变化时，会通知所有的观察者对象，使他们能够自行更新。Spring 中的 ApplicationListener 就是使用的观察者模式。

7. 模板方法

模板方法模式是类的行为模式。先准备一个抽象类，将部分逻辑以具体方法以及具体构造方法的形式实现，然后声明一些抽象方法来迫使子类实现剩余的逻辑。不同的子类可以以不同的方式实现这些抽象方法，从而对剩余的逻辑有不同的实现。这就是模板方法模式的用意。Spring 以 Template 结尾都是模板方法，例如数据库访问的类 JdbcTemplate 和 Http 请求的类 RestTemplate。

↗11.1.4　IOC

控制反转（Inversion of Control，IOC）。控制反转是面向对象编程中的一种设计原则，用来减低系统之间的耦合度。控制反转是指将控制权从应用程序中转移到框架，在 Spring 中控制权转移到了 IOC 容器。举例来说，一个汽车（Car）需要轮子（Wheel），一般情况下，我们需要在创建 Car 对象的时候 new 一个 Wheel 对象，示例代码如下：

```
public class Car {
    private Wheel mWheel = new Wheel();
}
```

引入了 IOC 之后，控制权由 Car 对象转移到了 IOC 容器，Wheel 对象由 IOC 容器来创建，例如：

```
public class Car {
    private Wheel mWheel;

    @Autowired
    public void setWheel(Wheel wheel) {
        this.mWheel = wheel;
    }
}
```

这里的 Wheel 可以设计成一个接口，然后在运行的时候指定实现类，当 Wheel 的业务有修改时，只要修改一下关于 Wheel 配置，而不会影响 Car 的代码。

依赖注入（Dependency Injection，DI），控制反转和依赖注入通常一起来讨论，控制反转是一种设计思想，而依赖注入是一种是控制反转的一种实现方式。依赖注入是指调用方不直接使用依赖，而是使用传递的方式来将依赖"注入"给调用方。在上例中使用的 setter 方法就可以认为是一种最简单的注入方法。

IOC 的好处是程序员无需要关心对象的创建和维护它们之间的依赖关系。只要做好相关配置，Spring IOC 容器就会负责管理。程序员只需要关心业务逻辑的实现。

通过 IOC，能实现面向接口的编程。在调用类（这个类必须是 Spring IOC 容器维护）只需要声明一个接口变量，IOC 容器将注入调用类所需要的实例。业务层或业务系统之间只通过接口来向外暴露功能。降低了程序内部或系统之间的耦合性。

采用 IOC 机制能够提高系统的可扩展性，如果对象之间通过显示地调用进行交互会导致调用者与被调用者存在着非常紧密的联系，其中一方的改动将会导致程序出现很大的改动，例如：要为一家卖茶的商店提供一套管理系统，在这家商店刚开业的时候只卖绿茶（Green Tea），随着规模的扩大或者根据具体销售量，未来可能会随时改变茶的类型，例如红茶（Black Tea）等，传统的实现方法会针对茶抽象化一个基类，绿茶类只需要继承自该基类即可。如图 11-3 所示。

采用该实现方法后，在需要使用 GreenTea 的时候只需要执行以下代码即可：AbstractTea t = new GreenTea()，当然，这种方法是可以满足当前设计要求的。但是该方法的可扩展性不好，存在着不恰当的地方，例如，当商家发现绿茶的销售并不好，决定开始销售红茶（Black Tea）时，那么只需要实现一个 BlackTea 类，并且让这个类继承自 AbstractTea 即可。但是，在系统中所有用到 AbstractTea t = new GreenTea()的地方都需要被改为 AbstractTea t = new BlackTea()，而这种创建对象实例的方法往往会导致程序的改动量非常大。

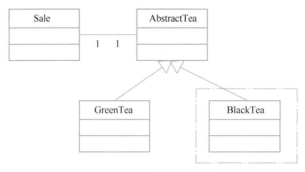

● 图 11-3　卖茶系统类图

那么怎样才能增强系统的可扩展性呢？想到了设计模式，此时可以使用设计模式中的工厂模式来把创建对象的行为包装起来，实现方法如图 11-4 所示。

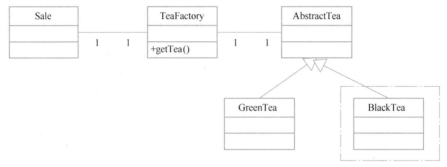

● 图 11-4　卖茶系统类图

通过以上方法，可以把创建对象的过程委托给 TeaFatory 来完成，在需要使用 Tea 对象的时候只需要调用 Factory 类的 getTea 方法即可，具体创建对象的逻辑在 TeaFactory 中来实现，那么当商家需要把绿茶替换为红茶的时候，系统中只需要改动 TeaFactory 中创建对象的逻辑即可，当采用了工厂模式后，只需要在一个地方做改动就可以满足要求，从而增强了系统的可扩展性。

虽然说采用工厂设计模式后增强了系统的可扩展性。但是从本质上来讲，工厂模式只不过是把程序中会变动的逻辑移动到工厂类里面了，当系统中的类较多的时候，在系统扩展的时候需要经常改动工厂类中的代码。而采用 IOC 设计思想后，程序将会有更好的可扩展性，下面主要介绍 Spring 框架在采用 IOC 后的实现方法，如图 11-5 所示。

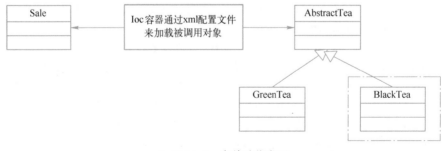

● 图 11-5　卖茶系统类图

Spring 容器将会根据配置文件来创建调用者对象（Sale），同时把被调用的对象（AbstractTea 的子类）的实例化对象通过构造函数或 set 方法的形式注入调用者对象中。

首先，创建名为 SpringConfig.xml 的文件。

```
<beans>
```

```
                <bean   id="sale" class="Sale" singleton="false">
                    <constructor-arg>
                        <ref bean="tea"/>
                    </constructor-arg>
                </bean>
                <bean   id="tea" class="BlueTea" singleton="false">
        </beans>
```

在实现 Sale 类的时候，需要按照如下方式实现。

```
class Sale{
    private AbstractTea t;
    public Sale(AbstractTea t){
        this.t=t;
    }
    //其他方法就可以使用 t 了
}
```

当 Spring 容器在创建 Sale 对象的时候，根据配置文件 SpringConfig.xml 就会创建一个 BlueTea 的对象，作为 Sale 构造函数的参数。当需要把 BlueTea 改为 BlackTea 时只需要修改上述配置文件即可，而不需要修改代码。

在需要 Sale 的时候可以通过如下方式来创建 Sale 对象：

```
ApplicationContext xtx=new FileSystemXmlApplicationContext("SpringConfig.xml");
Sale s=(Sale)ctx.getBean("sale");
```

上例 Spring 采用 IOC 的方式来实现把实例化的对象注入开发人员自定义的对象中。有较强的可扩展性。

具体而言，IOC 主要有以下几个方面的优点：

1）通过 IOC 容器，开发人员不需要关注对象如何被创建的，同时增加新的类也非常方便，只需要修改配置文件即可，即可以实现对象的热插拔。

2）IOC 容器可以通过配置文件来确定需要注入的实例化对象，因此非常便于进行单元测试。

尽管如此，IOC 也有自身的缺点：

1）对象的是通过反射机制实例化出来的，因此会对系统的性能有一定的影响。

2）创建对象的流程变得比较复杂。

↗11.1.5　Spring IOC 容器

Spring 开发中使用到的 IOC 容器主要有两个：BeanFactory 和 ApplicationContext。

BeanFactory 是基础类型 IOC 容器，提供完整的 IOC 服务支持。如果没有特殊指定，默认采用延迟初始化策略（lazy-load）。只有当客户端对象需要访问容器中的某个受控对象的时候，才对该受控对象进行初始化以及依赖注入操作。所以，相对来说，容器启动初期速度较快，所需要的资源有限。对于资源有限，并且功能要求不是很严格的场景，BeanFactory 是比较合适的 IOC 容器的选择。

ApplicationContext 在 BeanFactory 的基础上构建的，是相对比较高级的容器实现，除了拥有 BeanFactory 的功能，ApplicationContext 还提供了其他高级特性，比如事件发布和国际化信息支持等特性。ApplicationContext 所管理的对象，在该类型容器启动之后，会默认全部初始化并绑定完成。所以，相对于 BeanFactory 来说，ApplicationContext 要求更多的系统资源。同时，因为在启动时就完成所有初始化，容器启动时间较之 BeanFactory 也会长一些。在那些系统资源充足，并且要求更多功能的场景中，ApplicationContext 类型的容器是比较合适的选择。

BeanFactory 和 ApplicationContext 的区别见表 11-2：

表 11-2　**BeanFactory** 和 **ApplicationContext** 的区别

BeanFactory	ApplicationContext
使用懒加载	使用即时加载
使用语法显式提供资源对象	自己创建和管理资源对象
不支持国际化	支持国际化
不支持基于依赖的注解	支持基于依赖的注解

引申：**IOC** 容器的初始化过程是怎样的？

Spring IOC 容器中管理的对象称为 Bean，Spring 启动时读取应用程序提供的 Bean 配置信息，并在 Spring 容器中生成一份相应的 Bean 配置注册表，然后根据这张注册表实例化 Bean，装配好 Bean 之间的依赖关系，为上层应用提供准备就绪的运行环境。Spring 的 IOC 实现主要分为两个部分：容器的初始化阶段和加载 Bean 阶段。容器的初始化阶段可以简单描述为：

1）加载 Bean 的配置。

2）读取配置，保存成 IOC 容器内部的数据结构 BeanDefinition。

3）容器扫描 Bean 定义注册表中的 BeanDefinition 对象，对 Bean 进行实例化。

↗11.1.6　**AOP** 的实现方法

面向切面编程即 AOP（Aspect oriented programming）。在面向切面的编程思想里，把功能分为核心业务功能和周边功能，在添加周边功能的时候，要做到不去影响核心业务功能，例如用户的请求、数据增删是核心业务功能，日志和反作弊这些是周边功能，在增加新的日志和增加新的反作弊策略的时候，不应该去影响核心的业务功能。

AOP 有以下几个比较重要的概念：

切入点(Pointcut)：在哪些类和方法上切入。

增强/通知(Advice)：定义在方法执行的时候实际做什么，Spring AOP 提供了 5 种 Advice 类型：前置、后置、返回、异常、环绕。

织入(Weaving)：将增强/通知添加到目标类的具体连接点上的过程。

切面(Aspect)：切面由切点和增强/通知组成，它既包括了横切逻辑的定义、也包括了连接点的定义。也就说，它定义了在什么地方、什么时候、做什么增强。

Spring AOP 是通过代理来实现的，代理模式是一种设计模式，它提供了对目标对象额外的访问方式，即通过代理对象来间接访问目标对象，这样可以在不修改原目标对象的前提下，提供额外的功能操作，扩展目标对象的功能。简言之，代理模式就是设置一个中间代理来控制访问原目标对象，以达到增强原对象的功能和简化访问方式。Spring AOP 代理的实现又分为两种：静态代理和动态代理。

静态代理与动态代理的区别主要为：

1）静态代理在编译时就已经实现，编译完成后代理类是一个实际的 class 文件。

2）动态代理是在运行时动态生成的，即编译完成后没有实际的 class 文件，而是在运行时动态生成类字节码，并加载到 JVM 中。

静态代理

静态代理类通常都是在 Java 代码中定义，或者通过编译器生成相关代码，这种方式的优点是可以在不修改目标对象的前提下扩展目标对象的功能。例如，有一个专门用来登录的类 LoginService：

```
public class LoginService {

    @Override
    public void login(String userName, String password) {
        // ...
```

```
        }
    }
```

如果有业务需求，需要将用户名打印出来，一般情况下都会直接修改 login()方法，当然这样不是一个好的处理方式，因为一方面业务是随时会改，这会导致反复去修改核心逻辑的代码，另一方面不符合软件设计的开闭原则和单一职责原则。在这种情况下可以使用静态代理的方式来解决这个问题，示例代码如下：

```java
// 声明一个登录用的接口
public interface ILoginService {
    void login(String userName, String password);
}

public class LoginService implements ILoginService {

    @Override
    public void login(String userName, String password) {
        // ...
    }
}

public class LoginServiceProxy implements ILoginService {

    // 代理类依赖被代理的对象
    private ILoginService loginService;

    @Override
    public void login(String userName, String password) {
        System.out.println(userName);
        // 调用被代理对象的接口
        loginService.login(userName, password);
    }
}

// 调用的地方使用接口
ILoginService service = new LoginServiceProxy();
service.login("", "");
```

修改后，调用登录的地方使用接口，输出用户名的功能由代理类实现，这样不仅不需要修改登录功能的实现类，而且如果有多个登录实现类，代理类的功能也可以复用。 静态代理的缺点是代理类和被代理的类一直处于强耦合，如果被代理的类修改了，代理类也需要修改，另外通过上面的代码也能看出，静态代理需要写很多代码。

动态代理

动态代理利用了 JDK API，动态地在内存中构建代理对象，从而实现对目标对象的代理功能。动态代理又被称为 JDK 代理或接口代理。Spring 的动态代理有两种，JDK 动态代理和 CGLIB 动态代理，JDK 动态代理要求被代理的类必须实现一个接口，该接口的实现都可以被代理，如果目标没有实现一个接口，那么只能使用 CGLIB 动态代理。CGLIB（Code Generation Library）是一个基于 ASM 的字节码生成库，它允许在运行时对字节码进行修改和动态生成。CGLIB 通过继承方式实现代理。

下面介绍一个在 Spring 中使用 AOP 编程的简单例子。

1）创建一个接口以及实现这个接口的类。TestAOPIn.java 内容如下所示。

```java
public interface TestAOPIn{
    public void doSomething();
}
```

TestAOPImpl.java 内容如下所示。

```java
public class TestAOPImpl implements TestAOPIn{
    public void doSomething(){
        System.out.println("TestAOPImpl:doSomething");
```

```
    }
}
```

2）配置 SpringConfig.xml，使得这个类的实例化对象可以被注入使用这个对象的 Test 类中。

```xml
<?xml version="1.0" encoding="UTF-8"?>
<!DOCTYPE beans PUBLIC "-//SPRING//DTD BEAN//EN" "http://www.springframework.org/dtd/spring-beans.dtd">

<beans>
<bean id="testAOPBean" class="org.springframework.aop.framework.ProxyFactoryBean">
    <property name="target">
        <bean class="testAOPIn" singleton="false" />
    </property>
</bean>
</beans>
```

3）在完成配置文件后，编写测试代码如下所示。

```java
import org.springframework.context.ApplicationContext;
import org.springframework.context.support.FileSystemXmlApplicationContext;

public class Test {
    public static void main(String[] args) {
        ApplicationContext   ctx = new FileSystemXmlApplicationContext("SpringConfig.xml ");
        TestAOPIn t = (TestAOPIn)ctx.getBean("testAOPBean");
        t.doSomething();
    }
}
```

运行程序，输出结果为：

```
TestAOPImpl:doSomething
```

当编写完这个模块后，开发人员需要增加对 doSomething()方法调用的跟踪，也就是说要跟踪该方法什么时候被调用的以及什么时候调用结束的等内容。当然，使用传统的方法也可以实现该功能，但是却会产生额外的开销，即需要修改已存在的模块。所以，可以采用如下的方式来实现这个功能。

```java
public class TestAOPImpl implements TestAOPIn{
    public void doSomething(){
            System.out.println("beginCall    doSomething");
            System.out.println("TestAOPImpl:doSomething");
            System.out.println("endCall    doSomething");
    }
}
```

此时可以采用 AOP 的编程方式来完成。它在不修改原有模块的前提下可以完成相同的功能。实现原理如图 11-6 所示。

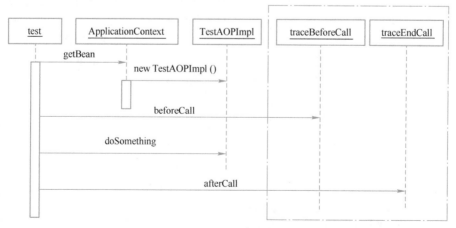

● 图 11-6　AOP 实现序列图

为此需要提供用来跟踪函数调用的类，traceBeforeCall.java 文件内容如下所示。

```java
public class   traceBeforeCall implements MethodBeforeAdvice   {
   public void beforeCall (Method arg0, Object[] arg1, Object arg2) throws Throwable {
       System.out.println("beginCall doSomething ");
   }
}
```

traceEndCall.java 文件内容如下所示。

```java
import java.lang.reflect.Method;
import org.springframework.aop.AfterReturningAdvice;

public class   traceEndCall   implements AfterReturningAdvice {
   public void afterCall(Object arg0, Method arg1, Object[] arg2, Object arg3)   throws Throwable {
     System.out.println("endCall doSomething);
   }
}
```

只需要在配置文件中配置在调用 doSomething()方法之前需要调用 traceBeforeCall 类的
beforeCall()方法，在调用 doSomething()方法之后需要调用 traceEndCall 类的 afterCall 方法，spring
容器就会根据配置文件在调用 doSomething()方法前后自动调用相应的函数，通过在 beforeCall()方法
和 afterCall()方法方法中添加跟踪的代码就可以满足对 doSomething()方法调用的跟踪要求，同时还
不需要更改原来以实现的代码的模块。

↗11.1.7　Spring AOP 的注解

Spring 2.0 之后提供了使用注解配置 AOP 的方式，开启的方法是在 XML 中配置：

```xml
<aop:aspectj-autoproxy/>
```

或者在任意配置类添加：

```java
@Configuration
@EnableAspectJAutoProxy
public class Config {
    // ...
}
```

配置完成后就可以使用注解添加切面。

Spring AOP 常用的注解有以下几个：

@Aspect

@Aspect 使用在 Bean Class 上，被@Aspect 注解的 Bean 作为 AOP 的配置类，可以在里面添加
关于切面的配置，示例代码如下：

```java
@Aspect
@Component
public class MyAspectConfg {
    // ...
}
```

@Pointcut

@Pointcut 使用在方法上，用来定义哪些方法需要被拦截或者增强，使用方法如下：

```java
@Pointcut(value = "execution(public * com.example.demo.LoginService.login(..))")
public void pointCut(String userName, String password) {
}
```

@Pointcut 注解的 value 参数值符合 AspectJ 的语法，execution 表示是执行函数，public *
com.example.demo.LoginService.login(..) 是匹配的对应的函数。

@Before

前置通知，在方法执行之前执行。

@After

后置通知，在方法执行之后执行。

@AfterRunning

返回通知，在方法正常返回结果之后执行。

@AfterThrowing

异常通知，在方法抛出异常之后执行。

@Around

包围一个连接点（join point）的通知，如方法调用。这是最强大的一种通知类型。环绕通知可以在方法调用前后完成自定义的行为。它也会选择是否继续执行连接点或直接返回它们自己的返回值或抛出异常来结束执行。

↗11.1.8　**Spring Bean** 的基本概念

Spring Bean 是构成用户应用程序主干的 Java 对象。由 Spring IOC 容器管理 Bean 是基于用户提供给容器的配置元数据创建、配置、装配和管理，一个 Spring Bean 的定义包含容器所必需的所有配置元数据，包括如何创建一个 bean，它的生命周期详情及它的依赖。

（1）作用域

Spring 支持 5 种作用域，Singleton 与 Prototype 是基本作用域，适用于所有 Bean，Singleton 是 Spring 默认的作用域。Request、Session、GlobalSession 是 Web 作用域，只有在 Web 应用中使用 Spring 时，这三个作用域才有效。现分别介绍如下：

1）Singleton：单例模式，在 Spring IOC 容器中，使用 Singleton 作用域的 Bean 将只有一个实例。

2）Prototype：原型模式，每次注入，Spring IOC 容器都将创建一个新的 Bean 实例。

3）Request：对于每次 HTTP 请求，使用 Request 作用域的 Bean 都会创建一个新实例，即每次 Http 请求将会产生不同的 Bean 实例。

4）Session：对于每次 HTTP Session，使用 Session 作用域的 Bean 都会创建一个新实例。

5）GlobalSession：同一个全局的 HTTP Session，只会创建一个新实例。典型情况下，仅在使用 portlet context 的时候有效。

比较常用的是 Singleton 和 Prototype 两种作用域。Spring 默认使用 Singleton 作用域，容器会管理 Bean 的整个生命周期。而使用 Prototype 作用域时，容器创建实例交给调用组件后，将不再管理维护该实例。使用 Singleton 作为作用域的好处，是可以节省频繁创建与销毁实例的开销。但要注意，在单例模式下，Bean 不是线程安全的。

（2）生命周期

Spring Bean 的完整生命周期从创建 Spring 容器开始，直到最终 Spring 容器销毁 Bean，这其中包含了一系列关键点。Spring Bean 的生命周期如图 11-7 所示：

Spring 只会帮助用户管理单例模式 Bean 的完整生命周期，对于 prototype 类型的 Bean，Spring 在创建好交给使用者之后则不会再管理后续的生命周期。

Spring Bean 的生命周期可以简单概括为以下步骤：

1）对 Bean 进行实例化。

2）注入 Bean 的值和属性。例如使用 @Autowired 注解的属性。

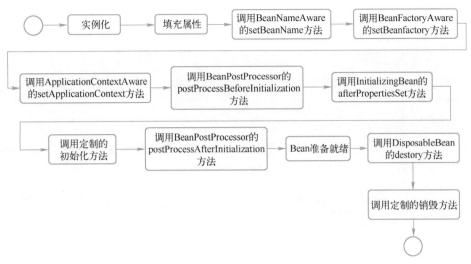

● 图 11-7　Spring Bean 的生命周期

3）如果 Bean 实现了 BeanNameAware 接口，Spring 将 Bean 的 ID 传递给 setBeanName()方法。

4）如果 Bean 实现了 BeanFactoryAware 接口，Spring 将调用 setBeanFactory() 方法并把 BeanFactory 容器实例作为参数传入。实现 BeanFactoryAware 主要目的是为了获取和使用 Spring 容器，例如 Bean 通过 Spring 容器发布事件等。

5）如果 Bean 实现了 ApplicationContextAware 接口，Spring 容器将调用 setApplicationContext() 方法，把 ApplicationContext 作为参数传入。

6）如果 Bean 实现了 BeanPostProcessor 接口，Spring 将调用它们的 postProcessBeforeInitialization() 方法，该方法作用是在 Bean 实例创建成功后进行一些增强处理，例如对 Bean 进行修改，增加某个功能。

7）如果 Bean 实现了 InitializingBean 接口，Spring 将调用它们的 afterPropertiesSet()方法，这个方法作用与在配置文件中对 Bean 使用 init-method 声明初始化的作用一样，都是在 Bean 的全部属性设置成功后执行的初始化方法。

8）如果 Bean 实现了 BeanPostProcessor 接口，Spring 将调用它们的 postProcessAfterInitialization() 方法。

9）如果 Bean 实现了 DisposableBean 接口，Spring 将调用它的 destory 方法。

（3）自动装配方式

Spring 容器可以自动装配 Bean。自动装配的有以下方式：

1）No：这是 xml 配置时的默认设置，表示没有自动装配。应使用显式 Bean 引用进行装配。

2）byName：它根据 Bean 的名称注入对象依赖项。它匹配并装配其属性与 xml 文件中由相同名称定义的 Bean。

3）byTyp：它根据类型注入对象依赖项。如果属性的类型与 XM 文件中的一个 Bean 名称匹配，则匹配并装配属性。

4）构造方法：它通过调用类的构造方法来注入依赖项。它有大量的参数。

5）autodetect：首先容器尝试通过构造函数使用 autowire 装配，如果不能，则尝试通过 byType 自动装配。

引申：什么是 Spring 的内部 Bean？

Spring 的内部 Bean 是指一个 Bean 仅用于一个特定的属性，例如下面的代码：

```
public class Outer {
```

```
            private Inner inner;

            public void setInner(Inner inner) {
                this.inner = inner;
            }
        }

        public class Inner {
            // ...
        }
```

Inner 只会在 Outer 中使用，这时候注册 Inner Bean 的时候需要将 Bean 的声明写在 Outer Bean 的内部，xml 配置如下：

```xml
<beans>
    <bean id="outer" class="com.example.demo.Outer">
        <property name="inner">
            <bean class="com.example.demo.Inner"></bean>
        </property>
    </bean>
</beans>
```

内部 Bean 不需要写 ID，也不能给外部使用。

↗11.1.9　Spring 的注解

Spring 常用的注解可以简单分为组件类注解、装配 Bean 的注解和配置类的注解。

组件类注解

组件类注解作用在类或者方法上，用来标识需要处理的 Java 类。Spring 常用的组件类注解有：

- @Component：用来标识一个普通的 Spring Bean 类。
- @Repository：用来标识一个 DAO 组件类。
- @Service：用来标识一个业务组件类。
- @Controller：用来标识一个控制器组件类。

@Component、@Repository、@Service、@Controller 实质上属于同一类注解，用法相同，功能相同，区别在于标识组件的类型。

装配 Bean 的注解

装配 Bean 的注解主要是@Autowired 和@Resource，@Autowired 是 Spring 的注解，@Resource 是 javax.annotation 注解的注解。@Autowired 默认按照类型注入，@Resource 默认按照名称注入。

配置类的注解

配置类的注解作用于类和方法上，可以替代在 xml 的配置，常用的配置类注解有：

- @Configuration：注解在类上，声明当前类为配置类。
- @Bean：注解在方法上，声明当前方法的返回值为一个 Bean。
- @ComponentScan：用于对 Component 进行扫描。
- @WishlyConfiguration：为@Configuration 与@ComponentScan 的组合注解，可以替代这两个注解。

↗11.1.10　Spring Bean 的配置方式

在 Spring 中，构成应用程序主干并由 Spring IOC 容器管理的对象称为 Bean。Bean 是一个由 Spring IOC 容器实例化、组装和管理的对象。Spring Bean 主要有三种配置的方式：

（1）基于 xml 文件的配置方式

xml 文件的配置方式是传统的配置方式，xml 根结点是<beans>，每个<bean>结点表示一个

Spring Bean。下面的示例配置了两个 Bean。

```xml
<?xml version="1.0" encoding="UTF-8"?>
<beans xmlns="http://www.springframework.org/schema/beans"
        xmlns:xsi="http://www.w3.org/2001/XMLSchema-instance"
        xsi:schemaLocation="http://www.springframework.org/schema/beans
         https://www.springframework.org/schema/beans/spring-beans.xsd">

    <bean id="heater" class="com.example.demo.bean.Heater">
        <property name="minTemperature" value="20"/>
    </bean>
    <bean id="pump" class="com.example.demo.bean.Pump"/>
</beans>
```

（2）基于注解的配置方式

Spring 从 2.0 引入了基于注解的配置方式，通过在 Bean 的实现类上添加注解实现，例如使用 @Component 来实现配置。

```java
@Component
public class Heater {

    @Value("${min_temperature}")
    private int minTemperature;

    public int getMinTemperature() {
        return minTemperature;
    }
}
```

（3）基于 Java 类的配置方式

从 Spring 3.0 开始可以使用一个 Java 类文件来定义 Spring 的元数据，这个类可以替换 xml 的文件配置。任何一个 Java 类添加@Configuration 注解，这个类的使用@Bean 注解的方法就是 Bean 的配置，示例代码如下：

```java
@Configuration
public class DemoConfig {
    @Bean
    public Heater provideHeater() {
        return new Heater(20);
    }

    @Bean
    public Pump providePump() {
        return new Pump();
    }
}
```

基于注解的配置和 Java 类的配置的使用了组件扫描，添加了相关注解的类和方法可以被容器扫描到。

↗11.1.11　Spring Bean 的注入方式

Spring 常见的注入方式有三种：构造方法注入、setter 注入和基于注解的注入。

（1）构造方法注入

如果构造方法中的参数和注入的 Bean 相匹配，IOC 会自动注入这个 Bean，示例代码如下：

```java
public class UserService implements IUserService {
    private IUserDao userDao;

    public UserService(IUserDao userDao) {
        this.userDao = userDao;
    }
}
```

类 UserService 的构造方法参数类型 IUserDao，我们只要注册了 UserService Bean 和 UserDao Bean 并且配置要注入的参数，就可以在 IOC 容器中通过类型获取到 UserService，xml 配置文件如下：

```
<bean id="userService" class="com.example.demo.UserService">
    <constructor-arg ref="userDao"></constructor-arg>
</bean>

<bean id="userDao" class="com.example.demo.UserDao"></bean>
```

（2）setter 注入

setter 注入是属性注入，在 Java 中，一般使用 setter 和 getter 方法组成一个可读写的属性，只有 getter 方法的就是只读属性，例如 setUserDao()对应的属性是 userDao。在 xml 配置文件中使用 property 标签配置属性，例如 Bean 的 Class 声明如下：

```
public class UserService implements IUserService {
    private IUserDao userDao;

    public void setUserDao(IUserDao userDao) {
        this.userDao = userDao;
    }
}
```

需要注入的属性是 userDao，xml 配置文件如下：

```
<bean id="userService" class="com.example.demo.UserService">
    <property name="userDao" ref="userDao"></property>
</bean>

<bean id="userDao" class="com.example.demo.UserDao"></bean>
```

（3）基于注解的注入

Spring 通过注解来注入主要有两种方式：@Resource 和 @Autowired。

@Resource 默认以名称匹配的方式去匹配与属性名相同的 Bean 的 ID，如果没有找到就会以 byType 的方式查找，如果 byType 查找到多个的话，使用@Qualifier 注解指定某个具体名称的 Bean。

@Autowired 默认是以类型匹配的方式去匹配类型相同的 Bean，如果只匹配到一个，那么就直接注入该 Bean，如果匹配到多个，就会调用 DefaultListableBeanFactory 的 determineAutowireCandidate 方法来决定具体注入哪个 Bean。determineAutowireCandidate 方法匹配的顺序是：

1）首先是有 @Primary 注解的 Bean。

2）其次是有 @Order、@PriorityOrder 注解的 Bean。

3）最后再以名称匹配的方式去查找相匹配的 Bean。

↗11.1.12　Spring 支持的数据库类型

Spring 几乎可以支持所有的数据库类型，首先 Spring 支持通过 JDBC（Java Database Connectivity）接入数据库，MySQL、Oracle、PostgreSQL 等数据库都支持 JDBC。另外 Spring 还支持 NoSQL 数据库例如：MongoDB 和 Neo4j 等。

JDBC、Hibernate 和 MyBatis 有什么区别呢？

JDBC 属于比较底层的数据库操作，在使用的时候首先连数据库，注册驱动和数据库信息，然后打开 Connection，通过 Statement 对象执行 SQL 语句，返回的结果是通过 ResultSet 对象保存的，需要通过代码读取结果然后赋值给数据对象。在实际开发中一般不会直接使用 JDBC。

Hibernate 是建立在若干 POJO 通过 XML 映射文件（或注解）提供的规则映射到数据库表上

的。可以通过 POJO 直接操作数据库的数据，Hibernate 提供的是一种全表映射的模型，对数据库操作不需要开发人员写 SQL 语句，虽然这样很方便，但是缺乏灵活性，无法通过 SQL 进行性能优化。

MyBatis 和 Hibernate 最大的区别是仍然需要开发者自己编写 SQL，这样做的好处可以充分发挥 SQL 的优势。MyBatis 可以通过 XML 或者注解来指定映射关系，并且提供了 MyBatis Generator 代码生成工具，可以通过读取数据表生成初始代码。

11.2　Spring Boot

Spring Boot 是由 Pivotal 团队提供的全新框架，以"约定优于配置"和"开箱即用"为理念，简化了 Spring 应用的环境配置和依赖管理。是 Spring 组件的一站式处理方案，使开发者能在没有或只有很少配置的情况下，快速创建 Spring 项目，快速上手开发。

↗11.2.1　Spring Boot 的优势

Spring Boot 的最大的优势是"约定优于配置"。"约定优于配置"是一种软件设计范式，开发人员按照约定的方式来进行编程，可以减少软件开发人员需做决定的数量，简化流程，而又不失灵活性。

开发人员仅需要规定应用中不符合约定的部分。例如，如果模型中有个名为 Sale 的类，数据库中对应的表就会默认命名为 sales。只有在偏离这一约定的时候，比如将该表命名为"products_sold"，才会需要写有关这个名字的配置。如果所用工具的约定与开发人员的期待相符，便可省去配置；反之，可以通过配置来达到所期待的方式。

Spring Boot Starter、Spring Boot Jpa 都是"约定优于配置"的一种体现，都是通过"约定优于配置"的设计思路来设计的。

↗11.2.2　Spring Boot 中的 Starter

Spring Boot Starter 是一系列依赖和配置的集合，它们可以让开发者快速地去使用一个功能，省去烦琐的配置，如果不使用 Starter，想在 Spring 框架中引入新功能，至少要做以下事情：

1）添加依赖的库。

2）添加 xml 或者 Java 注解的配置。

3）反复的调试直到可以正常运行。

如果是一个复杂的功能，例如添加数据库访问功能，可能需要添加不止一个依赖库，如果依赖库没有选择正确的版本，还可能出现兼容性问题。另外如果添加的是我们不熟悉的功能，可能会在配置功能的时候添加错误的配置。使用 Starter 可以让避免这些问题，特别是在启动一个新项目的时候。Starter 可以自动添加依赖，这些依赖都是进行过测试的，和当前工程使用的 Spring 版本是兼容的。Starter 添加的配置是最优的默认配置，基本上可以做到开箱即用。

↗11.2.3　Spring、Spring Boot 和 Spring Cloud 的关系

Spring 是一个开源的轻量级 Java SE（Java 标准版本）/Java EE（Java 企业版本）开发应用框架，其目的是用于简化企业级应用程序开发。Spring Boot 是 Spring 的一套快速配置脚手架，可以快速配置一个 Spring 项目。使用 Spring Boot 可以快速开始一个项目，而且它内置 Tomcat，可以用于快速部署，所以 Spring Boot 可以用于开发微服务。微服务是一种以业务功能为主的服务设计概念，每一个服务都具有自主运行的业务功能，对外开放不受语言限制的 API（最常用的是 HTTP），应用程序则是由一个或多个微服务组成。Spring Cloud 基于 Spring Boot，为微服务体系开

发中的架构问题，提供了一整套的解决方案——服务注册与发现、服务消费、服务保护与熔断、网关、分布式调用追踪和分布式配置管理等。

↗11.2.4　**Spring Boot** 的配置文件格式

Spring Boot 提供了两种常用的配置文件格式，分别是 properties 和 yml 文件。properties 文件是键值对的形式，文件没有层级的结构，例如：

```
spring.datasource.driver-class-name=com.mysql.jdbc.Driver
spring.datasource.druid.max-active=8
spring.datasource.druid.max-wait=5000
```

yml 文件是树状结构的，可以清晰显示配置的层级，例如：

```
spring.datasource:
    driver-class-name: com.mysql.jdbc.Driver
    druid:
        max-active: 8
        max-wait: 5000
```

另外 yml 文件可以在一个文件中添加多个 profile 配置，而使用 properties 则需要多个文件，例如：

```
spring.profiles.active: prod

---
spring:
    profiles: dev

server:
    port: 10080

---
spring:
    profiles: prod

server:
    port: 10081
```

yml 文件不能使用@PropertySource 注解来加载，除此之外，yml 可以完全替代 properties 文件。

↗11.2.5　**Spring Boot** 配置加载顺序

根据 Spring Boot 的文档，配置的加载按照以下的优先级：

1）开发者工具 Devtools 全局配置参数；

2）单元测试上的 @TestPropertySource 注解指定的参数；

3）单元测试上的 @SpringBootTest 注解指定的参数；

4）命令行指定的参数，如 java -jar springboot.jar --server.port=8888；

5）命令行中的 SPRING_APPLICATION_JSON 指定参数，如 java-Dspring.application.json= '{"name": "value"}' -jar springboot.jar

6）ServletConfig 初始化参数；

7）ServletContext 初始化参数；

8）JNDI 参数（如 java:comp/env/spring.application.json）；

9）Java 系统参数（来源：System.getProperties()）；

10）操作系统环境变量参数；

11）RandomValuePropertySource 随机数，仅匹配：ramdom.*；

12）JAR 包外面的配置文件参数（application-{profile}.properties（YAML））；

13）JAR 包里面的配置文件参数（application-{profile}.properties（YAML））；

14）JAR 包外面的配置文件参数（application.properties（YAML））；

15）JAR 包里面的配置文件参数（application.properties（YAML））；

16）@Configuration 配置文件上@PropertySource 注解加载的参数；

17）默认参数（通过 SpringApplication.setDefaultProperties 指定）。

数字越小，优先级越高，如果 Property 名字相同，高优先级的会覆盖低优先级的配置。

↗11.2.6　Spring Boot 如何定义多套不同环境配置

多套环境主要用来区分开发和线上环境，可能需要连接不同的数据库，使用不同的端口，Spring Boot 可以通过指定不同的配置文件来区分不同的环境。Spring Boot 的默认配置文件是 application.properties。如果需要添加一个环境，只需要添加一个以 application 开头的配置文件，配置名称使用写在 "–" 之后，例如添加一个开发环境 dev 和一个线上环境 prod，对应的配置文件就是

```
application-dev.properties
application-prod.properties
```

默认使用的配置可以在 application.properties 中指定，对应的 Property 为 spring.profiles.active，例如：

```
spring.profiles.active=dev
```

spring.profiles.active 也可以在其他地方指定，例如运行 jar 文件的时候：

```
java -Dspring.profiles.active=dev -jar springboot.jar
```

通过命令行指定的 Property 优先级高于默认配置文件，会覆盖 application.properties 中的配置。在构建工具的过程中，也可以通过添加高优先级配置的方式启动不同的环境，例如在 Gradle 中可以添加一个 Task，在 Task 中指定 spring.profiles.active，示例代码如下：

```
tasks.register("bootRunDev", BootRun) {
    group = 'application'
    classpath = sourceSets.main.runtimeClasspath
    main = 'com.example.DemoApplication'
    systemProperty 'spring.profiles.active', 'dev'
}
```

↗11.2.7　Spring Boot 的自动配置的实现方式

Spring Boot 的字段配置通过@EnableAutoConfiguration 这个注解来开启，这个注解的声明如下：

```
@Target(ElementType.TYPE)
@Retention(RetentionPolicy.RUNTIME)
@Documented
@Inherited
@AutoConfigurationPackage
@Import(AutoConfigurationImportSelector.class)
public @interface EnableAutoConfiguration {
    // ..
}
```

通过这个注解向 Spring 容器中注册了一个 AutoConfigurationImportSelector 的 Bean，AutoConfigurationImportSelector 来自于 spring-boot-autoconfigure-x.x.x.RELEASE.jar，AutoConfigurationImportSelector 读取 jar 包下的 spring.factories 文件来获取候选的配置，spring.factories 的内容如下：

```
# Initializers
org.springframework.context.ApplicationContextInitializer=\
org.springframework.boot.autoconfigure.SharedMetadataReaderFactoryContextInitializer,\
```

```
org.springframework.boot.autoconfigure.logging.ConditionEvaluationReportLoggingListener

# Application Listeners
org.springframework.context.ApplicationListener=\
org.springframework.boot.autoconfigure.BackgroundPreinitializer

# Auto Configuration Import Listeners
org.springframework.boot.autoconfigure.AutoConfigurationImportListener=\
org.springframework.boot.autoconfigure.condition.ConditionEvaluationReportAutoConfigurationImportListener

# ...
```

spring.factories 列出了所有支持的配置的，但是有的配置在工程中不一定都会被用到，具体要加载哪些配置可以通过 AutoConfigurationImportFilter 来筛选，AutoConfigurationImportFilter 是一个接口，它的声明如下：

```
@FunctionalInterface
public interface AutoConfigurationImportFilter {
    boolean[] match(String[] autoConfigurationClasses, AutoConfigurationMetadata autoConfigurationMetadata);
}
```

它的作用是通过 match 方法筛选需要加载的配置，例如 Rabbit 的配置类加载的条件是有 RabbitTemplate 这个类，当我们在工程中加入 Rabbit 相关的 jar 包后，就符合了加载 Rabbit 配置类的条件，Spring 就会使用默认配置自动配置 Rabbit，我们就可以直接 Rabbit 相关功能，省去了创建链接等步骤。

↗11.2.8 **Spring Boot Thin jar 和 Fat jar 的区别**

Spring Boot 的可执行 jar 包又称为 Fat jar，Fat jar 包含所有的第三方依赖的 jar 包，嵌入了除 Java 虚拟机以外的所有依赖，包括 Tomcat，可以直接运行。使用 Fat jar 的好处是方便部署，由于打包了所有依赖，服务器上只需要配置好 Java 环境就可以了，不过由于 Fat jar 包含了所有依赖，所以包体积比较大，如果对包的体积比较敏感，例如上传到服务器的速度很慢，这时候就需要把 Fat jar 转换为 Thin jar。Thin jar 不包含第三方的依赖，只要工程的代码和 Tomcat 服务器，运行的时候需要指定 Lib 的目录。

 ## 11.3 **Spring MVC**

Spring MVC 是一个基于 MVC 架构的用来简化 Web 应用程序开发的应用开发框架。

MVC 是一种常见的软件架构思想，也是一种开发模式。MVC 将软件划分为三种不同的模块，分别是模型、视图和控制器。

1）模型（Model）：用于封装业务逻辑处理。

2）视图（View）：用于数据展现和操作界面。

3）控制器（Controller）：负责转发请求，对请求进行处理。

↗11.3.1 **Spring MVC 框架**

Spring 框架提供了构建 Web 应用程序的全功能 MVC 模块，可以集成第三方的 MVC 框架。Spring MVC 是 Spring 提供的 MVC 框架，支持注解配置，使用非常方便。

它主要有以下几个优点：

1）它有很好的灵活性、非侵入性和可配置性。内部提供了一个前端控制器 DispatcherServlet，开发者无须额外开发控制器对象；

2）分工明确。包括控制器、验证器、命令对象、模型对象和处理程序映射视图解析器，每一个功能的实现都由一个专门的对象负责完成；

3）可以自动绑定用户输入，并正确的转换数据类型。例如：Spring MVC 能自动解析字符串，并将其设置为模型的 int 或者 float 类型的属性；

4）使用一个名称/值的 Map 对象，实现更加灵活的模型数据传输；

5）内置了常见的校验器。可以校验用户输入，如果校验不通过，则重定向会输入表单，输入校验是可选的，并且支持编程方式及声明方式；

6）支持国际化，支持根据用户区域显示多国语言，并且进行国际化的配置操作非常简单；

7）支持多种视图技术，常见的有 JSP 及其他技术；

8）提供了一个简单而强大的 JSP 标签库，支持数据绑定功能，使得编写 JSP 页面更加容易。

⏴11.3.2　Spring MVC 的重要组件

Spring MVC 主要由以下组件构成：

1）前端控制器（DispatcherServlet）。它的作用是接收请求、响应结果，相当于转发器，有了 DispatcherServlet 就减少了其他组件之间的耦合度。

2）处理器映射器 HandlerMapping。它的作用是根据请求的 URL 来查找 Handler。

3）处理器适配器 HandlerAdapter。它的作用是调用具体的方法对用户发来的请求来进行处理。

4）视图解析器 ViewResolver。它的作用是进行视图的解析，根据视图逻辑名解析成真正的视图（View）。

5）视图 View。View 是最终呈现给用户的视图，需要开发人员实现。

⏴11.3.3　DispatcherServlet 的工作流程

DispatcherServlet 是 SpringMVC 工作流程的中心，负责调用其他的组件，这个类会在系统启动的时候被加载。它的工作流量如下：

1）当用户向服务器发送请求时，会被 DispatcherServlet 拦截。

2）DispatherServlet 解析用户访问的 URL，并调用处理器映射器 HandlerMapping。

3）处理器映射器 HandlerMapping 映射到对应的后端处理器 Handler，Handler 对象以及 Handler 对象相关的拦截器对象会被封装到 HandlerExecutionChain 对象中返回给 DispatcherServlet。

4）DispatcherServlet 根据后端处理器 Handler 对象来调用适合的处理器适配器。

5）HandlerAdapter 调用 Handler 对象执行 Handler 中的方法，在 Handler 的方法中，可以做一些额外的工作，如消息转换（如 JSON、XML 和 Java 对象的互转）、数据转换（如 String 和 Integer、Double 的互转）、数据格式化（如日期）、数据校验（后端校验），最终返回 ModelAndView 对象给 DispatcherServlet，该对象包含视图名和数据模型。

6）DispatcherServlet 根据 ModelAndView 对象来调用适合的视图解析器 ViewResolver。

7）ViewResolver 解析 Model 和 View 返回具体的 View 给 DispatcherServlet。

8）DispatcherServlet 对 View 进行渲染，返回具体的视图给客户端显示，如 JSP、JSON、XML、PDF 等。

⏴11.3.4　WebApplicationContext 的作用

WebApplicationContext 是实现 ApplicationContext 接口的子类。是专门为 Web 应用准备的一个上下文对象。它允许从相对于 Web 根目录的路径中加载配置文件完成初始化工作。从 WebApplicationContext 中可以获取 ServletContext 引用，整个 Web 应用上下文对象将作为属性放置在 ServletContext 中，以便 Web 应用环境可以访问 Spring 上下文。

↗11.3.5　**Spring MVC 常用的注解**

Spring MVC 常用的注解有 @Controller、@RequestMapping、@ResponseBody、@RequestBody、@RequestParam 等。

@Controller

@Controller 用来注解控制器，使用 @Controller 注解的类无须继承其他的类就可以成为 Spring MVC Controller 对象。分发处理器将会扫描使用了该注解的类的方法，并检测该方法是否使用了 @RequestMapping 注解。

@RequestMapping

@RequestMapping 是一个用来处理请求地址映射的注解，可用于类或方法上。用于类上时，表示类中的所有响应请求的方法都是以该地址作为父路径。

@RequestBody

@RequestBody 注解常用来处理 content-type 不是默认的 application/x-www-form-urlcoded 编码的内容，比如说：application/json 或者是 application/xml 等。一般情况下来说常用其来处理 application/json 类型。

@RequestParam、@RequestPart、@PathVariable

这三个注解都是从 Request 中请求参数，@RequestParam 用来或者请求中的键值对参数，请求的键值对可以是通过 Post 表单提交，也可以是 Url 中的 QueryParam 形式，例如：

```
http://www.example.com?param1=value1&param2=value2
```

@PathVariable 的作用是获取 Url 中的 Path 参数，例如：

```
@GetMapping("/users/{id}.json")
@ResponseBody
public User destroy(@PathVariable long id) {
    // ...
}
```

@RequestPart 用来获取 multipart/form-data 格式请求数据，@RequestPart 和 @RequestParam 区别是 @RequestParam 只能获取简单的键值对，@RequestPart 可以获取更加复杂的数据格式，例如文件和 Json、XML。

11.4　**Spring Data**

Spring Data 在保证底层数据存储特殊性的前提下，为数据访问提供一个熟悉的、一致性的、基于 Spring 的编程模型。这使得使用数据访问技术、关系数据库和非关系数据库、map-reduce 框架以及基于云的数据服务变得很容易。

为了让它更简单一些，Spring Data 提供了不受底层数据源限制的 Abstractions 接口。用户可以定义一简单的库，用来插入、更新、删除和检索代办事项，而不需要编写大量的代码。

Spring Data 提供了非常多的模块来实现不同的功能。下面给出部分比较重要的模块：

1）Spring Data Commons：提供共享的基础框架，适合各个子项目使用，支持跨数据库持久化。

2）Spring Data JDBC：对 JDBC 的 Spring Data 存储库支持。

3）Spring Data JDBC Extensions：支持标准 JDBC 的数据库特定扩展，包括对 Oracle RAC 快速连接故障转移的支持，AQ JMS 支持以及对使用高级数据类型的支持。

4）Spring Data JPA：简化创建 JPA 数据访问层和跨存储的持久层功能。

5）Spring Data KeyValue：基于 Map 的存储库和 SPI，可以轻松地为键值存储构建 Spring Data 模块。

6）Spring Data LDAP：对 Spring LDAP 的 Spring Data 存储库支持。

7）Spring Data Redis：集成 Redis，提供多个常用场景下的简单封装。

8）Spring Data Mongodb：集成 Mongodb 并提供基本的配置映射和资料库支持。

9）Spring Data Apache Hadoop：基于 Spring 的 Hadoop 作业配置和一个 POJO 编程模型的 MapReduce 作业。

10）Rest 基于 Spring Data 的 repository 之上，可以把 repository 自动输出为 REST 资源,目前支持 Spring Data Jpa、Spring Data Mongodb、Spring Data Neo4j、Spring Data GemFire、Spring Data Cassandra 的 repository 自动转换成 REST 服务。

除来一些核心模块外，Spring Data 还有一个社区模块，这个模块主要是一些社区提供的数据访问的支持模块。下面给出几个常见的社区模块，每个模块都是针对特定的数据源：

```
Spring Data Aerospike
Spring Data ArangoDB
Spring Data Couchbase
Spring Data Azure Cosmos DB
Spring Data Cloud Datastore
Spring Data Cloud Spanner
Spring Data DynamoDB
Spring Data Elasticsearch
Spring Data Hazelcast
Spring Data Jest
Spring Data Neo4j
Spring Data Vault
```

11.5　Spring Cloud

Spring Cloud 是基于 Spring Boot 的一套完整的微服务解决方案，它整合并管理各个微服务，为各个微服务之间提供协调与配置管理、服务发现、断路器、路由和事件总线等集成服务。它整合了诸多被广泛实践和证明过的框架作为实施的基础部件，并且自身也提供了很多优秀的功能组件，从而形成一个完整的微服务架构体系。

↗11.5.1　微服务

微服务架构是一种架构模式或者说是一种架构风格，它提倡将单一应用程序划分为一组小的服务，每个服务运行在其独立的进程中。服务之间相互协调、互相配合，为用户提供最终价值。服务之间采用轻量级的通信机制互相沟通（通常是基于 HTTP 的 Restful API）,每个服务都围绕着具体的业务进行构建，并且能够被独立的构建在生产环境、类生产环境等。另外，应避免统一的、集中式的服务管理机制，对具体的一个服务而言，应根据业务上下文，选择合适的语言、工具对其进行构建，可以有一个非常轻量级的集中式管理来协调这些服务，可以使用不同的语言来编写服务，也可以使用不同的数据存储。

微服务技术栈非常庞大，下面给出一些常用的技术栈：

1）服务开发：Spring Boot、Spring、SpringMVC 等。

2）服务配置管理：Spring Cloud config、阿里的 nacos 等。

3）服务注册与发现：Eureka、Consul、Zookeeper、nacos。

4）服务调用：RPC、Rest、gRPC、dubbo。

5）服务熔断器：Hystrix、Envoy 等。

6）负载均衡：Nginx、Ribbon。

7）服务接口调用：Feign。

8）消息队列：Kafka、RabbitMQ、ActiveMQ 等。

9）服务路由（API 网关）：Zuul、Gateway 等。

10）服务监控：Zabbix、Naggios、Metrics、Spectator 等。

11）全链路追踪：Zipkin、Brave、Dapper 等。

12）服务部署：Docker、OpenStack、Kubernetes 等。

13）数据流操作开发包：Spring Cloud Stream。

14）事件消息总线：Spring Cloud Bus。

微服务的主要优点是它能够解决单体式应用带来的问题，单体式应用随着业务发展功能增加会变得很庞大，代码会变得复杂难以维护。越往后功能越难以扩展，难以升级。微服务将大的系统按业务分成很多小的服务系统，服务内部高内聚，服务之间松耦合。单个的微服务可以独立维护升级重构而不影响其他系统的运行使用。每个微服务可以按照实际需要独立扩展或撤销部署，这样可以更为合理的利用服务器资源。

当然它也有缺点，最主要的缺点是微服务会较大幅度的增加服务的数量，随着服务数量的增加，管理的复杂性也增加，系统测试部署，生产部署的复杂度也增加，跟踪监控也会变麻烦，运维的工作量相应增加。微服务增多，服务之间的访问有可能非常多，这可能会引发网络问题。过多的服务，增加了测试的难度。微服务作为分布式应用系统，还有分布式应用系统固有的问题，如 CAP 原则、网络延时、分布式事务、异步消息等问题。

↗11.5.2　Ribbon 和 OpenFeign、RestTemplate 的关系与区别

Ribbon 是 Spring Cloud 的一个基于 Http 和 TCP 的客户端负载均衡组件，它基于 Netflix Ribbon 实现的。Ribbon 不需要独立部署，但它几乎存在于每一个 Spring Cloud 构建的微服务和基础设施中。通过 RestTemplate 与 OpenFeign 的微服务调用及 API 网关的请求转发都是基于 Ribbon 实现。

OpenFeign 之前叫 Feign。它整合了 Ribbon 和 Hystrix 组件的功能，它是一个声明式的伪 RPC 的 REST 客户端，基于接口的注解方式实现，支持 JAX-RS 标准的注解，也支持 Spring MVC 标准注解和 HttpMessageConverters。简单来说声明一个接口，加上@FeignClient 及一些属性配置，这个类就是 OpenFeign 客户端。在启动类上添加@EnableFeignClients 注解就开启了 OpenFeign 支持。默认已实现负载均衡。

RestTemplate 是 Spring 提供的用于访问 Rest 服务的客户端。在 Spring Cloud 里也是一种基础的微服务调用方式。只要在 RestTemplate 属性上加@LoadBalanced 注解，就可以实现负载均衡调用。

↗11.5.3　Eureka

Eureka 是一个服务注册和发现模块。它由两个组件组成：Eureka 服务端和 Eureka 客户端。Eureka 服务端是服务注册中心，Eureka 客户端是处理服务的注册与发现。Eureka 遵循的就是 AP 原则，强调可用性与分区容错性。

各个结点启动后，会在 Eureka 服务端中进行注册，Eureka 服务端会存储所有可用服务结点的信息，服务结点的信息可以在界面中直观地看到。

Eureka 客户端有一个内置的、使用轮询（round-robin）算法的负载均衡器。在应用启动后，将会向 Eureka 服务端发送心跳（默认周期为 30s）。如果 Eureka 服务端在多个心跳周期内没有接收到某个结点的心跳，Eureka 服务端将会从服务注册表中把这个服务结点移除（默认为 90s）。这就是失效剔除。

　　Eureka 还有另外一个自我保护机制。服务端在运行期间会去统计心跳失败比例在 15min 之内的是否低于 85%，如果低于 85%，那么 Eureka 服务端会将这些实例保护起来，让这些实例不会过期。

　　引申：Eureka 和 ZooKeeper、Consul 的区别是什么？

　　1）在 CAP（即一致性、可用性、分区容错性）理论中，ZooKeeper 和 Consul 保证的是 CP，而 Eureka 保证的是 AP。

　　2）ZooKeeper 和 Consul 有 Leader 和 Follower 角色，在选举期间注册服务不可用的，直到选举完成后才可用。而 Eureka 中各个结点是平等关系，Eureka 的客户端向某个 Eureka 注册或发现时发生连接失败，则会自动切换到其他结点，只要有一台 Eureka 就可以保证服务可用。

　　3）ZooKeeper 和 Consul 都采用过半数存活原则，要求必须过半数的结点都写入成功才认为注册成功。Eureka 采用自我保护机制解决分区问题。

↗11.5.4　服务雪崩、服务熔断和服务降级

　　服务雪崩效应是指分布式服务系统中因"服务提供者的不可用"（原因）导致"服务调用者不可用"（结果），并将不可用逐渐放大的现象。造成雪崩的原因一般有：硬件故障、程序 Bug、缓存击穿、用户大量请求、用户重试、代码逻辑重试和同步等待造成的资源耗尽等。Hystrix 断路器是 Spring Cloud 防雪崩的利器。Hystrix 通过服务隔离、熔断（也称断路）和降级等手段来防止服务雪崩。

　　熔断机制是应对雪崩效应的一种微服务链路保护机制。当某个微服务不可用或者响应时间太长时，会进行服务降级，进而熔断该结点微服务的调用，快速返回"错误"的响应信息。当检测到该结点微服务调用响应正常后恢复调用链路。在 Spring Cloud 框架里熔断机制通过 Hystrix 实现，Hystrix 会监控微服务间调用的状况，当失败的调用到一定阈值，默认是 5s 内调用 20 次，如果失败，就会启动熔断机制。

　　服务降级，一般是从整体负荷考虑。就是当某个服务熔断之后，服务器将不再被调用，此时客户端可以自己准备一个本地的 fallback 回调，返回一个默认值。这样做，虽然服务水平下降，但比直接挂掉强。

　　在启动类上加@EnableCircuitBreaker 注解就可以开启 Hystrix 支持。

　　前面提到 Feign 整合了 Hystrix，不需要添加额外的依赖，但需要有相应配置：

```
开启 hystrix 支持：feign.hystrix.enabled = true        #默认为 false
```

设置熔断超时时间（ms）：

```
hystrix.command.default.execution.isolation.thread.timeoutInMilliseconds=8000
```

　　因为这个时间默认是 1000ms，时间太短，如采用默认设置，极易发生熔断。如果想关闭熔断功能可如此配置：

hystrix.command.default.execution.timeout.enable=false

配置好之后,下面的代码演示了具体实现服务降级的一种方式：

```
@FeignClient(name = "micro-provider", fallback = UserFallback.class)
public interface UserFeignHystrixClient {
        @Get  Mapping("/provider/users/{id}")        //这里一定要注意，接口服务里是否配置了 server.Servlet、context-path,
如有则要加上
        User findById(@PathVariable("id") Long id);
    }
    @Component("UserFallback")
    class UserFallback implements UserFeignHystrixClient {
        @Override
        public User findById(Long id) {
            return new User(id, "默认 feign 用户", "默认 feign 用户");
        }
    }
```

在 Feign 接口上的@FeignClient 里添加 fallback 配置，配置的是实现服务降级的类，这个类继承了当前接口，并覆盖接口类中相应方法，方法中实现用户想做的 fallback 处理。

需要注意的是，上面只是介绍了基本的全局配置和服务降级实现方式。

↗11.5.5　Spring Cloud config 配置加密的方式

出于安全起见，通常需要对敏感信息（如密码）进行加密。Spring Cloud config 有对称加密和非对称加密两种方式。

对称加密的实现如下：

首先下载与 jdk 版本对应的 JCE 增强版，即无限制权限策略版本，解压覆盖到 Java-home/jre/lib/security 目录。

在 bootstrap 中配置对称密钥：encrypt.Key=mycloud（mycloud 就是密钥）。启动 config server（假定端口 8090）后通过地址如：Http://127.0.0.1:8090/encrypt/status 可以查看到状态是 "ok" 说明是可用。

通过命令：cURL Http://localhsot:8090/enrypt -d mysercet。就会用密钥将字符串 'mysercet' 加密生成加密串。每次生成的字符串都不一样。但解密结果都会一样。执行解密命令：cURL Http://localhost:8080/decrypt -d 加密串。则会得到字符串 'mysercet'。

在加密串前加{cipher}标识是对称加密串。

为了方便测试，最好关闭安全管理：management.security.enabled= false。

非对称加密复杂一些，安全性相对也高一些。下面介绍 RSA 算法非对称加密的实现，当然首先也要安装 JCE。然后用 jdk 中自带的 Keytool 工具生成密钥文件，操作步骤（cmd 中执行）如下：

```
Keytool -genKeypair -alias myrsaKey -Keyalg RSA -dname "CN=Web Server,OU=Unit,O=Organization,L=City,S=State,C=US" -Keypass dongfang -Keystroe server.jks -storepass estpwd
```

会在 cmd 的当前位置会获得一个文件：server.jks。默认有效期 90 天，将这个文件复制到 config 服务端的 resource 目录下，然后在配置文件中进行配置：

```
encrypt.KeyStore.location=classpath:/server.jks    # jks 文件的路径
encrypt.KeyStore.password=testpwd                  # storepass
encrypt.KeyStore.alias=myrsaKey                    # alias
encrypt.KeyStore.secret=dongfang                   # Keypass
```

参数要与生成密钥文件时的参数一致，否则肯定出错。后面与对称加密的步骤（第三步起）一样。

　Dubbo 框架

Dubbo 是阿里巴巴开源的基于 Java 的高性能和透明化 RPC 分布式服务框架，可以和 Spring 框架无缝集成，也可以提供 SOA 服务治理方案。现已成为 Apache 基金会孵化项目。

Dubbo 实现了透明化的远程方法调用，可以像调用本地方法一样调用远程服务，只需简单配置，没有任何 API 侵入。它提供了服务自动注册、自动发现等高效服务治理方案，同时 Dubbo 也实现了软负载均衡及容错机制。

↗11.6.1　Dubbo 的发展历程和应用场景

随着互联网的快速发展，全 Web 应用程序的规模不断扩大，大体经历如下阶段：

最初的应用大多数是单体应用，随着访问量增大，整个系统开始按照业务拆分成多个垂直应用

（如用户、订单、商品、交易系统等）来提升效率。垂直应用的增多，系统之间的交互越来越复杂，因此，开始将一些核心业务和公共业务独立出来作为公共服务，从而实现应用系统的服务化。这时就需要分布式服务框架了，Dubbo 就是在这种情况下产生的。随着系统的服务越来越多，保持服务的稳定性和可靠性及扩展性，对服务的调度、管理、监控和容错等就成了分布式服务治理要解决的问题。Dubbo 也提供了一定的分布式服务治理的解决能力。当然与 Spring Cloud 还有一定的差距，因为 Spring Cloud 是提供了完整的解决方案。它们的区别如下：

1）Dubbo 是 RPC 分布式服务框架，也适用于微服务架构，Dubbo 具有调度、发现、监控和治理等功能，具有一定的分布式服务治理能力，但它不是一个完整的微服务解决方案，Dubbo 更像是 Spring Cloud 的一个子集。Spring Cloud 是一个完整的微服务解决方案，由众多子项目组成，这些子项目组成了搭建分布式系统及微服务常用的工具，如配置管理、服务注册发现、断路器、智能路由、消息总线、一次性 token、负载均衡等，提供了构建微服务所需的完整解决方案。

2）Dubbo 使用的是 RPC 通信，使用二进制的传输方案，占用带宽会更少；而 Spring Cloud 通常使用的是 Http Restful 方式，一般会使用 JSON 报文，需要消耗更大的宽带。

3）Dubbo 的注册中心可以有 multicast、Zookeeper、Redis、simple 等多种方式，而 Spring Cloud 的注册中心可以使用 Eureka、Zookeeper、Redis 和 Consul 等。当然阿里的 nacos 可以同时为 Dubbo 和 Spring Cloud 提供服务注册与发现。

Dubbo 主要应用在以下几个方面：

1）RPC 分布式服务：因为 Dubbo 本身就是 RPC 分布式服务框架，当系统变大、功能增多时，就需要拆分应用进行服务化（比如把公共的业务抽取出来作为独立模块提供服务）以提高开发效率，从而降低维护成本。

2）配置管理：当服务越来越多时，服务的 URL 地址信息会急剧增加，配置管理就会变得非常困难。Dubbo 提供服务自动注册与发现，不再需要固定服务提供方地址，注册中心基于接口名查询服务提供者的 IP 地址，并且能够平滑添加或删除服务提供者。

3）服务依赖：当服务越来越多，服务间依赖关系变得错综复杂，甚至分不清哪个应用要在哪个应用之前启动。

4）服务扩容：随着服务的调用量越来越大，需要更方便的扩容。

5）软负载均衡及容错机制，可在内网替代 F5 等硬件负载均衡器，降低成本，减少单点。

引申：Dubbo 与 DubboX 有什么关系？

Dubbo 是阿里巴巴开源的基于 Java 的高性能和透明化 RPC 分布式服务框架。DubboX（即 Dubbo eXtensions）基于 Dubbo 做了兼容和扩展，没有改变 Dubbo 的任何已有的功能和配置方式，只是升级了 Zookeeper 和 Spring 版本，并且支持 Restful 风格的远程调用，支持基于 Jackson 的 JSON 序列化，支持嵌入式 Tomcat（Dubbo 支持嵌入式 Jetty）。

↗11.6.2　Dubbo 原理

Dubbo 框架主要有如下三个核心功能：

Remoting：网络通信框架，提供对多种 NIO 框架抽象封装，包括"同步转异步"和"请求-响应"模式的信息交换方式。

Cluster：服务框架，提供基于接口方法的透明远程过程调用，包括多协议支持、软负载均衡、失败容错、地址路由、动态配置等集群支持。

Registry：服务注册，基于注册中心目录服务，使服务消费方能动态地查找服务提供方，使地址透明，并使服务提供方可以平滑增加或减少机器。

Dubbo 主要通过 5 个核心组件来实现这些功能，见表 11-3。

表 11-3　Dubbo 的核心组件

组　　件	功　　能
Provider	暴露服务的服务提供方
Consumer	调用服务的服务消费者
Registry	服务注册与发现的注册中心
Monitor	统计服务的调用次数和调用时间的监控中心
Container	服务运行容器

这几个组件相互配合来实现服务的注册与发现功能，实现的流程图如图 11-8 所示：

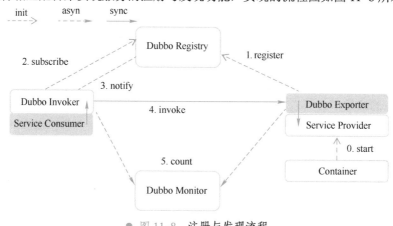

● 图 11-8　注册与发现流程

1）服务容器负责启动、加载和运行服务提供者。

2）服务提供者在启动时，向注册中心注册自己所提供的服务。

3）服务消费者在启动时向注册中心订阅自己所需的服务。

4）注册中心返回服务提供者地址列表给消费者，如果有变更，注册中心将基于长连接把变更数据推送给消费者。

5）服务消费者会从提供者地址列表中基于软负载均衡算法选一台提供者进行调用，如果调用失败，那么可以再选另一台进行调用。在实际调用过程中，Provider 的位置对于 Consumer 来说是透明的，上一次调用服务的位置（IP 地址）和下一次调用服务的位置是不确定的。因为这里实现了软负载。

6）服务消费者和提供者在内存中累计调用次数和调用时间会定时每分钟发送一次统计数据到监控中心。Monitor 是可选的因此需要单独配置，不配置或配置以后挂掉了并不会影响服务的调用。

下面重点介绍服务暴露和消费的详细过程。

（1）服务暴露

首先给出服务的提供者暴露一个服务的主要过程如图 11-9 所示：

首先 ServiceConfig 类拿到对外提供服务的实际类 ref（如：HelloWorldImpl），然后通过 ProxyFactory 类的 getInvoker 方法使用 ref 生成一个 AbstractProxyInvoker 实例。这也就完成了具体服务到 Invoker 到转换。

Dubbo 处理服务暴露的最重要的一步就是就在 Invoker 转换到 Exporter 的过程，完成转换就可以把服务暴露出来，下面以 Dubbo 和 RMI 这两种典型协议的实现为例来进行说明转换的方式。

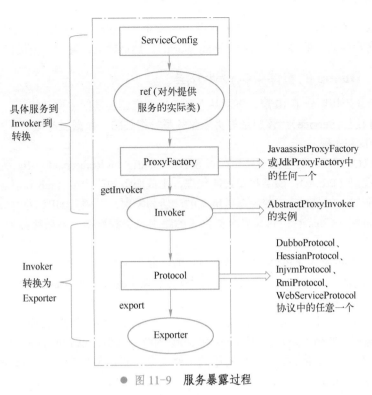

● 图 11-9　服务暴露过程

1）Dubbo 的实现

Dubbo 协议的 Invoker 转为 Exporter 发生在 DubboProtocol 类的 export 方法中，它主要是打开 socket 监听服务，并接收客户端发来的请求。底层的通信细节是由 Dubbo 实现的。

2）RMI 的实现

RMI 协议的 Invoker 转为 Exporter 发生在 RmiProtocol 类的 export 方法，它通过 Spring 或 Dubbo 或 JDK 来实现 RMI 服务，底层通信细节是由 JDK 底层来实现。

（2）服务消费

服务消费的过程如图 11-10 所示。

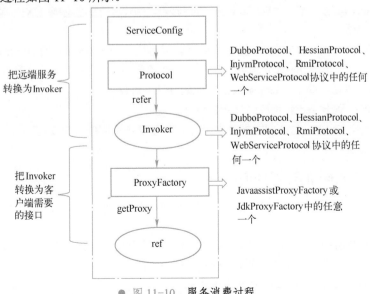

● 图 11-10　服务消费过程

首先 ReferenceConfig 类的 init 方法调用 Protocol 的 refer 方法生成 Invoker 实例。接着把 Invoker 转换为客户端需要的接口（例如：HelloWorld）。然后就可以通过这个接口来实现调用。

11.6.3 Dubbo 的整体架构设计分层

Dubbo 框架设计共划分了 10 层，下面从上到下简要介绍各层的主要功能：

1）服务接口层（Service）：该层是与实际业务逻辑相关的，根据服务提供方和服务消费方的业务设计对应的接口和实现。

2）配置层（Config）：对外配置接口，以 ServiceConfig 和 ReferenceConfig 为中心。

3）服务代理层（Proxy）：服务接口透明代理，生成服务的客户端 Stub 和服务器端 Skeleton。

4）服务注册层（Registry）：封装服务地址的注册与发现，以服务 URL 为中心。

5）路由集群层（Cluster）：封装多个提供者的路由及负载均衡，并桥接注册中心，以 Invoker 为中心。

6）监控层（Monitor）：RPC 调用次数和调用时间监控。

7）远程调用层（Protocol）：将 RPC 调用，以 Invocation 和 Result 为中心，扩展接口为 Protocol、Invoker 和 Exporter。

8）信息交换层（Exchange）：封装请求响应模式，同步转异步，以 Request 和 Response 为中心。

9）网络传输层（Transport）：抽象 mina 和 netty 为统一接口，以 Message 为中心。

10）数据序列化层（Serialize）：可复用的一些工具，扩展接口为 Serialization、ObjectInput、ObjectOutput 和 ThreadPool。

11.6.4 Dubbo 支持的协议

Dubbo 支持如下几种协议：

1）Dubbo 协议（默认）：使用单一长连接和 NIO 异步通信，适合高并发小数据量的服务调用，以及消费者远大于提供者的情况。传输协议为 TCP，采用 hessian 序列化。这个协议 Dubbo 不适合传送大数据量的服务，比如传文件或视频等。

2）rmi 协议：采用 JDK 标准的 rmi 协议实现，使用 java 标准序列化机制，使用 TCP 协议的同步传输方式，可以传输文件。

3）webservice 协议：基于 WebService 的远程调用协议，通过集成 CXF 实现，提供和原生 WebService 的互操作。

4）HTTP 协议：基于 HTTP 表单提交的远程调用协议，使用 Spring 的 HttpInvoke 来实现的。

5）hessian 协议：集成 hessian 服务，基于 HTTP 通信，采用 Servlet 暴露服务，可传文件。

6）memcache 协议：基于 memcached 实现的 RPC 协议。

7）redis 协议：基于 redis 实现的 RPC 协议。

在使用的时候，Dubbo 允许同时配置多个协议，可以在不同服务上支持不同协议或者同一服务上同时支持多种协议。

11.6.5 Dubbo 的注册中心

Dubbo 的注册中心有 Zookeeper、Redis、Multicast 和 Simple，默认情况下使用 Zookeeper 作为注册中心。

1）Multicast 注册中心： Multicast 注册中心不需要任何中心结点，只要广播地址就能进行服务的注册和发现。它是基于网络中组播传输实现的。配置如下：

```
<dubbo:registry address="multicast://192.168.6.18:1234"/>
```

为了减少广播量，Dubbo 默认使用单播发送提供者地址信息给消费者，如果一个机器上同时启了多个消费者进程，消费者需声明 unicast=false，否则只会有一个消费者能收到消息：

```
<dubbo:registry address="multicast://192.168.6.18:1234?unicast=false"/>
```

2）Zookeeper 注册中心：基于分布式协调系统 Zookeeper 实现到，采用 Zookeeper 的 watch 机制实现数据变更。配置如下所示：

```
<dubbo:registry address="zookeeper://192.168.6.18:2181"/>
```

集群配置如下所示：

```
<dubbo:registryprotocol="zookeeper" address="192.168.6.18:2181,192.168.6.19:2181,192.168.6.20:2181"/>
```

3）Redis 注册中心：基于 Redis 实现的，采用 key/Map 存储，key 存储服务名和类型，Map 中 key 存储服务 URL，value 服务过期时间。这种方式基于 Redis 的发布/订阅模式通知数据变更。配置如下所示：

```
<dubbo:registry address="redis://192.168.6.18:6379"/>
```

集群配置如下所示：

```
<dubbo:registry protocol="redis" address="192.168.6.18:6379,192.168.6.19:6379,192.168.6.20:6379"/>
```

4）Simple 注册中心：注册中心本身就是一个普通的 Dubbo 服务，这种方式可以减少第三方依赖，使整体通信方式一致。这种方式不适合在生产环境中使用。

引申：Dubbo 用 Zookeeper 做注册中心时，如果注册中心集群都挂掉，服务提供者和消费者相互还能通信吗？

当 Zookeeper 注册中心挂掉时，服务提供者和消费者是可以通信的。原因如下：

在启动 Dubbo 时，消费者会从 Zookeeper 获取注册的生产者的地址接口等数据，缓存在本地，每次调用时，会按照本地存储的地址进行调用。注册中心集群任意一台宕机后，将会切换到另一台继续提供服务，当注册中心全部宕机后，服务的提供者和消费者仍能通过本地缓存继续通信。服务提供者是无状态的，任意一台宕机后，不影响使用，只有当服务提供者全部宕机后才无法被使用，此时消费者会无限次重连等待服务者恢复。由此可见，注册中心挂掉，不影响已注册服务的使用，只是无法增加新的服务。

↗11.6.6 Dubbo 容错方案

Dubbo 主要有 6 种容错方案，默认使用的是 Failover Cluster（失败自动切换）。下面简要介绍以下这几种容错方案：

1）Failover Cluster（失败自动切换）：当出现失败时，会重试其他服务器。通常用于读操作，但重试会带来更长延迟。

2）Failfast Cluster（快速失败）：只发起一次调用，失败后会立即报错。通常用于非幂等性的写操作，比如新增记录。

3）Failsafe Cluster（失败安全）：当出现异常时，会直接忽略。通常用于写入审计日志等操作。

4）Failback Cluster（失败自动恢复）：后台记录失败请求，定时重发。通常用于消息通知操作。

5）Forking Cluster（并行调用多个服务器）：只要一个成功即返回。通常用于实时性要求较高的读操作，但需要浪费更多服务资源。可通过 forks="2" 来设置最大并行数。

6）Broadcast Cluster（广播调用所有提供者）：逐个调用，任意一台报错则报错。通常用于通知所有提供者更新缓存或日志等本地资源信息。

↗11.6.7 **Dubbo 负载均衡**

Dubbo 主要提供了四种负载均衡策略，默认的负载均衡策略为 Random LoadBalance（随机调用）。下面简要介绍一下这几种策略：

Random LoadBalance：按权重设置随机选取提供者，这种策略有利于动态调整提供者权重。调用次数越多，分布越均匀。

RoundRobin LoadBalance：轮询选取提供者，按权重平均分配调用比率，这种方式存在请求累积的问题。例如：第二台机器很慢，但是没有宕机，当请求转发到第二台机器时就卡在那里，久而久之，所有请求都会卡在第二台机器上。

LeastActive LoadBalance：最少活跃调用策略，相同活跃数（活跃数指调用前后计数差）的机器随机分配。而使慢的提供者会收到更少请求，因为越慢的提供者的调用前后计数差会越大。

ConstantHash LoadBalance：一致性 Hash 策略，使相同参数对请求总是发到同一提供者。当一台机器宕机后，原本发往该提供者的请求，将基于虚拟结点，平摊到其他提供者，不会引起剧烈变动。

↗11.6.8 **Dubbo 核心的配置**

Dubbo 的主要配置信息如下：

1）<dubbo:service/> 服务配置，用于暴露一个服务，定义服务的元信息，一个服务可以用多个协议暴露，一个服务也可以注册到多个注册中心。

```
<dubbo:service ref="demoService" interface="com.test.provider.DemoService" />
```

2）<dubbo:reference/> 引用服务配置，用于创建一个远程服务代理，一个引用可以指向多个注册中心。如：

```
<dubbo:reference  id="demoService" interface="com.test.provider.DemoService" />
```

3）<dubbo:protocol/> 协议配置，用于配置提供服务的协议信息，协议由提供方指定，消费方被动接受。如:

```
<dubbo:protocol name="dubbo" port="20880" />
```

4）<dubbo:application/> 应用配置，用于配置当前应用信息，不管该应用是提供者还是消费者。如:

```
<dubbo:application name="my_provider" />
```

5）<dubbo:module/> 模块配置，用于配置当前模块信息，可选。

6）<dubbo:registry/> 注册中心配置，用于配置连接注册中心相关信息。如：

```
<dubbo:registry address="zookeeper://192.168.6.10:2181" />
```

7）<dubbo:monitor/> 监控中心配置，用于配置连接监控中心相关信息，可选。

8）<dubbo:provider/> 提供方的默认值，当 ProtocolConfig 和 ServiceConfig 某属性没有配置时，采用此默认值，可选。

9）<dubbo:consumer/> 消费方默认配置，当 ReferenceConfig 某属性没有配置时，采用此默认值，可选。

10）<dubbo:method/> 方法配置，用于 ServiceConfig 和 ReferenceConfig 指定方法级的配置信息。

11）<dubbo:argument/> 用于指定方法参数配置。

↗11.6.9 **Spring 项目与 Dubbo 的整合**

想实现普通 Spring 项目与 Dubbo 整合，只要配置好 Dubbo 服务提供者和 Dubbo 服务消费者的

Dubbo 服务配置，在 Spring 配置文件中引入各端的配置文件就可完成整合。下面通过 XML 配置方式简单介绍相关配置。

Dubbo 服务提供者配置信息示例：

```
<!--注册服务提供方应用名 -->
    <dubbo:application name="dubbo_server" />
    <!--注册中心 -->
<dubbo:registry address="zookeeper://192.168.6.18:2181" />
<!-- 用 dubbo 协议在 20889 端口暴露服务 -->
<dubbo:protocol name="dubbo" port="20889" />
<!-- 注册服务 Bean -->
<bean id="orderService" class="com.dubbo.service.OrderServiceImpl" />
<!-- 暴露服务接口 -->
    <dubbo:service protocol="dubbo" interface="com.dubbo.service.OrderService"
       group="OrderService" version="1.0.0"
       timeout="6000" ref="orderService" retries="0"/>
```

Dubbo 服务消费者配置信息示例：

```
<!--消费方应用名，用于计算依赖关系，不是匹配条件，不要与提供方一样 -->
<dubbo:application name="myconsumer" />
<!--注册中心-->
<dubbo:registry address="zookeeper://192.168.6.18:2181"    check="false"/>
    <!--依赖的服务 -->
<dubbo:reference id="orderService" interface="com.dubbo.service.OrderService"
       group="OrderService" version="1.0.0" timeout="6000"    check="false"/>
```

↗11.6.10　Dubbo 的服务降级

Dubbo 从 2.2.0 开始就支持了服务降级，Dubbo 提供了 mock 配置参数（注：mock 参数在服务消费者的<dubbo:reference/>中配置），可以很好地实现 Dubbo 服务降级。mock 主要有两种配置方式：

1）在远程调用异常时，服务端直接返回一个固定的字符串，配置如下：

```
<dubbo:reference id="demoService" interface="com.dubbo.DemoService" check="false" mock="return 123456demo" />
```

2）在远程调用异常时，服务端根据自定义 mock 业务处理类进行返回，配置如下：

```
<dubbo:reference id="demoService" interface="com.dubbo.DemoService" check="false" mock="true" />
```

还需配置一个自定义 mock 业务处理类，在接口服务 DemoService 的目录下创建相应的 mock 业务处理类，同时实现业务接口 DemoService，mock 业务处理类名要注意命名规范：接口名+Mock 后缀，mock 实现需要保证有无参的构造方法。示例如：

```
public class DemoServiceMock implements DemoService{
    @Override
    public String get(int id) {
        return "自定义 mock 业务处理类在返回服务降级信息";
    }
}
```

配置完成后，此时如果调用失败会调用自定义的 Mock 业务类实现服务降级。

11.7　常见面试笔试真题

（1）为什么要使用 Spring?

答案：Spring 被广泛使用，主要有以下几个原因。

1）它启动方便，使用 Spring Boot 可以快速地初始化一个项目，方便的增加组件，部署只需要一个 jar 文件或者 war 文件即可。

2）Spring 框架的特性保证了它的代码污染率极低，既不会因为开发功能的不断迭代使项目变得臃肿，也不会因为开发人员编码习惯的不同而使项目代码变得混乱。

3）使用 Java 语言有先天的优势，那就是丰富的类库，基本上所有的库都有适配 Spring 的版本，可以方便集成和替换。

4）Spring 中最常被提到的特性是控制反转、面向切面等，这些特性不光是语言层面的、框架的特性，更是编程的思想，可以提高项目的健壮性，方便迭代和重构。

5）低入侵性，低耦合，丰富的组件支持，优秀的工程性和运行效率，支持微服务，具备先进的编程思想。

（2）Spring Bean 是线程安全的吗

答案：Spring Bean 主要分为两种，scope 为 singleton 和 scope 为 prototype。prototype 类型的 Bean 每次都是注入一个新对象，各个线程之间不存在 Bean 的共享，可以认为是线程安全的。singleton 的 Bean 又分为两种情况，无状态的 Bean 和有状态的 Bean。

无状态的 Bean 不会对 Bean 的成员执行查询以外的操作，例如 Spring mvc 的 Controller、Service、Dao 等，无状态的 Bean 是线程安全的。

Spring 框架并没有对单例 Bean 进行任何多线程的封装处理，有状态的 Bean 不是线程安全的。

（3）Spring AOP 和 AspectJ AOP 有什么区别

答案：Spring AOP 旨在通过 Spring IOC 提供一个简单的 AOP 实现，以解决编码人员面临的最常出现的问题。这并不是完整的 AOP 解决方案，它只能用于 Spring 容器管理的 Bean。Spring AOP 是通过 JDK 动态代理和 CGLIB 动态代理的方式实现。

AspectJ 是一个易用的功能强大的 AOP 框架，是 Spring AOP 的一种实现方式，AspectJ 使用静态代理的方式实现。AspectJ 比 Spring AOP 拥有更全面的切面功能和更好的性能。

（4）Spring Data Jpa 与 JPA 的区别？

答：JPA（Java Persistence API）是一种持久层规范，也是 EJB3 规范的一部分，并不是一个 ORM 框架，只是定义了一些 API，但没提供具体实现，它的作用是使得应用程序以统一的方式访问持久层。

Spring Data Jpa 是在 JPA 规范的基础上提供了一个 JPA 数据访问抽象，同时也大大简化了持久层的 CRUD 操作。但它并不是一个 JPA 的实现，hibernate 才是 JPA 的一个实现。

（5）path="users", collectionResourceRel="users" 如何与 Spring Data Rest 一起使用？

答：示例如下：

```
@RepositoryRestResource(collectionResourceRel = "users", path = "users")
public interface UserRestRepository extends
PagingAndSortingRepository<User, Long>
```

path- 这个资源要导出的路径段。

collectionResourceRel-生成指向集合资源的链接时使用的 rel 值。在生成 Hateoas 链接时使用。

（6）为什么不建议在实际的应用程序中使用 Spring Data Rest？

答：确实 Spring Data Rest 很适合快速原型制造。Rest 英方全称为 Representational State Transfer（表述状态转移）。但是要注意一点，通过 Spring Data Rest 用户可以把自己的数据实体作为 Restful 服务直接发布。这是不建议在实际项目中使用的原因。

当用户设计 Restful 服务器的时候，最佳实践表明，用户的接口应该考虑到两件重要的事情：模型范围和客户。用 Spring Data REST，用户不需要再考虑这两个方面，只需要作为 REST 服务发布实体。这是在快速开发原型时使用 Spring Data Rest 的原因。

（7）Spring 的两大核心是什么？设计原则是什么？

Spring 的两大核心是 IoC 和 AOP。IoC，英文全称 Inversion of Control，意为控制反转。AOP，

英文全称 Aspect-Oriented Programming，意为面向切面编程。

Spring 所有功能设计与实现基于以下四大设计原则：

1）使用 pojo 进行轻量级和最小侵入式开发。

2）通过依赖注入和面向接口编程实现松耦合。

3）通过 AOP 和习惯大于约定进行声明式编程。

4）使用 AOP 和模板（template）减少模块化的代码。

（8）Spring 如何处理线程并发问题？

答：同步机制与 ThreadLocal 都是解决线程并发问题的方法，但是同步机制并发量越大，对系统性能的影响越大。Spring 使用 ThreadLocal 来解决线程安全问题。ThreadLocal 能为每一个线程提供一个独立的变量副本，可以把多线程环境下不安全的变量封装到 ThreadLocal，从而隔离了多线程对数据的访问冲突，保证了线程内部的变量安全。

一般情况下，无状态的 Bean 在多线程环境下共享才是安全的。在 Spring 中，绝大部分 Bean 都可以声明为 singleton 作用域，是因为 Spring 对一些 Bean（如 RequestContextHolder、TransactionSynchronizationManager、LocaleContextHolder 等）的非线程安全状态采用 ThreadLocal 进行处理，让它们也成为线程安全的状态，因此有状态的 Bean 就可以在多线程中使用了。

（9）什么是面向接口编程？有哪些优点？

答：面向接口编程就是程序与具体实现依赖于抽象，而不是程序与抽象依赖于具体实现。只需要向外暴露经过的抽象的功能接口，就可实现不同业务层或业务系统之间的功能开发。它的优点：

1）降低程序的耦合性，能够最大限度实现解耦。

2）增加了程序的扩展性和可维护性，面向接口编程将具体实现与调用分开，减少了各个类之间的相互依赖，当业务需求变化时，不需要对已经调用的系统或业务层中进行改动，只需在当前业务层添加新的实现类就可以了，不在担心新改动的类对系统的其他模块造成影响。这也是开闭原则的体现。

3）有得于系统业务的分层，使系统业务更清晰，有更好的可移植性。

（10）说说的 Spring 常用注解。

答：下面是 Spring 中最为常用的注解：

1）@Controller：用于标注控制器层组件。

2）@Service：用于标注业务层组件。

3）@Repository：用于标注数据访问组件，即 DAO 组件。

4）@Component：用于标注一个普通的 spring Bean 组件，在对组件定位不确定的情况下，可以使用这个注解来标注。@Component 可以代替@Repository、@Service、@Controller，因为这三个注解自身是被@Component 标注的，能明确组件类型就是明确的组件类型注解标注，不能明确的就用@Component 来标注。

5）@Bean：方法级别的注解，主要用在@Configuration 和@Component 注解的类里，@Bean 注解的方法会产生一个 Bean 对象，该对象由 Spring IoC 容器管理。引用名称是方法名，也可以用@Bean(name = "beanID")指定组件名。

6）@Scope：设置组件的作用域。是指这个对象相对于其他 Bean 对象的请求可见范围。在 Spring IoC 容器中具有以下几种作用域：基本作用域（singleton、prototype）、Web 作用域（reqeust、Session、globalSession）。

7）@Autowired：默认按类型进行自动装配。在容器查找匹配的 Bean，当有且仅有一个匹配的 Bean 时，Spring 将其注入@Autowired 标注的变量中。

8）@Resource：默认按名称进行自动装配，当找不到与名称匹配的 Bean 时会按类型装配。

简单总结一下，@Controller、@Service、@Component、@Repository 都是类级别的注解，实质上是同一类组件，用法相同，功能相同，它们的区别在于明确标识组件的类型，如果一个方法也想动态装配，就用@Bean。

当想按类型进行自动装配时，就用@Autowired；当想按名称（beanID）进行自动装配时，就用@Resource；当需要根据比如配置信息等来动态装配不同的组件时，可以用 Get Bean("beanID")。

（11）Spring 自动装配有哪些方式？

答：Spring 容器可以自动装配 bean。自动装配的有以下方式：

1）No：这是 xml 配置时的默认设置，表示没有自动装配。应使用显式 bean 引用进行装配。

2）byName：它根据 bean 的名称注入对象依赖项。它匹配并装配其属性与 xml 文件中由相同名称定义的 bean。

3）byType：它根据类型注入对象依赖项。如果属性的类型与 XM 文件中的一个 bean 名称匹配，则匹配并装配属性。

4）构造函数：它通过调用类的构造函数来注入依赖项。它有大量的参数。

5）autodetect：首先容器尝试通过构造函数使用 autowire 装配，如果不能，则尝试通过 byType 自动装配。

（12）请谈谈 Spring Boot 的启动流程。

答：Spring Boot 启动流程主要分为四个步骤：

首先进行 SpringApplication 对象的初始化，配置一些基本的环境变量、资源、构造器、监听器。

然后，开始执行 run 方法的逻辑，执行具体的启动过程，包括启动流程的监听模块、加载配置环境模块、及创建核心的上下文环境（ApplicationContext）。

接着是应用自动化配置模块。将之前通过@EnableAutoConfiguration 获取的所有配置以及其他形式的 Spring 容器配置加载到已经准备完毕的 ApplicationContext 中，调用 ApplicationContext 的 refresh()方法进行刷新，完成使用 Spring 容器前的最后一道工序。

最后从 Spring 容器中找出 ApplicationRunner 和 CommandLineRunner 接口的实现类并排序后依次执行。

（13）谈谈 Spring Boot starter 工作原理。

答：1）Spring Boot 在启动时扫描项目依赖的 jar 包，寻找包含 spring.factories 文件的 jar。

2）根据 spring.factories 配置加载 AutoConfigure。

3）根据@Conditional 注解的条件，进行自动配置并将 bean 注入 Spring Context 中。

（14）介绍一下 Spring Boot 自动配置原理。

答：1）开启自动配置的注解是@EnableAutoConfiguration，已包含在启动类的注解@SpringBootApplication 中。所以 Spring Boot 默认已开启自动配置功能。

2）@EnableAutoConfiguration 这个注解会"猜"用户将如何配置 spring，只要用户已经添加了相关 jar 依赖项。如果 spring-boot-starter-web 已经添加 Tomcat 和 SpringMVC，这个注释就会自动假设用户在开发一个 Web 应用程序并添加相应的 spring 配置，会自动去 maven 依赖中读取每个 starter 中的 spring.factories 文件，该文件里配置了所有需要被创建 spring 容器中 bean。

（15）被称为 Spring Boot 开发的四大神器都是什么？

答：Spring Boot 的四大神器，也可以说四大特性。分别是：

1）auto-configuration：针对很多 Spring 应用程序和常见的应用功能，Spring boot 能自动提供相关配置。

2）Starter：将所需的常见依赖按组聚集在一起，形成单条依赖。简化了配置。

3）Cli(Command-line interface)：充分利用了 Spring Boot Starter 和自动配置的优势，并添加了

一些 Groovy 的功能。它简化了 Spring 的开发流程。

4）Actuator：提供对 Spring Boot 应用系统的监控和管理功能，比如健康检查、审计、统计和 Http 追踪以及创建了什么样的 bean、控制器中的映射、CPU 使用情况等。

（16）Spring 是如何快速创建产品就绪应用程序的？

答：致力于快速产品就绪应用程序。为此，它提供了一些譬如高速缓存，日志记录，监控和嵌入式服务器等开箱即用的非功能性特征。

spring-boot-starter-actuator：使用一些如监控和跟踪应用的高级功能。

spring-boot-starter-undertow：使用高性能 Web 服务器 Undertow。

spring-boot-starter-jetty：选择特定嵌入式 Servlet 容器。

spring-boot-starter-Tomcat：选择特定嵌入式 Servlet 容器。

spring-boot-starter-logging：使用 logback 进行日志记录。

spring-boot-starter-cache：启用 Spring Framework 的缓存支持。

（17）请谈谈 Spring Cloud 和 Dubbo 的区别。

答：Spring Cloud 是 Spring 体系下的完整的微服务治理方案。Dubbo 是一个分布式服务治理框架。所以从技术维度上讲 Spring Cloud 远超 Dubbo，可以说 Dubbo 只相当于 Spring Cloud 架构下的一个服务治理组件。两者本身没有可比性的。如果一定说区别，除了开头说的，还有以下几点：

服务注册 Dubbo 通常以第三方 Zookeeper 为 Dubbo 提供服务注册与发现功能。Spring Cloud 本身有 eureka，也可以是 Zookeeper，consul，当然现在都可以用 nacos。

服务的调用方式 Dubbo 使用的是 RPC 远程调用，而 Spring Cloud 使用的是 Rest API。

服务网关，Dubbo 没有实现，而 Spring Cloud 有 Zuul 路由、Gateway 等网关。

此外，Spring Cloud 还有限流熔断、消息总线、配置中心等许多其他 Dubbo 没有的功能。

（18）Spring Boot 和 Spring Cloud 的区别与联系。

答：Spring Boot 是 Spring 推出用于解决传统框架配置文件冗余，装配组件繁杂的基于 Maven 的解决方案，旨在快速搭建单个微服务。Spring Cloud 基于 Spring Boot 的微服务架构的解决方案。

Spring Boot 专注于快速，方便的开发单个的微服务个体，Spring Cloud 关注全局的服务治理框架。Spring Cloud 是建立在 Spring Boot 的基础上的，依赖于 Spring Boot。

（19）微服务之间是如何独立通信的？

答：有两种方式：

1）直接通过远程过程调用（Remote Procedure Invocation）来访问别的服务。

2）使用异步消息来做服务间通信，服务间通过消息管道来交换消息。

两者各有优点，远程过程调用简单直接，不需要中间件。消息需要中间件支持，增加了复杂性。远程过程调用只支持请求/响应模式，并且客户端与服务端在请求时必须都可用，增加了耦合性。而消息通过中间件缓存消息，在服务端和客户端之间实现了解耦。支持的通信机制更多。如通知、请求/异步响应、发布/订阅、发布/异步响应等。

（20）请谈谈 Spring Cloud 微服务的启动流程。

答：在基础服务设施，如依赖的数据库，常用的缓存框架 Redis，消息队列中间件等都已启动的情况下，先启动注册中心，再启动配置中心，然后启动服务提供方服务，然后再启动服务调用方服务，再启动网关服务，再启动监控服务，大致是这个流程。

（21）Spring Cloud 微服务架构中，哪些是必备组件？

答：在微服务架构中，需要几个基础的服务治理组件，包括服务注册与发现、服务消费、负载均衡、网关路由、断路器、配置中心、消息总线、服务监控、链路跟踪、授权认证、数据库访问、缓存管理等，由这些基础组件相互协作，便能组建了一个功能相对比较完善的微服务系统。

在 Spring Cloud 微服务系统中，一种常见的负载均衡方式是，客户端的请求首先经过负载均衡（Nginx），再到达服务网关（gateway 或 zuul 集群），然后再到具体的服务。服务统一注册到高可用的服务注册中心集群，服务的所有的配置文件由配置服务管理，配置服务的配置文件放在 git 仓库，方便开发人员随时修改配置。

（22）MVC 的各个部分都有那些技术来实现？

答：在 Java 领域，MVC 各部分相关的技术众多。

模型（model）层：hibernate、mybatis、jpa, spirngJdbc，Javabean 或 EJB 等。

控制器（controller）：severlet、Struts 的 action、SpringMVC 的 controller 等。

视图（view）层：Jsp、FreeMarker、Velocity、Html 等。

（23）SpringMVC 的控制器是不是单例模式，会有什么问题，怎么解决？

答：SpringMVC 的控制器默认是单例模式，这样可以提高程序的性能。但如果在 controller 定义了属性，在多线程访问的时候就会有线程安全问题，定义属性多了，对以后程序的维护也是个负担，解决办法是尽量不要在 controller 里面定义属性，如果在特殊情况需要定义属性的时候，那么就在类上面加上注解@Scope("prototype")改为原型模式。

（24）你知道的 SpringMVC 常用注解有哪些？

答：@Controller：类注解，表明是控制器类。

@RestController：类注解，相当于@Controller 和@ResponseBody 组合使用。

@ResponseBody：方法注解，将方法的返回值以特定的格式（一般是 Json 格式）写入到 Response 的 body 中。

@PathVariable：参数注解，表明从路径获取该参数值。

@RequestParam：参数注解，用于将指定的请求参数赋值给方法中的形参。

@RequestMapping：可用物方法或类上，标明 URL 到 Controller 或具体方法的映射。

@Get Mapping：方法注解，相当于@RequestMapping(method=RequestMethod.Get)。

@PostMapping：方法注解，相当于@RequestMapping(method=RequestMethod.Post)。

@ControllerAdvice：类注解，表明是对异常进行统一的处理类。

@ExceptionHandler：异常处理类的方法注解，表示遇到这个异常就执行以下方法。

（25）Dubbo 支持的序列化方式有哪些？

答：Dubbo 默认使用 Hessian 序列化，此外还有 Duddo、FastJson、Java 自带序列化等方式。

（26）Dubbo 启动时如果依赖的服务不可用会怎样？如何配置可以忽略依赖的服务？

答：Dubbo 默认会在启动时检查依赖的服务是否可用（check="true"），不可用时会抛出异常，Spring 初始化会失败，服务无法正常启动，这样是为了能尽早地发现问题。

可以通过设置参数 check="false" 来关闭检查，具体可以有以下几种方式：

1）关闭某个服务的启动时检查（没有提供者时报错）：

```
<dubbo:reference interface="com.foo.BarService" check="false" />
```

2）关闭所有服务的启动时检查（没有提供者时报错）：

```
<dubbo:consumer check="false" />
```

3）关闭注册中心启动时检查（注册订阅失败时报错）：

```
<dubbo:registry check="false" />
```

（27）在服务提供方可以配置的消费者端的属性有哪些？

答：有如下四个属性：

1）timeout：方法调用超时时间。

2）retries：调用失败重试次数，默认重试 2 次。

3）loadbalance：负载均衡策略，默认随机策略。

4）actives：消费者端最大并发调用限制。

（28）Dubbo 如何设置超时时间？Dubbo 在调用服务超时时如何处理？

答：Dubbo 超时时间设置可以同时在 服务提供者端和服务消费者端进行设置，如果在消费者端设置了超时时间，则消费者端的优先级更高，以消费者端为主。因为消费者端设置超时时间控制性更灵活。如果消费方超时，服务端线程会产生警告。推荐在提供者端进行配置，因为提供者方对自身的性能更了解。

Dubbo 在调用超时或服务不成功时，会按该服务接口设置的重试次数（retries 属性）重复调用，默认是会重试两次的。

（29）当一个服务接口有多种实现时怎么保证正确调用所需要的实现？

答：当一个服务接口有多种实现时，可以用 group 属性来分组，服务消费方的 group 属性与服务提供方的所需实现的 group 属性相同便可保证调用的正确性。

（30）服务如何配置可以兼容旧版本？

答：兼容旧版本可以通过配置版本号（version）来实现，多个不同版本的服务可同时注册到注册中心，消费者在配置<dubbo:reference/>里通过版本号属性（version）指定调用相应版本的服务。这一点和上面说的 group 有点相似。

（31）Dubbo 可以对结果进行缓存吗？

答：Dubbo 提供了对缓存结果的支持，Dubbo 的缓存是在服务消费者端进行配置的，是声明式缓存，用于加速热门数据的访问速度，以减少用户加缓存的工作量。配置示例如：

```
<dubbo:reference interface="com.test.DemoService" cache="threadlocal" />
```

Dubbo 提供了三种缓存方案：lru（Least recently used，最少使用原则删除多余缓存，保持最热的数据被缓存）、threadlocal（当前线程缓存）、jcache（可以桥接各种缓存实现）。

（32）Dubbo 支持分布式事务吗？

答：Dubbo 目前为止还不支持分布式事务。

（33）Dubbo 中 telnet 命令能做什么？

答：简单地说，就是 Dubbo 通过 telnet 命令来进行服务治理。

（34）注册了多个同一样的服务，如果测试指定的某一个服务呢？

答：在开发和测试环境中，可能会经常遇到这种情况，这时可以配置点对点直连，绕过注册中心，将服务以接口为单位，忽略注册中心的提供者列表。某一接口配置点对点，不影响其他接口从注册表获取列表。下面介绍一下如何配置点对点直连的几种方式：

1）使用 XML 配置：在消费者端的<dubbo:reference>配置中指定服务提供者 URL，绕过注册表，多个地址用分号分隔，配置如下：

```
<dubbo:reference id="demoService" interface="com.dubbo.DemoService" url="dubbo://localhost:20890"/>
```

2）配置-D 参数，将-D 参数映射服务地址添加到 JVM 启动参数，示例如下：

```
java -Dcom.dubbo.DemoService=dubbo://localhost:20890
```

3）配置.properties 文件：如果有更多服务，也可以使用文件映射来指定映射文件路径-Ddubbo.resolve.file，此配置优先于配置<dubbo: reference>，如下：

```
java -Ddubbo.resolve.file=dubbo.properties
```

然后在映射文件 dubbo.properties 中添加配置，其中 key 是服务名称，value 是服务提供者 URL：

```
com.dubbo.DemoService=dubbo://localhost:20890
```

（35）Dubbo 服务提供者能实现失效踢出是基于什么原理？

答：Dubbo 服务失效踢出是基于 Zookeeper 的临时结点原理实现的。Zookeeper 临时结点的生命周期跟客户端会话绑定，一旦客户端会话失效，那么这个客户端创建的所有临时结点都会被移除。

（36）服务读写操作推荐的容错策略是什么？

答：读操作建议使用 Failover（失败自动切换）容错策略，默认重试两次其他服务器。写操作建议使用 Failfast（快速失败）容错策略，发生一次调用失败就立即报错。

（37）Dubbo 的管理控制台能做什么？如何使用？

答：管理控制台主要包含：路由规则、动态配置、服务降级、访问控制、权重调整、负载均衡等管理功能。管理控制台不是一定要使用 Dubbo 搭建分布式系统，但是有了它我们可以对服务进行很好的治理和监控。

从 Dubbo2.6.1 开始，dubbo-admin、dubbo-monitor 被单独拆分出来了，项目为 incubator-dubbo-ops，GitHub 地址：https://github.com/apache/incubator-dubbo-ops。

启动 dubbo-admin 之前必须先启动注册中心，如果是 Zookeeper，则需要先启动 Zookeeper。dubbo-admin2.6.1 版本可以直接打成 jar 包，直接用 java -jar 命令来启动。需要在 application.properties 中最关键要配置好 dubbo.registry.address 就可以了。其他可以采用默认配置，启动完成后，就可以进入控制台，通过配置文件中的服务端口与用户名密码就可以登录访问管理控制台了。

（38）Dubbo 用到哪些设计模式？

答：Dubbo 框架中用到的设计模式有：

责任链模式：Dubbo 的许多功能都是通过 Filter（如监控、日志、缓存、安全、telnet 以及 RPC 本身都是）扩展实现的，用责任链模式把它们串连起来的。

观察者模式：Dubbo 服务的注册/订阅模型就是典型的观察者模式。

代理模式：消费者端使用 Proxy 类创建远程服务的本地代理。

其他还有装饰模式、工厂模式、适配器模式等。

（39）Dubbo Monitor 的作用是什么？如何使用？

答：Dubbo-monitor 是 Dubbo 提供的一个简单的监控中心，是独立于我们的服务提供者跟消费者的。其主要功能就是可以查看服务提供者、消费者的数量及注册信息，服务的调用成功、失败的此时，平均响应时间、QPS（每秒请求次数）等。

要想使用 dubbo-monitor 监控 Dubbo 服务，需要在 Dubbo 的 xml 配置中添加配置：<dubbo:monitor protocol="registry" />

参看前面的 Dubbo 的管理控制台使用，可以下载 dubbo-monitor 工程，在 conf 目录下的有 dubbo.properties，与 dubbo-admin 一样，需要配置好参数 dubbo.registry.address，参数值为注册中心地址。其他可以使用默认配置。

先启动好各服务，再启动监控中心，通过配置的端口，就可以访问监控中心了。

（40）为什么需要服务治理？

答：服务治理能解决一些问题，例如：

过多的服务 URL 配置困难。

负载均衡分配结点压力过大的情况下也需要部署集群。

服务依赖混乱，启动顺序不清晰。

过多服务导致性能指标分析难度较大，需要监控。

第 3 部分
其他知识点

在面试笔试的过程中，除了考查 Java 与 Web 的知识点外，许多其他的知识点也是考查的重点，例如：与数据库、操作系统、计算机网络和算法等相关的知识点。由于篇幅的原因，这里重点介绍数据库相关的知识点。

第 12 章　数 据 库

数据库是按照数据结构来组织、存储和管理数据的仓库。从最简单的存储各种数据的表格数据到如今进行海量数据存储都要用到数据库。本章重点介绍数据库中一些基础的概念。

12.1　SQL

SQL 是结构化查询语言（Structured Query Language）的缩写，其功能包括数据查询、数据操纵、数据定义和数据控制四部分。

数据查询是数据库中最常见的操作，通过 select 语句可以得到所需的信息。SQL 语言的数据操纵语句（Data Manipulation Language，DML）主要包括插入数据、修改数据以及删除数据三种语句。SQL 语言使用数据定义语言（Data Definition Language，DDL）实现数据定义功能，可对数据库用户、基本表、视图、索引进行定义与撤销。数据控制语句（Data Control Language，DCL）用于对数据库进行统一的控制管理，保证数据在多用户共享的情况下能够安全。

基本的 SQL 语句有 select、insert、update、delete、create、drop、grant、revoke 等。其具体使用方式见表 12-1。

表 12-1　SQL 语句使用方式

类　型	关 键 字	描　述	语 法 格 式
数据查询	select	选择符合条件的记录	select * from table where 条件语句
数据操纵	insert	插入一条记录	insert into table(字段 1，字段 2...)values(值 1，值 2...)
	update	更新语句	update table set 字段名=字段值 where 条件表达式
	delete	删除记录	delete from table where 条件表达式
数据定义	create	数据表的建立	create table tablename(字段 1，字段 2...)
	drop	数据表的删除	drop table tablename
数据控制	grant	为用户授予系统权限	grant<系统权限>|<角色> [,<系统权限>|<角色>]... to <用户名>|<角色>|public[,<用户名>|<角色>]... [with admin option]
	revoke	收回系统权限	revoke <系统权限>|<角色> [,<系统权限>|<角色>]... from<用户名>|<角色>|public[,<用户名>|<角色>]...

例如，设教务管理系统中有三个基本表：

学生信息表 S(SNO, SNAME, AGE, SEX)，其属性分别表示学号、学生姓名、年龄和性别。

选课信息表 SC(SNO, CNO, SCGRADE)，其属性分别表示学号、课程号和成绩。

课程信息表 C(CNO, CNAME, CTEACHER)，其属性分别表示课程号、课程名称和任课老师姓名。

1）把 SC 表中每门课程的平均成绩插入另外一个已经存在的表 SC_C(CNO, CNAME, AVG_GRADE)中，其中 AVG_GRADE 表示的是每门课程的平均成绩。

```
INSERT INTO SC_C(CNO, CNAME, AVG_GRADE)
```

```
SELECT SC.CNO, C.CNAME, AVG(SCGRADE) FROM SC, C WHERE SC.CNO = C.CNO GROUP BY SC.CNO ,C.CNAME
```

2）给出两种从 S 表中删除数据的方法：使用 delete 语句删除，这种方法删除后的数据是可以恢复的；使用 truncate 语句删除，这种方法删除后的数据是无法恢复的。

```
delete from S
truncate table S
```

3）从 SC 表中把何昊老师的女学生选课记录删除。

```
DELETE FROM SC WHERE CNO=(SELECT CNO FROM C WHERE C.CTEACHER ='何昊') AND SNO IN (SELECT SNO
FROM S WHERE SEX='女')
```

4）找出没有选修过"何昊"老师讲授课程的所有学生姓名。

```
SELECT SNAME FROM S
WHERE NOT EXISTS(
SELECT * FROM SC,C WHERE SC.CNO=C.CNO AND CTEACHER ='何昊' AND SC.SNO=S.SNO)
```

5）列出有两门以上（含两门）不及格课程（成绩小于 60）的学生姓名及其平均成绩。

```
SELECT S.SNO,S.SNAME,AVG_SCGRADE=AVG(SC.SCGRADE)
        FROM S,SC,(
        SELECT SNO FROM SC WHERE SCGRADE<60 GROUP BY SNO
        HAVING COUNT(DISTINCT CNO)>=2)A WHERE S.SNO=A.SNO AND SC.SNO = A.SNO
        GROUP BY S.SNO,S.SNAME
```

6）列出既学过"1"号课程，又学过"2"号课程的所有学生姓名。

```
SELECT S.SNO,S.SNAME
FROM S,(SELECT SC.SNO FROM SC,C
WHERE SC.CNO=C.CNO AND C.CNAME IN('1','2')
    GROUP BY SC.SNO
    HAVING COUNT(DISTINCT C.CNO)=2
)SC WHERE S.SNO=SC.SNO
```

7）列出"1"号课成绩比"2"号同学该门课成绩高的所有学生的学号和姓名。

```
SELECT S.SNO,S.SNAME
FROM S,(
SELECT SC1.SNO
FROM SC SC1,C C1,SC SC2,C C2
WHERE SC1.CNO=C1.CNO AND C1.CNAME='1'
AND SC2.CNO=C2.CNO AND C2.CNAME='2'
AND SC1.SNO =SC2.SNO AND SC1.SCGRADE>SC2.SCGRADE
)SC WHERE S.SNO=SC.SNO
```

8）列出"1"号课成绩比"2"号课成绩高的所有学生的学号、姓名及其"1"号课和"2"号课的成绩。

```
SELECT S.SNO,S.SNAME,SC.grade1,SC.grade2
FROM S,(
SELECT SC1.SNO,grade1=SC1.SCGRADE,grade2=SC2.SCGRADE
FROM SC SC1,C C1,SC SC2,C C2
WHERE SC1.CNO=C1.CNO AND C1.CNO=1
AND SC2.CNO=C2.CNO AND C2.CNO=2
AND SC1.SNO =SC2.SNO AND SC1.SCGRADE>SC2.SCGRADE
)SC WHERE S.SNO=SC.SNO
```

引申：delete 与 truncate 命令有哪些区别？

相同点：都可以用来删除一个表中的数据。

不同点：

1）truncate 是一个 DDL（Data Definition Language，数据定义语言），它会被隐式地提交，一旦执行后将不能回滚。delete 执行的过程是每次从表中删除一行数据，同时将删除的操作以日志的形式进行保存以便将来进行回滚操作。

2）用 delete 操作后，被删除的数据占用的存储空间还在，还可以恢复。而用 truncate 操作删除数据后，被删除的数据会立即释放所占有的存储空间，被删除的数据是不能被恢复的。

3）truncate 的执行速度比 delete 快。

12.2 内连接与外连接

内连接也称为自然连接，只有两个表相匹配的行才能在结果集中出现。返回的结果集是两个表中所有相匹配的数据，而舍弃不匹配的数据。由于内连接是从结果表中删除与其他连接表中没有匹配行的所有行，所以内连接可能会造成信息的丢失。内连接的语法如下：

select fieldlist from table1 [inner] join table2 on table1.column=table2.column

内连接是保证两个表中所有的行都要满足连接条件，而外连接则不然。与内连接不同，外连接不仅包含符合连接条件的行，而且还包括左表（左外连接时）、右表（右外连接时）或两个边接表（全外连接）中的所有数据行，也就是说，只限制其中一个表的行，而不限制另一个表的行。SQL 的外连接共有三种类型：左外连接，关键字为 LEFT OUTER JOIN、右外连接，关键字为 RIGHT OUTER JOIN 和全外连接，关键字为 FULL OUTER JOIN。外连接的用法和内连接一样，只是将 INNER JOIN 关键字替换为相应的外连接关键字即可。

内连接只显示符合连接条件的记录，外连接除了显示符合连接条件的记录外，例如若用左外连接，还显示左表中记录。

例如，表 12-2 和表 12-3 为两个学生表 A 和课程表 B。

表 12-2　学生表 A

学　号	姓　名
0001	张三
0002	李四
0003	王五

表 12-3　课程表 B

学　号	课　程　名
0001	数学
0002	英语
0003	数学
0004	计算机

对表 A 和表 B 进行内连接后的结果见表 12-4。

对表 A 和表 B 进行外连接后的结果见表 12-5。

表 12-4　将表 A 和表 B 内连接

学　号	姓　名	课　程　名
0001	张三	数学
0002	李四	英语
0003	王五	数学

表 12-5　将表 A 和表 B 外连接

学　号	姓　名	课　程　名
0001	张三	数学
0002	李四	英语
0003	王五	数学
0004		计算机

12.3 事务

事务是数据库中一个单独的执行单元（Unit），它通常由高级数据库操作语言（例如 SQL）或编程语言（例如 C++、Java 等）书写的用户程序的执行所引起。当在数据库中更改数据成功时，在事务中更改的数据便会提交，不再改变；否则，事务就取消或者回滚，更改无效。

例如网上购物，其交易过程至少包括以下几个步骤的操作：

1）更新客户所购商品的库存信息。

2）保存客户付款信息。

3）生成订单并且保存到数据库中。

4）更新用户相关信息，如购物数量等。

在正常的情况下，这些操作都将顺利进行，最终交易成功，与交易相关的所有数据库信息也成功地更新。但是，如果遇到突然掉电或是其他意外情况，导致这一系列过程中任何一个环节出了差错，例如在更新商品库存信息时发生异常、顾客银行账户余额不足等，那么都将导致整个交易过程失败。而一旦交易失败，数据库中所有信息都必须保持交易前的状态不变，例如最后一步更新用户信息时失败而导致交易失败，那么必须保证这笔失败的交易不影响数据库的状态，即原有的库存信息没有被更新、用户也没有付款、订单也没有生成。否则，数据库的信息将会不一致，或者出现更为严重的不可预测的后果，数据库事务正是用来保证这种情况下交易的平稳性和可预测性的技术。

事务必须满足四个属性，即原子性（Atomicity）、一致性（Consistency）、隔离性（Isolation）、持久性（Durability），即 ACID 四种属性。

（1）原子性

事务是一个不可分割的整体，为了保证事务的总体目标，事务必须具有原子性，即当数据修改时，要么全执行，要么全都不执行，即不允许事务部分地完成，避免了只执行这些操作的一部分而带来的错误。原子性要求事务必须被完整执行。

（2）一致性

一个事务执行之前和执行之后数据库数据必须保持一致性状态。数据库的一致性状态应该满足模式锁指定的约束，那么在完整执行该事务后数据库仍然处于一致性状态。为了维护所有数据的完整性，在关系型数据库中，所有的规则必须应用到事务的修改上。数据库的一致性状态由用户来负责，由并发控制机制实现，例如银行转账，转账前后两个账户金额之和应保持不变，由于并发操作带来的数据不一致性包括丢失数据修改、读"脏"数据、不可重复读和产生幽灵数据。

（3）隔离性

隔离性也被称为独立性，当两个或多个事务并发执行时，为了保证数据的安全性，将一个事物内部的操作与事务的操作隔离起来，不被其他正在进行的事务看到。例如对任何一对事务 T1、T2，对 T1 而言，T2 要么在 T1 开始之前已经结束，要么在 T1 完成之后再开始执行。数据库有四种类型的事务隔离级别：不提交的读、提交的读、可重复的读和串行化。因为隔离性使得每个事务的更新在它被提交之前，对其他事务都是不可见的，所以，实施隔离性是解决临时更新与消除级联回滚问题的一种方式。

（4）持久性

持久性也被称为永久性，事务完成以后，数据库管理系统（DBMS）保证它对数据库中的数据的修改是永久性的，当系统或介质发生故障时，该修改也永久保持。持久性一般通过数据库备份与恢复来保证。

严格来说，数据库事务属性（ACID）都是由数据库管理系统来进行保证的，在整个应用程序运行过程中应用无须去考虑数据库的 ACID 实现。

一般情况下，通过执行 COMMIT 或 ROLLBACK 语句来终止事务，当执行 COMMIT 语句时，自从事务启动以来对数据库所做的一切更改就成为永久性的了，即被写入磁盘，而当执行ROLLBACK 语句时，自从事务启动以来对数据库所做的一切更改都会被撤销，并且数据库中内容返回到事务开始之前所处的状态。无论什么情况，在事务完成时，都能保证回到一致状态。

12.4　存储过程

SQL 语句执行的时候要先编译，然后再被执行。在大型数据库系统中，为了提高效率，将为了完成特定功能的 SQL 语句集进行编译优化后，存储在数据库服务器中，用户通过指定存储过程的名字来调用执行。

例如，如下为一个创建存储过程的常用语法：

```
create procedure sp_name @[参数名][类型]
        as
        begin
        ........
        End
```

调用存储过程语法：exec sp_name [参数名]

删除存储过程语法：drop procedure sp_name

使用存储过程可以增强 SQL 语言的功能和灵活性，由于可以用流程控制语句编写存储过程，有很强的灵活性，所以可以完成复杂的判断和运算，并且可以保证数据的安全性和完整性，同时存储过程可以使没有权限的用户在控制之下间接地存取数据库，也保证了数据的安全。

需要注意的是，存储过程不等于函数，二者虽然本质上没有区别，但具体而言，还是有如下几个方面的区别：

1）存储过程一般是作为一个独立的部分来执行，而函数可以作为查询语句的一个部分来调用。由于函数可以返回一个表对象，因此它可以在查询语句中位于 FROM 关键字的后面。

2）一般而言，存储过程实现的功能较复杂，而函数实现的功能针对性比较强。

3）函数需要用括号包住输入的参数，且只能返回一个值或表对象，存储过程可以返回多个参数。

4）函数可以嵌入在 SQL 中使用，可以在 SELECT 中调用，而存储过程不行。

5）函数不能直接操作实体表，只能操作内建表。

6）存储过程在创建时即在服务器上进行了编译，执行速度更快。

12.5　范式

在设计与操作维护数据库时，最关键的问题就是要确保数据正确地分布到数据库的表中，使用正确的数据结构，不仅有助于对数据库进行相应的存取操作，还可以极大地简化应用程序的其他内容（查询、窗体、报表、代码等）。正确地进行表的设计称为"数据库规范化"，它的目的就是减少数据库中的数据冗余，从而增加数据的一致性。

范式是在识别数据库中的数据元素、关系以及定义所需的表和各表中的项目这些初始工作之后的一个细化的过程。常见的范式有 1NF、2NF、3NF、BCNF 以及 4NF。

1NF，第一范式。是指数据库表的每一列都是不可分割的基本数据项，同一列中不能有多个值，即实体中的某个属性不能有多个值或者不能有重复的属性。如果出现重复的属性，那么就可能需要定义一个新的实体，新的实体由重复的属性构成，新实体与原实体之间为一对多关系。第一范式的模式要求属性值不可再分裂成更小部分，即属性项不能是属性组合或由组属性组成。简而言之，第一范式就是无重复的列。例如，由"职工号""姓名""电话号码"组成的表（一个人可能有一个办公电话和一个移动电话），这时将其规范化为 1NF 可以将电话号码分为"办公电话"和"移动电话"两个属性，即职工（职工号、姓名、办公电话、移动电话）。

2NF，第二范式。第二范式（2NF）是在第一范式（1NF）的基础上建立起来的，即满足第二范式（2NF）必须先满足第一范式（1NF）。第二范式（2NF）要求数据库表中的每个实例或行必须可以被唯一地区分。为实现区分通常需要为表加上一个列，以存储各个实例的唯一标识。如果关系模式 R 为第一范式，并且 R 中每一个非主属性完全函数依赖于 R 的某个候选键，那么称 R 为第二范式模式（如果 A 是关系模式 R 的候选键的一个属性，那么称 A 是 R 的主属性，否则称 A 是 R 的非主属性）。例如，在选课关系表（学号、课程号、成绩、学分）中，关键字为组合关键字（学号、课程号），但由于非主属性学分仅依赖于课程号，对关键字（学号、课程号）只是部分依赖，而不是完全依赖，所以此种方式会导致数据冗余以及更新异常等问题，解决办法是将其分为两个关系模式：学生表（学号、课程号、分数）和课程表（课程号、学分），新关系通过学生表中的外关键字课程号联系，在需要时进行连接。

　　3NF，第三范式。如果关系模式 R 是第二范式，且每个非主属性都不传递依赖于 R 的候选键，那么称 R 是第三范式的模式。例如学生表（学号、姓名、课程号、成绩），其中学生姓名无重名，所以该表有两个候选码（学号、课程号）和（姓名、课程号），则存在函数依赖：学号→姓名，（学号、课程号）→成绩，（姓名、课程号）→成绩，唯一的非主属性成绩对码不存在部分依赖，也不存在传递依赖，所以属于第三范式。

　　BCNF。它构建在第三范式的基础上，如果关系模式 R 是第一范式，且每个属性都不传递依赖于 R 的候选键，那么称 R 为 BCNF 的模式。假设仓库管理关系表（仓库号、存储物品号、管理员号、数量），满足一个管理员只在一个仓库工作；一个仓库可以存储多种物品。则存在如下关系：

　　（仓库号、存储物品号）→（管理员号、数量）

　　（管理员号、存储物品号）→（仓库号、数量）

　　所以，（仓库号、存储物品号）和（管理员号、存储物品号）都是仓库管理关系表的候选码，表中的唯一非关键字段为数量，它是符合第三范式的。但是，由于存在如下决定关系：

　　（仓库号）→（管理员号）

　　（管理员号）→（仓库号）

　　即存在关键字段决定关键字段的情况，所以其不符合 BCNF 范式。把仓库管理关系表分解为两个关系表：仓库管理表（仓库号、管理员号）和仓库表（仓库号、存储物品号、数量），这样的数据库表是符合 BCNF 范式的，消除了删除异常、插入异常和更新异常。

　　4NF，第四范式。设 R 是一个关系模式，D 是 R 上的多值依赖集合。如果 D 中成立非平凡多值依赖 X→Y 时，X 必是 R 的超键，那么称 R 是第四范式的模式。例如，职工表（职工编号、职工孩子姓名、职工选修课程），在这个表中同一个职工也可能会有多个职工孩子姓名，同样，同一个职工也可能会有多个职工选修课程，即这里存在着多值事实，不符合第四范式。如果要符合第四范式，那么只需要将上表分为两个表，使它们只有一个多值事实，例如职工表一（职工编号、职工孩子姓名），职工表二（职工编号、职工选修课程），两个表都只有一个多值事实，所以符合第四范式。图 12-1 所示为各范式关系图。

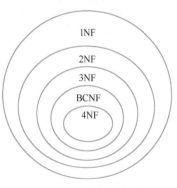

● 图 12-1　各范式关系图

 12.6　触发器

　　触发器是一种特殊类型的存储过程，它由事件触发，而不是程序调用或手工启动，当数据库有特殊的操作时，对这些操作由数据库中的事件来触发，自动完成这些 SQL 语句。使用触发器可以用来保证数据的有效性和完整性，完成比约束更复杂的数据约束。

具体而言，触发器与存储过程的区别见表 12-6。

表 12-6　触发器与存储过程的区别

触 发 器	存 储 过 程
当某类数据操纵 DML 语句发生时隐式地调用	从一个应用或过程中显式地调用
在触发器体内禁止使用 COMMIT、ROLLBACK 语句	在过程体内可以使用所有 PL/SQL 块中都能使用的 SQL 语句，包括 COMMIT、ROLLBACK
不能接收参数输入	可以接收参数输入

根据 SQL 语句的不同，触发器可分为两类：DML 触发器和 DLL 触发器。

DML 触发器是当数据库服务器发生数据操作语言事件时执行的存储过程，有 After 和 Instead Of 这两种触发器。After 触发器被激活触发是在记录改变之后进行的一种触发器。Instead Of 触发器是在记录变更之前，去执行触发器本身所定义的操作，而不是执行原来 SQL 语句里的操作。DLL 触发器是在响应数据定义语言事件时执行的存储过程。

具体而言，触发器的主要作用表现为如下几个方面：

1）增加安全性。

2）利用触发器记录所进行的修改以及相关信息，跟踪用户对数据库的操作，实现审计。

3）维护那些通过创建表时的声明约束不可能实现的复杂的完整性约束以及对数据库中特定事件进行监控与响应。

4）实现复杂的非标准的数据库相关完整性规则、同步实时地复制表中的数据。

5）触发器是自动的，它们在对表的数据做了任何修改之后就会被激活，例如可以自动计算数据值，如果数据的值达到了一定的要求，那么进行特定的处理。以某企业财务管理为例，如果企业的资金链出现短缺，并且达到某种程度，那么发送警告信息。

下面是一个触发器的例子，该触发器的功能是在每周末进行数据表更新，如果当前用户没有访问 WEEKEND_UPDATE_OK 表的权限，那么需要重新赋予权限。

```
CREATE OR REPLACE TRIGGER update_on_weekends_check
BEFORE UPDATE OF sal ON EMP
FOR EACH ROW
DECLARE
my_count number(4);
BEGIN
SELECT COUNT(u_name)
FROM WEEKEND_UPDATE_OK INTO my_count
WHERE u_name = user_name;
IF my_count=0 THEN
RAISE_APPLICATION_ERROR(20508, 'Update not allowed');
END IF;
END;
```

引申：触发器分为事前触发和事后触发，二者有什么区别？语句级触发和行级触发有什么区别？

事前触发发生在事件发生之前验证一些条件或进行一些准备工作；事后触发发生在事件发生之后，做收尾工作，保证事务的完整性。而事前触发可以获得之前和新的字段值。语句级触发器可以在语句执行之前或之后执行，而行级触发在触发器所影响的每一行触发一次。

12.7　游标

数据库中，游标提供了一种对从表中检索出的数据进行操作的灵活手段，它实际上是一种能从包括多条数据记录的结果集中每次提取一条记录的机制。

游标总是与一条 SQL 选择语句相关联，因为游标由结果集（可以是 0 条、1 条或由相关的选择语句检索出的多条记录）和结果集中指向特定记录的游标位置组成。当决定对结果集进行处理时，必须声明一个指向该结果集的游标。

游标允许应用程序对查询语句 SELECT 返回的行结果集中每一行进行相同或不同的操作，而不是一次对整个结果集进行同一种操作；它还提供对基于游标位置而对表中数据进行删除或更新的能力；而且，正是游标把作为面向集合的数据库管理系统和面向行的程序设计两者联系起来，使两个数据处理方式能够进行沟通。

例如，声明一个游标 student_cursor，用于访问数据库 SCHOOL 中的"学生基本信息表"，代码如下：

```
USE SCHOOL
GO
DECLARE student_cursor CURSOR
FROM SELECT * FROM 学生基本信息表
```

上述代码中，声明游标时，在 SELECT 语句中未使用 WHERE 子句，故此游标返回的结果集是由"学生基本信息表"中的所有记录构成的。

在 SELECT 返回的行集合中，游标不允许程序对整个行集合执行相同的操作，但对每一行数据的操作不做要求。游标的优点有以下两个方面的内容：

1）在使用游标的表中，对行提供删除和更新的能力。

2）游标将面向集合的数据库管理系统和面向行的程序设计连接了起来。

12.8　数据库日志

日志文件（Log File）记录所有对数据库数据的修改，主要是保护数据库以防止故障，以及恢复数据时使用。其特点如下：

1）每一个数据库至少包含两个日志文件组。每个日志文件组至少包含两个日志文件成员。

2）日志文件组以循环方式进行写操作。

3）每一个日志文件成员对应一个物理文件。

通过日志文件来记录数据库事务可以最大限度地保证数据的一致性与安全性，但一旦数据库中日志满了，就只能执行查询等读操作，不能执行更改、备份等操作，原因是任何写操作都要记录日志，也就是说，基本上处于不能使用的状态。

12.9　UNION 和 UNION ALL

UNION 在进行表求并集后会去掉重复的元素，所以会对所产生的结果集进行排序运算，删除重复的记录再返回结果。

而 UNION ALL 只是简单地将两个结果合并后就返回。因此，如果返回的两个结果集中有重复的数据，那么返回的结果集就会包含重复的数据。

从上面的对比可以看出，在执行查询操作的时候，UNION ALL 要比 UNION 快很多，所以，如果可以确认合并的两个结果集中不包含重复的数据，那么最好使用 UNION ALL。例如，表 12-7 和表 12-8 为两个学生表 Table1 和 Table2。

表 12-7　学生表 **Table1**

Table1	
C1	C2
1	1
2	2
3	3

表 12-8　学生表 **Table2**

Table2	
C1	C2
3	3
4	4
1	1

select * from Table1 union select * from Table2 的查询结果见表 12-9。

select * from Table1 union all select * from Table2 的查询结果见表 12-10。

表 12-9　对学生表执行 UNION 查询操作

C1	C2
1	1
2	2
3	3
4	4

表 12-10　对学生表执行 UNION ALL 查询操作

C1	C2
1	1
2	2
3	3
3	3
4	4
1	1

12.10　视图

　　视图是由从数据库的基本表中选取出来的数据组成的逻辑窗口，它不同于基本表，是一个虚表，在数据库中，存放的只是视图的定义而已，而不存放视图包含的数据项，这些项目仍然存放在原来的基本表结构中。

　　视图的作用非常多，主要有以下几点：首先，可以简化数据查询语句；其次，可以使用户能从多角度看待同一数据；然后，通过引入视图，可以提高数据的安全性；最后，视图提供了一定程度的逻辑独立性等。

　　通过引入视图机制，用户可以将注意力集中在其关心的数据上而非全部数据，这样就大大提高了用户效率与用户满意度，而且如果这些数据来源于多个基本表结构，或者数据不仅来自于基本表结构，还有一部分数据来源于其他视图，并且搜索条件又比较复杂，那么需要编写的查询语句就会比较烦琐，此时定义视图就可以使数据的查询语句变得简单可行。定义视图可以将表与表之间的复杂的操作连接和搜索条件对用户不可见，用户只需要简单地对一个视图进行查询即可，所以增加了数据的安全性，但是不能提高查询的效率。

12.11　三级封锁协议

　　众所周知，基本的封锁类型有两种：排它锁（X 锁）和共享锁（S 锁）。所谓 X 锁是事务 T 对数据 A 加上 X 锁时，只允许事务 T 读取和修改数据 A。所谓 S 锁是事务 T 对数据 A 加上 S 锁时，其他事务只能再对数据 A 加 S 锁，而不能加 X 锁，直到 T 释放 A 上的 S 锁。若事务 T 对数据对象 A 加了 S 锁，则 T 就可以对 A 进行读取，但不能进行更新（S 锁因此又称为读锁），在 T 释放 A 上的 S 锁以前，其他事务可以再对 A 加 S 锁，但不能加 X 锁，从而可以读取 A，但不能更新 A。

　　在运用 X 锁和 S 锁对数据对象加锁时，还需要约定一些规则，例如，何时申请 X 锁或 S 锁、持锁时间、何时释放等，称这些规则为封锁协议（Locking Protocol）。对封锁方式规定不同的规则，就形成了各种不同的封锁协议。一般使用三级封锁协议，也称为三级加锁协议。该协议是为了保证正确的调度事务的并发操作。三级加锁协议是事务在对数据库对象加锁、解锁时必须遵守的一种规则。下面分别介绍这三级封锁协议。

一级封锁协议：事务 T 在修改数据 R 之前必须先对其加 X 锁，直到事务结束才释放。事务结束包括正常结束（COMMIT）和非正常结束（ROLLBACK）。一级封锁协议可以防止丢失修改，并保证事务 T 是可恢复的。使用一级封锁协议可以解决丢失修改问题。在一级封锁协议中，如果仅仅是读数据，不对其进行修改，那么是不需要加锁的，它不能保证可重复读和不读"脏"数据。

二级封锁协议：一级封锁协议加上事务 T 在读取数据 R 之前必须先对其加 S 锁，读完后方可释放 S 锁。二级封锁协议除防止了丢失修改，还可以进一步防止读"脏"数据。但在二级封锁协议中，由于读完数据后即可释放 S 锁，所以它不能保证可重复读。

三级封锁协议：一级封锁协议加上事务 T 在读取数据 R 之前必须先对其加 S 锁，直到事务结束才释放。三级封锁协议除防止了丢失修改和不读"脏"数据外，还进一步保证了可重复读。

 索引

创建索引可以大大提高系统的性能，总体来说，索引的优点如下：

1）大大加快数据的检索速度，这也是创建索引的最主要的原因。

2）索引可以加速表和表之间的连接。

3）索引在实现数据的参照完整性方面特别有意义，例如，在外键列上创建索引可以有效地避免死锁的发生，也可以防止当更新父表主键时，数据库对子表的全表锁定。

4）索引是减少磁盘 I/O 的有效手段之一。

5）当使用分组（GROUP BY）和排序（ORDER BY）子句进行数据检索时，可以显著减少查询中分组和排序的时间，大大加快数据的检索速度。

6）创建唯一性索引，可以保证数据库表中每一行数据的唯一性。

7）通过使用索引，可以在查询的过程中，使用优化隐藏器，提高系统的性能。

索引的缺点如下：

1）索引必须创建在表上，不能创建在视图上。

2）创建索引和维护索引要耗费时间，这种时间随着数据量的增加而增加。

3）建立索引需要占用物理空间，如果要建立聚簇索引，那么需要的空间会很大。

4）当对表中的数据进行增加、删除和修改的时候，系统必须要有额外的时间来同时对索引进行更新维护，以维持数据和索引的一致性，所以，索引降低了数据的维护速度。

索引的使用原则如下：

1）在大表上建立索引才有意义。

2）在 WHERE 子句或者连接条件经常引用的列上建立索引。

3）索引的层次不要超过 4 层。

4）如果某属性常作为最大值和最小值等聚集函数的参数，那么考虑为该属性建立索引。

5）表的主键、外键必须有索引。

6）创建了主键和唯一约束后会自动创建唯一索引。

7）经常与其他表进行连接的表，在连接字段上应该建立索引。

8）经常出现在 WHERE 子句中的字段，特别是大表的字段，应该建立索引。

9）要索引的列经常被查询，并只返回表中的行的总数的一小部分。

10）对于那些查询中很少涉及的列、重复值比较多的列尽量不要建立索引。

11）经常出现在关键字 ORDER BY、GROUP BY、DISTINCT 后面的字段，最好建立索引。

12）索引应该建在选择性高的字段上。

13）索引应该建在小字段上，对于大的文本字段甚至超长字段，不适合建索引。对于定义为 CLOB、TEXT、IMAGE 和 BIT 的数据类型的列不适合建立索引。

14）复合索引的建立需要进行仔细分析。正确选择复合索引中的前导列字段，一般是选择性较好的字段。

15）如果单字段查询很少甚至没有，那么可以建立复合索引；否则考虑单字段索引。

16）如果复合索引中包含的字段经常单独出现在 WHERE 子句中，那么分解为多个单字段索引。

17）如果复合索引所包含的字段超过 3 个，那么仔细考虑其必要性，考虑减少复合的字段。

18）如果既有单字段索引，又有这几个字段上的复合索引，那么一般可以删除复合索引。

19）频繁进行 DML 操作的表，不要建立太多的索引。

20）删除无用的索引，避免对执行计划造成负面影响。

"水可载舟，亦可覆舟"，索引也一样。索引有助于提高检索性能，但过多或不当的索引也会导致系统低效。不要认为索引可以解决一切性能问题，否则就大错特错了。因为用户在表中每加进一个索引，数据库就要做更多的工作。过多的索引甚至会导致索引碎片出现。所以说，要建立一个"适当"的索引体系，特别是对聚合索引的创建，更应精益求精，这样才能使数据库得到高性能的发挥。所以，提高查询效率是以消耗一定的系统资源为代价的，索引不能盲目地建立，这是考验一个 DBA 是否优秀的一个很重要的指标。

12.13　常见面试笔试真题

（1）有如下学生信息：

> 学生表 STUDENT(STU_ID,STU_NAME)
> 课程表 COURSE(C_ID,C_NAME)
> 成绩表 SCORE(STU_ID,C_ID，SCORE)

完成下列 SQL 语句：

1）写出向学生表中插入一条数据的 SQL 语句。

2）查询名字为 JAMES 的学生所选的课程。

3）查询 STU_ID 为 4 的学生所学课程的成绩。

答案：

1）向数据库中插入一条记录用的是 INSERT 语句，可以采用如下两种写法：

> INSERT INTO STUDENT(STU_ID，STU_NAME) VALUES(1,'JAMES');
> INSERT INTO STUDENT VALUES(1,'JAMES');

如果这个表的主键为 STU_ID，并且采用数据库中自增的方式生成的，那么在插入的时候就不能显式地指定 STU_ID 这一列，在这种情况下，添加记录的写法为：

> INSERT INTO STUDENT(STU_NAME) VALUES('JAMES');

2）在数据库中查询用到的关键字为 SELECT，由于 STUDENT 表中只存放了学生相关的信息，COURSE 表中只存放了课程相关的信息，学生与课程是通过 SCORE 表来建立关系的，一种思路为：首先找到名字为 TOM 的学生的 STU_ID，然后在成绩表（SCORE）中根据 STU_ID 找出这个学生所选课程的 C_ID，最后就可以根据 C_ID 找出这个学生所选的课程。

可以使用下面的 SELECT 语句来查询：

> SELECT C_NAME　FROM COURSE WHERE C_ID IN

```
                      (SELECT C_ID FROM SCORE
                         WHERE STU_ID IN (SELECT STD_ID FROM STUDENT WHERE STU_NAME = 'JAMES'));
```

当然也可以根据题目要求，根据三张表的关系，直接执行 SELECT 操作，写法如下：

```
    SELECT C_NAME FROM STUDENT ST, COURSE C，SCORE SC
      WHERE ST.STU_ID = SC.STU_ID AND SC.C_ID = C.C_ID    AND ST.STU_NAME = 'TOM';
```

当然也可以把步骤 2）的写法改为对三个表做 JOIN 操作。

3）成绩都存在表 SCORE 中，而课程名存储在表 COURSE 中，因此，需要访问这两张表来找出课程与成绩，实现方法如下：

```
    SELECT C.C_NAME, S.SCORE FROM COURSE C,SCORE S WHERE S.STU_ID = 4 AND C.C_ID = S.C_ID;
```

（2）什么情况下会使用外连接?（　　）

A．被连接的表中有非空的列

B．被连接的两个表中只有匹配的数据

C．连接的列具有空值

D．被连接的两个表中只有不匹配的数据

E．被连接的表中既有匹配的数据也有不匹配的数据

答案：C、D、E。

内连接返回的结果集是两个表中所有相匹配的数据，不包含没有匹配的行。外连接有三种：左外连接，右外连接，全外连接。外连接不仅包含符合连接条件的行，还包含左表（左外连接）、右表（右外连接）或两个表（全外连接）中的所有数据行。对于没有匹配的行就用 NULL 值来填充。因此，外连接中：既包含相匹配的行也包括不相匹配的行、不相匹配的行就用 NULL 值填充、外连接中也可以只有不匹配的行。

本题中，对于选项 A，选项说连接的 2 个表有非空列，外连接和有没有非空列没有关系。所以，选项 A 错误。

对于选项 B，2 个表必须有匹配的数据，说法错误。所以，选项 B 错误。

对于选项 C，连接的列有空值，这样可以用外连接来实现。所以，选项 C 正确。

对于选项 D，连接的 2 个表有不能匹配的数据，这个时候用外连接可以展示数据。所以，选项 D 正确。

对于选项 E，连接的 2 个表既有匹配也有不匹配的数据，可以用外连接将所有数据全部展示。所以，选项 E 正确。

（3）为数据表创建索引的目的是（　　）

A．提高查询的检索性能　　　　　B．创建唯一索引　　　　　C．创建主键　　　　D．归类

答案：A。

本题中，对于选项 A，创建索引就是为了提高数据的检索速度。所以，选项 A 正确。

对于选项 B，创建索引的目的不是为了创建唯一索引。所以，选项 B 错误。

对于选项 C，理由同选项 B。所以，选项 C 错误。

对于选项 D，归类也不是创建索引的目的。所以，选项 D 错误。

（4）什么是聚集索引和非聚集索引？

答案：索引是一种特殊的数据结构。微软的 SQL Server 提供了两种索引：聚集索引（Clustered Index，也称聚类索引、簇集索引、聚簇索引）和非聚集索引（Nonclustered Index，也称非聚类索引、非簇集索引）。

聚集索引是一种对磁盘上实际数据重新组织以按指定的一个或多个列的值排序的一种索引。由于聚集索引的索引页面指针指向数据页面，所以，使用聚集索引查找数据几乎总是比使用非聚集索

引快。需要注意的是，由于聚集索引规定了数据在表中的物理存储顺序，所以，每张表只能创建一个聚集索引，并且创建聚集索引需要更多的存储空间，以存放该表的副本和索引中间页。

聚集索引表记录的排列顺序与索引的排列顺序一致，优点是查询速度快，因为一旦具有第一个索引值的纪录被找到，具有连续索引值的记录也一定物理的紧跟其后。聚集索引的缺点是对表进行修改速度较慢，这是为了保持表中的记录的物理顺序与索引的顺序一致，而把记录插入到数据页的相应位置，必须在数据页中进行数据重排，降低了执行速度。

聚集索引对于那些经常要搜索范围值的列特别有效。使用聚集索引找到包含第一个值的行后，便可以确保包含后续索引值的行在物理上是相邻的。例如，如果应用程序执行的一个查询经常检索某一日期范围内的记录，那么使用聚集索引可以迅速找到包含开始日期的行，然后检索表中所有相邻的行，直到到达结束日期。这样有助于提高此类查询的性能。同样，如果对从表中检索的数据进行排序时经常要用到某一列，那么可以将该表在该列上聚集（物理排序），避免每次查询该列时都进行排序，从而节省成本。

非聚集索引指定了表中记录的逻辑顺序，但记录的物理顺序和索引的顺序不一致，聚集索引和非聚集索引都采用了 B+Tree 的结构，但非聚集索引的叶子层并不与实际的数据页相重叠，而采用叶子层包含一个指向表中的记录在数据页中的指针的方式。非聚集索引比聚集索引层次多，添加记录不会引起数据顺序的重组。

（5）聚集索引和非聚集索引的区别有哪些？

答案：聚集索引和非聚集索引的根本区别是表记录的物理排列顺序和索引的排列顺序是否一致。聚集索引和非聚集索引有如下几点不同：

1）聚集索引一个表只能有一个，而非聚集索引一个表可以存在多个。

2）聚集索引存储记录是物理上连续存在，物理存储按照索引排序，而非聚集索引是逻辑上的连续，物理存储并不连续，物理存储不按照索引排序。

3）聚集索引查询数据比非聚集索引速度快，插入数据速度慢（时间花费在"物理存储的排序"上，也就是首先要找到位置然后插入）；非聚集索引反之。

4）索引是通过二叉树的数据结构来描述的，聚集索引的叶结点就是数据结点，而非聚集索引的叶结点仍然是索引结点，只不过有一个指针指向对应的数据块。

表 12-11 列出了何时使用聚集索引和非聚集索引：

表 12-11　使用聚集索引和非聚集索引

动作描述	使用聚集索引	使用非聚集索引
列经常被分组或排序	应	应
返回某范围内的数据	应	不应
一个或极少不同值	不应	不应
小数目的不同值	应	不应
大数目的不同值	不应	应
频繁更新的列	不应	应
外键列	应	应
主键列	应	应
频繁修改索引列	不应	应